高职高专教育"十三五"规划教材

JIANZHU GONGCHENG ZHAOTOUBIAO YU HETONG GUANLI
建筑工程招投标与合同管理

主　编　何　浪　曾　浩
副主编　沈存莉

东北林业大学出版社
Northeast Forestry University Press
·哈尔滨·

版权专有　　侵权必究

举报电话：0451－82113295

图书在版编目（CIP）数据

建筑工程招投标与合同管理/何浪，曾浩主编．—
哈尔滨：东北林业大学出版社，2019.8
ISBN 978－7－5674－1880－6

Ⅰ．①建⋯　Ⅱ．①何⋯　②曾⋯　Ⅲ．①建筑工程－招标②建筑工程－投标③建筑工程－经济合同－管理　Ⅳ．①TU723

中国版本图书馆 CIP 数据核字（2019）第196006号

责任编辑：陈珊珊
封面设计：华盛英才
出版发行：东北林业大学出版社（哈尔滨市香坊区哈平六道街6号　邮编：150040）
印　　　装：北京佳顺印务有限公司
规　　　格：787 mm×1 092 mm　16 开
印　　　张：14.25
字　　　数：334 千字
版　　　次：2019 年 8 月第 1 版
印　　　次：2020 年 1 月第 2 次印刷
定　　　价：45.00 元

如发现印装质量问题，请与出版社联系调换。（电话：0451－82113296　82191620）

前 言

建筑工程招投标与合同管理所含的知识面很广,是一项综合性的、复杂的经济活动,也是高校建筑类专业的主要课程之一。为适应现代教育能力培养的要求,培养建筑行业具备招投标及合同管理的专业技术管理高级应用型人才,本书结合招投标与合同管理的前沿问题,从学生的实际情况出发组织编写。

本书采取任务驱动式教学模式,分为建设工程招投标与合同管理基本知识、建设工程招标、建设工程投标、建设工程开标、评标、定标与签订合同、建设工程施工合同、建设工程合同管理、建设工程施工索赔等七个项目以及典型案例分析,还附有《中华人民共和国招标投标法》《中华人民共和国招标投标法实施条例》。

本书在编写过程中突出了以下特点:

(1) 本着"理论结合实际、够用为度,突出实用性,内容通俗易懂,适用性更强"的原则,根据招、投标法与工程建设相关法律、法规的规范而编写。

(2) 结构清晰,内容充实,对国内工程招投标与合同管理等内容进行了详尽的论述。

(3) 可操作性强,注重学生应用技能的培养。本书最后列举了很多典型的建设工程实用的案例分析,使学生置身于真实工作环境中,迅速提高实践动手能力。

(4) 本书提供了丰富的教学目标及课后习题,供学生课前预习和课后复习、巩固所学知识。

本书由重庆建筑工程职业学院何浪、茂名职业技术学院曾浩担任主编,重庆建筑工程职业学院沈存莉担任副主编。何浪负责编写项目一、项目二、项目三、项目七、典型案例分析附录一和附录二的内容,曾浩负责编写项目五、项目六以及参考文献的内容。沈存莉负责编写绪论、项目四的内容。何浪负责全书的统稿工作,曾浩做了全书的校对工作。

编写本书参阅了相关文献资料,在此,谨向作者表示谢意。同时深知内容如此广泛的教材不易写好,加之编者水平所限,错误和不足之处在所难免,恳请读者提出宝贵意见。

编 者

目 录

绪论 ·· 1
 练习题 ·· 16
项目一　建设工程招投标与合同管理基本知识 ·· 17
 任务一　建设行业概述 ··· 17
 任务二　建设工程招投标法概述 ··· 18
 任务三　建筑市场认知 ··· 19
 任务四　招投标与合同管理的基本法律 ·· 31
 练习题 ·· 43
项目二　建设工程招标 ··· 45
 任务一　建设工程招标常识及策划 ·· 45
 任务二　建设工程招标程序及内容 ·· 53
 任务三　建设工程招标文件的编制 ·· 61
 练习题 ·· 72
项目三　建设工程投标 ··· 74
 任务一　建设工程投标活动 ··· 74
 任务二　建设工程投标程序内容 ··· 78
 任务三　建设工程投标文件的编制 ·· 86
 任务四　建设工程投标策略及报价技巧 ·· 92
 练习题 ·· 94
项目四　建设工程开标、评标、定标与签订合同 ··· 96
 任务一　建设工程开标 ··· 96
 任务二　建设工程评标 ··· 98
 任务三　建设工程定标 ·· 107
 任务四　签订合同 ·· 109
 练习题 ··· 111
项目五　建设工程施工合同 ··· 114
 任务一　建设工程施工合同简介 ·· 114
 任务二　《建设工程施工合同（示范文本）》 ······································· 115
 任务三　建设工程有关的其他合同 ··· 122
 练习题 ··· 134

项目六 建设工程合同管理 ·· 136
任务一 建设工程合同认知与管理 ·· 136
任务二 建设工程监理合同认知与管理 ····································· 148
任务三 建设工程勘察设计合同认知与管理 ······························· 158
任务四 FIDIC《土木工程施工条件》简介 ································· 168
思考题 ··· 171

项目七 建设工程施工索赔 ··· 172
任务一 施工索赔的概念与发生 ··· 172
任务二 施工索赔的分类与施工索赔的文件 ······························ 175
任务三 施工索赔的处理过程 ·· 179
任务四 施工索赔的策略与技巧 ··· 183
练习题 ··· 191

典型案例分析 ··· 193
附录一 中华人民共和国招标投标法 ······································ 202
附录二 中华人民共和国招标投标法实施条例 ························· 210
参考文献 ·· 222

绪　论

教学目标

(1) 了解工程承发包的基本内容。
(2) 对建筑市场有所认识。
(3) 掌握建设工程招标投标概述。

一、工程承发包

(一) 工程承发包的概念

承发包既是一种商业交易行为，也是一种经营方式。承发包指的是交易的一方负责为交易的另一方完成某项工作或供应一批货物，并按一定的价格取得相应报酬的一种交易。

工程承发包是指建筑企业（承包商）作为承包人（称乙方），建设单位（业主）作为发包人（称甲方），由甲方把建筑安装工程任务委托给乙方，且双方在平等互利的基础上签订工程合同，明确各自的经济责任、权利和义务，以保证工程任务在合同造价内按期、按质、按量、全面地完成。其中，发包人是委托任务并负责支付报酬的一方；承包人是接受任务并负责按时完成而取得报酬的一方。承发包双方通过签订合同或者协议，以明确双方之间的经济上的权利与义务，具有法律效力。

(二) 建设工程承发包的内容

根据建设项目的程序和基本内容，建设工程承发包的内容可以分为以下几类：

1. 项目建议书

项目建议书指的是由项目投资方向其主管部门上报的文件，主要从宏观上论述项目设立的必要性和可能性，把项目投资的设想变为概略的投资建议。项目建议书的呈报以供项目审批机关做出初步决策。它可以减少项目选择的盲目性，为下一步可行性研究打下基础。项目建议书可以由建设单位自行编制或委托工程咨询机构代理。

2. 可行性研究

可行性研究是指从系统总体出发，对技术、经济、财务、商业以至环境保护、法律等多个方面进行分析和论证，以确定建设项目是否可行，为正确进行投资决策提供科学依据。项目的可行性研究是对多因素、多目标系统进行不断的分析研究、评价和决策的过程。可行性研究报告可以自行编制或委托工程咨询机构代理。

3. 勘察、设计

勘察和设计是两个阶段的两项不同工作任务。建设工程勘察是指根据建设工程的要求、查明、分析、评价建设场地的地理、地质环境特征和工程条件，编制建设工程勘察文件的活动。建设工程设计是指根据建设工程的要求，对建设工程所需的技术、经济、资源、环境等条件进行综合分析和论证，编制建设工程设计文件的活动。勘察和设计都可以通过方案竞选或招投标的方式来完成。

4. 材料、设备的采购供应

根据设计方案的需要，材料和设备的采购供应可以通过公开招标、询价报价、直接采购等方式获得其承包权。

5. 建筑安装工程

建筑安装工程施工是工程建设过程中的一个重要环节，是把设计图纸付诸实践的决定性阶段。其任务是把设计图纸变成物质产品，如工厂、矿井、电站、桥梁、住宅、学校等，使预期的生产能力或使用功能得以实现。建筑安装施工内容包括施工现场的准备工作、永久性工程的建设施工设备安装及工业管道安装工程等。此阶段主要采用招标投标的方式进行工程的承发包。

6. 生产职工培训

为了使新建项目建成后交付使用，投入生产，在建设期间就要储备合格的生产技术工人和配套的管理人员。为此，需要组织生产职工培训。这项工作一般委托培训公司或培训部门来完成。

7. 建设工程监理

建设工程监理即工程监理，是指具有相应资质的工程监理企业，接受建设单位的委托，承担其项目管理工作，并代表建设单位对承建单位的建设行为进行监控的专业化服务活动。建设工程监理承发包一般通过招标投标的形式进行。

（三）建设工程承发包方式

工程承发包方式是多种多样的，其分类如图0-1所示。

1. 按承发包范围划分

(1) 建设全过程承发包。建设全过程承发包又称为统包和交钥匙合同。它是指发包人一般只要提出使用要求、竣工期限或对其他重大决策性问题做出决定，承包人就可以对项目建议书、可行性研究、勘察设计、材料设备采购、建筑安装工程施工、职工培训、竣工验收，直到投产使用和建设后评估等全过程实行全面总承包，并负责对各项分包任务和必要时被吸收参与工程建设有关工作的发包人的部分力量进行统一协调、组织和管理。

建设全过程承发包通常适用于大中型建设项目。这种建设项目由于工程规模大、技术复杂，所以要求工程承包公司必须具备雄厚的技术、经济实力和丰富的组织管理经验，通常由实力雄厚的工程总承包公司（集团）承担。建设全过程承发包的优点是：由专职的工程承包公司承包，可以充分利用其丰富的经验，还可进一步积累建设经验，节约投资，缩短建设工期并保证建设项目的质量，提高投资效益。

(2) 阶段承发包。阶段承发包是指发包人、承包人就建设过程中某一阶段或某些阶段的工作（如勘察、设计或施工、材料设备供应等）进行发包承包。例如，由设计机构承担勘察设计，由施工企业承担工业与民用建筑施工，由设备安装公司承担设备安装任务。其

绪 论

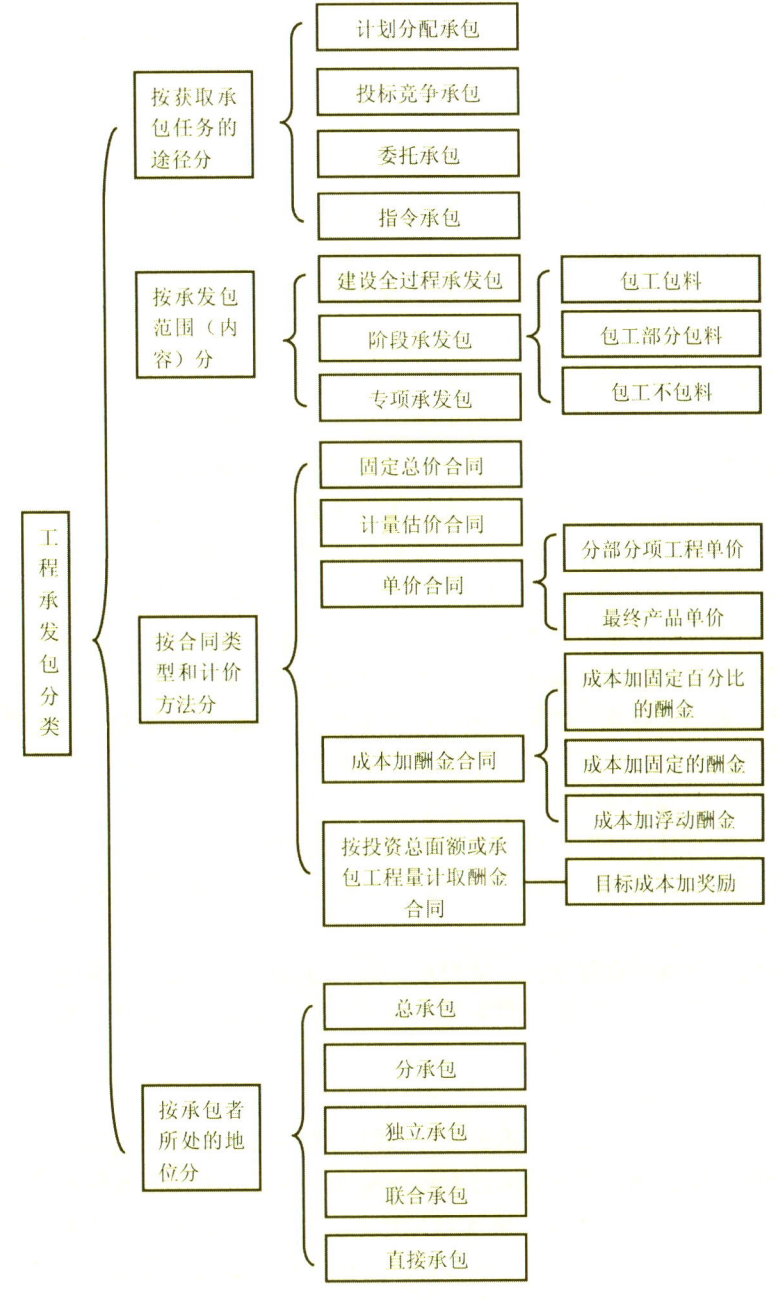

图 0-1 建设工程承发包方式

中,施工阶段承发包还可依承发包的具体内容,再细分为以下 3 种方式。

①包工包料,即工程施工所用的全部人工和材料由承包人负责。其优点是:便于调剂余缺,合理组织供应,加快建设速度,促进施工企业加强管理,精打细算,厉行节约,减少损失和浪费;有利于合理使用材料,降低工程造价,减轻建设单位的负担。

②包工不包料,又称包清工,实质上是劳务承包,即承包人(大多是分包人)仅提供

劳务而不承担任何材料供应的义务。

③包工部分包料，即承包人只负责提供施工的全部人工和一部分材料，其余部分材料由发包人或承包人负责供应。

(3) 专项承发包。专项承发包又称为专业发包承包，指的是发包人、承包人就某建设阶段中的一个或几个专门项目进行发包承包。专项承发包主要适用于可行性研究阶段的辅助研究项目，勘察设计阶段的工程地质勘察、供水水源勘察，基础或结构工程设计、工艺设计，供电系统、空调系统及防灾系统的设计，施工阶段的深基础施工、金属结构制作和安装、通风设备和电梯安装等建设准备阶段的设备选购和生产技术人员培训等专门项目。

2. 按承包者所处的地位划分

(1) 总承包。总承包简称总包是指发包人将一个建设项目的建设全过程或其中某个或某几个阶段的全部工作发包给一个承包人承包，该承包人可以将自己承包范围内的若干专业性工作再分包给不同的专业承包人去完成，并对其统一协调和监督管理。各专业承包人只同总承包人发生直接关系，不与发包人发生直接关系。

总承包主要有两种情况：一是建设全过程总承包；二是建设阶段总承包。建设阶段总承包主要分为：①勘察、设计、施工、设备采购总承包；②勘察、设计、施工总承包；③勘察、设计总承包；④施工总承包；⑤施工、设备采购总承包；⑥投资、设计、施工总承包，即建设项目由承包商贷款垫资，并负责规划设计、施工，建成后再转让给发包人；⑦投资、设计、施工、经营一体化总承包，通称 BOT 方式，即发包人和承包人共同投资，承包人不仅负责项目的可行性研究、规划设计、施工，而且建成后还负责经营几年或几十年，然后再转让给发包人。

采用总承包方式时，可以根据工程具体情况，将工程总承包任务发包给有实力的具有相应资质的咨询公司、勘察设计单位、施工企业以及设计施工一体化的大建筑公司等承担。

(2) 分承包。分承包简称分包，是相对于总承包而言的，是从总承包人承包范围内分包某一分项工程（如土方、模板、钢筋等）或某种专业工程（如钢结构制作和安装、电梯安装、卫生设备安装等）。分承包人不与发包人发生直接关系，而只对总承包人负责，在现场由总承包人统筹安排其活动。

分承包人承包的工程不能是总承包范围内的主体结构工程或主要部分（关键性部分），主体结构工程或主要部分必须由总承包人自行完成。分承包主要有两种形式：一是总承包合同约定的分包，总承包人可以直接选择分包人，经发包人同意后与分包人订立分包合同；二是总承包合同未约定的分包，须经发包人认可后总承包人方可选择分包人，并与之订立分包合同。总的来说，分包实际上都要经过发包人同意后才能进行。

(3) 独立承包。独立承包是指承包人依靠自身力量自行完成承包任务的承发包方式。此方式主要适用于技术要求比较简单、规模不大的工程项目。

(4) 联合承包。联合承包是相对于独立承包而言的，指发包人将一项工程任务发包给两个以上承包人，由这些承包人联合共同承包。联合承包主要适用于大型或结构复杂的工程，参加联合的各方，通常是采用成立工程项目合营公司、合资公司、联合集团等联营体形式，推选承包代表人，协调承包人之间的关系，统一与发包人签订合同，共同对发包人承担连带责任。参加联营的各方仍都是各自独立经营的企业,只是就共同承包的工程项目必须事先达成联合协议,以明确各个联合承包人的权利和义务,包括投入的资金数额、人工和管理人员的派遣、机械设备种类、临时设施的费用分摊、利润的分享以及风险的分担等等。

在市场竞争日益激烈的形势下,采取联合承包的方式优越性十分明显,具体表现在:①可以有效地减弱多家承包商之间的竞争,化解和防范承包风险;②促进承包商在信息、资金、人员、技术和管理上互相取长补短,有助于充分发挥各自的优势;③增强共同承包大型或结构复杂的工程的能力,增加了中大标、中好标和共同获取更丰厚利润的机会。

(5) 直接承包。直接承包是指不同的承包人在同一工程项目上分别与发包人签订承包合同,各自直接对发包人负责。各承包商之间不存在总承包、分承包的关系,现场上的协调工作由发包人自己去做,或由发包人委托一个承包商牵头去做,也可聘请专门的项目经理(建造师)去做。

3. 按合同类型和计价方法划分

(1) 固定总价合同。固定总价合同又称总价合同,是指发包人要求承包人按商定的总价承包工程。这种方式通常适用于规模较小、风险不大、技术简单、工期较短的工程。其主要做法是:以图纸和工程说明书为依据,明确承包内容和计算承包价,总价一次包死,一般不予变更。这种方式的优点是:因为有图纸和工程说明书为依据,发包人、承包人都能较准确地估算工程造价,发包人容易选择最优承包人。这种方式的缺点是:对承包商有一定的风险,因为如果设计图纸和说明书不太详细,未知数比较多,或者遇到材料突然涨价、地质条件变化和气候条件恶劣等意外情况,承包人承担的风险就会增大,风险费增大不利于降低工程造价,最终对发包人也不利。

(2) 计量估价合同。计量估价合同是以工程量清单和单价表为计算承包价依据的承发包方式。通常的做法是:由发包人或委托具有相应资质的中介咨询机构提出工程量清单,列出分部、分项工程量,由承包商根据发包人给出的工程量,经过复核并填上适当的单价,再算出总造价,发包人只要审核单价是否合理即可。这种承发包方式,结算时单价一般不能变化,但工程量可以按实际工程量计算,承包人承担的风险较小,操作起来也比较方便。

(3) 单价合同。单价合同是指以工程单价结算工程价款的承发包方式。其特点是:工程量实量实算,以实际完成的数量乘以单价结算。具体包括以下两种类型:①按分部分项工程单价承包,即由发包人列出分部分项工程名称和计量单位,由承包人逐项填报单价,经双方磋商确定承包单价,然后签订合同,并根据实际完成的工程数量,按此单价结算工程价款。这种承包方式主要适用于没有施工图、工程量不明而且需要开工的工程。②按最终产品单价承包,即按每平方米住宅、每平方米道路等最终产品的单价承包。其报价方式与按分部分项工程单价承包相同。这种承包方式通常适用于采用标准设计的住宅、宿舍和通用厂房等房屋建筑工程。但对其中因条件不同而造价变化较大的基础工程,则大多数采用按计量估价承包或分部分项工程单价承包的方式。

(4) 成本加酬金合同。成本加酬金合同又称成本补偿合同,是指按工程实际发生的成本结算外,发包人另加上商定好的一笔酬金(总管理费和利润)支付给承包人的一种承发包方式。工程实际发生的成本，主要包括人工费、材料费、施工机械使用费、其他直接费和现场经费以及各项独立费等。主要的做法有成本加固定酬金、成本加固定百分比酬金、成本加浮动酬金、目标成本加奖罚。

①成本加固定酬金。这种承包方式工程成本实报实销，但酬金是事先商量好的一个固定数目。其计算式为：

$$C = C_d + F$$

式中：C——工程总造价；
　　　C_d——实际发生的工程成本；
　　　F——固定酬金（通常是按估算的工程成本的一定百分比确定）。

这种承包方式，酬金不会因成本的变化而改变，它不能鼓励承包商降低成本，但可鼓励承包商为尽快取得酬金而缩短工期。有时，为鼓励承包人更好地完成任务，也可在固定酬金之外，根据工程质量、工期和降低成本情况另加奖金，且奖金所占比例的上限可以大于固定酬金。

②成本加固定百分比酬金。这种承包方式工程成本实报实销，但酬金是事先商量好的以工程成本为计算基础的一个百分比。其计算式为：

$$C = C_d(1 + P)$$

式中：C——工程总造价；
　　　C_d——实际发生的工程成本；
　　　P——固定的百分数。

这种承包方式，对发包人不利，因为工程总造价C随工程成本C_d增大而相应增大，不能有效地鼓励承包商降低成本、缩短工期。现在这种承包方式已很少采用。

③成本加浮动酬金。这种承包方式的做法，通常是由双方事先商定工程成本和酬金的预期水平，然后将实际发生的工程成本与预期水平相比较，如果实际成本高于预期成本，则减少酬金。其计算式分别为：

如 $C_d = C_0$，则

$$C = C_d + F$$

如 $C_d < C_0$，则

$$C = C_d + F + \Delta F$$

如 $C_d > C_0$，则

$$C = C_d + F - \Delta F$$

式中：C——工程总造价；
　　　C_d——实际发生的工程成本；
　　　C_0——预期工程成本；
　　　F——固定酬金；
　　　ΔF——酬金增减部分（可以是一个约定百分比，也可以是固定数额）。

采用这种承包方式，优点是对发包人、承包人双方都没有太大风险，同时也能促使承包商降低成本和缩短工期；缺点是在实践中估算预期成本比较困难，要求承发包双方具有丰富的经验。

④目标成本加奖罚。这种承包方式是在初步设计结束后，工程迫切开工的情况下，根据粗略估算的工程量和适当的概算单价表编制概算，作为目标成本，随着设计逐步具体化，目标成本可以调整。另外以目标成本为基础规定一个百分比作为酬金，最后结算时，如果实际成本高于目标成本并超过事先商定的界限（如5%），则减少酬金；如果实际成本低于目标成本（也有一个幅度界限），则增加酬金。其计算式为：

$$C = C_d + P_1 C_0 + P_2 (C_e - C_d)$$

式中：C——工程总造价；

C_d——实际发生的工程成本；

C_e——目标成本；

P_1——基本酬金百分比；

P_2——奖罚酬金百分比。

此外，还可另加工期奖罚。这种承发包方式的优点是可促使承包商降低成本和缩短工期；而且，由于目标成本是随设计的进展而加以调整才确定下来的，所以发包人、承包人双方都不会承担过大风险。缺点是目标成本的确定较困难，要求发包人、承包人都须具有比较丰富的经验。

（5）按投资总额或承包工程量计取酬金的合同。这种方式主要适用于可行性研究、勘察设计和材料设备采购供应等承包业务。例如，承包可行性研究的计费方法通常是根据委托方的要求和所提供的资料情况，拟定工作内容，估计完成任务所需各种专业人员的数量和工作时间，据此计算工资、差旅费以及其他各项开支，再加企业总管理费，汇总即可得出承包费用总额。勘察费的计费方法，按完成的工作量和相应的费用定额计取。

4. 按获取承包任务的途径划分

（1）计划分配承包。在传统的计划经济体制下，由中央或地方政府的计划部门分配建设工程任务，由设计、施工单位与建设单位签订承包合同。

（2）委托承包。委托承包即由建设单位与承包单位协商，签订委托其承包某项工程任务的合同，主要适用于某些投资限额以下的小型工程。

（3）指令承包。指令承包是由政府主管部门依法指定工程承包单位，仅适用于某些特殊情况。如少数特殊工程或偏僻地区工程，施工企业不愿投标的，可由项目主管部门或当地政府指定承包单位。

（4）投标竞争承包。投标竞争承包是指投标人应招标人的邀请或投标人满足招标人最低资质要求而主动申请，按照招标的要求和条件，在规定的时间内向招标人投递标书，争取中标并获得承包任务的行为。该方式适用于所有类型的建设项目。

二、建筑市场

（一）建筑市场的概念

建筑市场是指以建筑产品承发包交易活动为主要内容的市场，一般称作建筑市场或建筑工程市场。

建筑市场有广义和狭义之分。狭义的建筑市场一般指有形建筑市场，有固定交易场所。广义的建筑市场包括有形建筑市场和无形建筑市场，包括与工程建设有关的技术、租赁、劳务等各种要素市场，为工程建设提供专业服务的中介组织，靠广告、通讯、中介机构或经纪人等媒介沟通买卖双方或通过招标投标等多种方式成交的各种交易活动；还包括建筑商品生产过程及流通过程中的经济联系和经济关系。可以说，广义的建筑市场是工程建设生产和交易关系的总和。

由于建筑产品具有生产周期长、价值量大、生产过程的不同阶段对承包方的能力要求不同等特点，决定了建筑市场交易贯穿于建筑产品生产的整个过程，从工程建设的决策、设计、施工，一直到工程竣工、保修期结束，发包人与承包商、分包商进行的各种交易以及相关的商品混凝土供应、构配件生产、建筑机械租赁等活动，都是在建筑市场中进行的。生产活动和交易活动交织在一起，使得建筑市场在许多方面不同于其他产品市场。

（二）建筑市场的主体

市场主体是指在市场中从事交换活动的当事人，包括组织和个人。按照参与交易活动的目的不同，当事人可分为卖方、买方和商业中介机构三类。建设工程市场的主体是业主、承包商和中介机构。

1. 买方

建筑市场的买方泛指提供资金购买一定的建筑产品或服务行为的主体。在我国，一般称为建设单位或甲方，在国际工程中称为业主。

业主对建设项目的规划、筹资、设计、建设实施直至生产经营、归还贷款及债券本息等全面负责。业主既是工程项目的所有者，又是决策者，在工程项目的前期工作阶段，确定工程的规模和建设内容；在招标投标阶段，择优选定中标的承包商。

在国际建筑市场上买方可以是建筑业外部的政府部门、非金融企业、金融机构，甚至是居民，也可以来自建筑业内部。建筑业内部的买方可以是总承包公司或施工企业，例如总承包公司将建设项目的勘察和设计工作委托给勘察、设计单位，购买其服务；把项目的施工任务发包给施工安装公司，购买其施工服务。建筑业内、外买方购买的产品和服务之间的比例反映了建筑业内分工和专业化程度。这个比例越大，建筑业内分工和专业化程度越高。

在我国，建设单位除了要具备相应的资金外，还应该具备建设地点的土地使用权，并办理各种准建手续。与其他国家相同，我国建筑市场的买方以政府公共部门为主，即通常所说的国家投资。

凡国家投资项目按照国家计委颁发的《关于实行建设项目法人责任制的暂行规定》，国有单位经营性基本建设大中型项目在建设阶段必须组建项目法人，实行项目法人责任制，由项目法人对项目的策划、资金筹措、建设实施、生产经营、债务偿还和资产的保值增值实行全过程负责。推行项目法人责任制，有利于规范业主行为，提高投资效益。

对于新建的项目，应由出资的政府机关或其他机构，直接或委托某事业、企业及其他组织为该项目组建具有法人资格的专门单位，全权负责整个项目的工程建设。新建项目的法人有两种情况：一种是项目法人在项目完成交验后即完成任务，随即撤销；另一种情况是项目法人在项目建成后还要负责整个项目的经营，直到项目寿命结束。

国内的建设单位有以下几种类型。

绪　论

（1）企事业单位或其他具备法人资格的机关团体投资的新建、扩建、改建工程，建设单位一般对工程建设有较大的自主权。

（2）由不同投资方投资或参股的工程项目，共同投资方组成董事会或工程管理委员会。

（3）开发商自行融资兴建的工程项目，或者由投资方委托开发商建造的工程，开发商是建设单位。

（4）投资方组建工程管理公司，由工程管理公司具体负责工程建造。建设单位是该工程管理公司。

（5）其他情况。

以上所述的建设单位一般指建筑业外的买方，近几年我国建筑业内买方也有所发展，例如工程承包商可以委托造价咨询机构提供造价咨询服务，工程总承包商可以将基础工程或者装饰工程等专业工程向分包商发包，可以将劳务向有劳务分包资质的劳务分包商发包。近几年，建筑市场运行模式更加多种多样，例如CM模式、交钥匙方式、BOT方式、PPP模式等运营方式。

2. 卖方

建筑市场的另一类主体即建筑市场的卖方是指有一定生产能力、机械设备、技术专长、流动资金，具有承包工程建设任务的营业资质，在工程建设中能够按照业主的要求，提供不同形态的建筑产品，并最终得到相应工程价款的一方，包括工程承包商、设计、勘察、咨询等单位和分包队伍。这类市场主体在建筑市场上承揽施工、设计等业务，共同建造符合买方要求的建筑产品，从而获得利润回报。

为了实现这一目的，卖方尽可能地提供买方满意的、合格的或者优质的产品或服务，在竞争中取得优势。

按生产的主要形式分为勘察设计单位、施工企业、机械设备供应或租赁单位、建材供应商以及提供建筑劳务的企业。按照它们提供的主要建筑产品，可分为不同的专业公司，如水电、铁路、公路、冶金、市政工程等专业公司。

3. 中介机构

中介服务机构是指具有相应的专业服务能力，在建筑市场中受承包方、发包方或政府管理部门的委托，对工程建设进行估算测量、咨询代理、建设监理等高智能服务，并取得服务费用的服务机构和其他建设专业中介服务机构。

按中介服务机构的工作内容和作用来分，可分为以下5种类型。

（1）为协调和约束市场主体行为的自律性机构，如建筑业协会、建设监理协会、造价管理协会等。

（2）为保证市场公平竞争的公证机构，如会计师事务所、审计师事务所、律师事务所、保险公司、资产和资信评估机构、公证机构等。

（3）为促进市场发育，降低交易成本和提高效益服务的各种咨询、代理机构，如工程咨询公司、招标代理公司、监理公司、信息服务机构等。

（4）为监督市场活动，维护市场正常秩序的检查认证机构，如质量体系认证机构、计量、检验、检测机构和鉴定机构等。

(5) 为保证社会公平，建立公正的市场竞争秩序的公益机构，如以社会福利为目的的基金会、行业劳保统筹等管理机构。如表0-1。

表0-1 建筑市场中介机构的分类和作用

类型	举例	作用
社团组织 （社团法人）	建筑业协会 勘察设计协会 监理协会 注册建筑师协会	①协调和约束市场主体行为 ②沟通行业内企业间、企业与政府间的联系 ③反映行业问题、发布行业信息
公证机构 （企业法人）	会计师事务所 律师事务所 公证处 仲裁机构	①保障建筑市场主体的利益和权益 ②解决市场主体经济纠纷、维护市场秩序 ③提高主体的法律意识
工程咨询代理机构 （企业法人）	监理公司 工程造价事务所 招标代理机构 工程咨询机构	①降低工程交易成本，提高主体效益 ②促进工程信息服务 ③保证建筑市场自身利益
检查认证机构 （事业法人或企业法人）	工程质量检测中心 质量体系认证中心 建筑定额站 建筑产品检测中心	①提高建筑产品质量监督和维护市场秩序 ②促进承包方加强管理 ③建筑产品质量的公平认证
保障机构 （事业法人或企业法人）	保险机构 社会保证机构 行业统筹管理机构	①保证市场的社会公平性 ②充分体现社会福利性 ③保证市场主体的社会稳定性

在建筑市场的运行过程中，中介服务机构作为政府、市场、企业之间联系的纽带，具有政府行政管理无法替代的作用。而发达的建筑市场中介服务机构既是市场体系成熟的标志，又是市场经济发达的表现。目前，我国的中介服务机构远远不能适应市场经济的要求，不能满足建筑市场日益发展的需要，政府部门应当加强引导，专业人士要敢于带头，使我国的中介服务机构尽快地与国际惯例接轨。

（三）建设工程市场的客体

建筑市场的客体是指建筑市场的买卖双方交换的对象，既包括有形建筑产品——建筑物，又包括无形产品——各种服务。客体凝聚着承包方和中介服务机构的劳动，业主则以投入资金方式，取得它的使用价值。根据不同的生产交易阶段把建筑产品分为以下几种形态。

（1）规划、设计阶段，产品分为可行性研究报告、勘察报告、施工图设计文件等形式。

（2）招标、投标阶段，产品包括资格预审报告、招标书、投标书以及合同文件等形式；**市场客体**是指一定量的可供交换的商品和服务，它包括有形的物质产品和无形的服务。

(3) 施工阶段,产品包括各类建筑物、构筑物以及劳动力、建材、机械设备、预制构件、技术、资金、信息等。

建筑市场各方主体以客体为对象,以承包合同的方式来明确各方的责任、权利和义务,并以合同为纽带,把一系列的专业分包商、设备供应商、银行、运输商以及咨询、保险公司等联系在一起,形成经济协作关系。

(四) 建筑市场体系

建筑市场体系是指建筑市场结构和政府对建筑市场宏观调控的有机结合体,包括由发包方、承包方和为工程建设服务的中介服务方组成的市场主体,以及由不同形式的建筑产品组成的市场客体,保证市场秩序、保护主体合法权益的市场机制和市场交易规则,如图 0-2 所示。

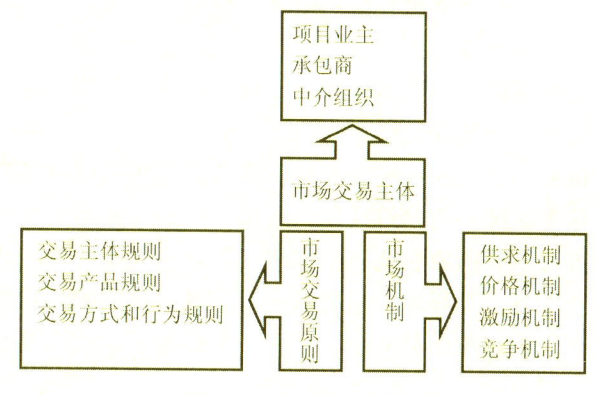

图 0-2 建筑市场体系

建筑市场交易规则是市场主体在市场交易中需要遵循的行为准则,包括市场行为规则和管理法规;建筑市场机制是保护市场主体按市场规则从事建筑业务活动的各种机制和措施,主要包括供求机制、价格机制、激励机制和竞争机制。

全面的市场体系的发育与完善,是市场化进程的标志。市场体系是实现资源优化配置,发挥供求、价格、竞争机制调节作用的前提条件,是建筑市场有效运行的重要基础。建筑市场围绕着市场主体的各种交易活动展开运行,市场机制能否顺利发挥作用,取决于是否存在一个完善的市场体系。

政府对市场的宏观调控体现在建立完善的市场规则(包括法律、法规、规范、标准和制度等)、监督和调控等方面。建筑市场主体与主体之间、主体与客体之间的关系,通过市场规则来明确和制约。

1. 建筑市场的交易规则

在建筑市场内,不同的市场主体的根本利益有较大的差异,即使是处于同一市场主体地位的不同企业(比如不同的承包商)或个人(比如执业工程师)也会有不同的交易行为。因此,要保证市场有序、健康地发展,必须有明确的运行规则来规范建筑市场各主体方的行为。建筑市场规则主要包括以下几个方面。

(1) 市场交易主体规则。建设项目承包商及中介组织必须具有法人资格或个人执业资格，必须遵守市场准入条件。项目业主要具有法人或自然人条件，对公共建设项目要形成项目法人。主体规则也规范各市场主体在资质和从业范围方面的条件，如项目类别和资质等级。

(2) 市场交易产品规则。对进入市场交易的建筑产品要界定范围，明确哪些可以和需要进入市场，哪些不可以进入市场。同时要对进入交易市场的建筑产品的质量、数量、安全等方向进行规范，不允许不安全、质量低劣的产品进入市场。建筑产品的特殊性决定了其产品规则的交验标准要由政府制定并颁布实施。

(3) 市场交易方式和行为规则。建筑市场的交易方式主要有邀请招标、公开招标、协议合同等形式。为了保证建筑市场交易活动的公平和公正性，需要制定相应的规则，如招标投标规则、合同内容规则等。这些规则规范了市场主体的交易行为，为公平公正竞争提供了保障。市场交易方式和行为规则是建筑市场规则的一个重要组成部分。

2. 建筑市场运行机制

建筑市场机制是保护建筑市场主体按市场交易规则从事各种交易活动的一系列市场运行机制，以维护市场的正常运行和发展。

建筑市场的运行机制应建立在统一、开放、竞争、有序的原则基础之上。统一是指建筑市场机制的运行要建立在统一的建筑法规、条例、标准、规范的平台之上；开放是指建筑市场中的买方和卖方可不受国家、地区、部门、行业的限制，进行建筑产品的生产和交换；竞争是指建筑生产的各个委托环节均要引进竞争机制，如招标投标、设计方案竞赛等竞争方式。竞争有利于促进建筑产品的生产效率，但必须通过法规及有效的监督管理机制引导建筑市场有序化、规范化。

建筑市场运行机制包括价格机制、竞争机制、供求机制、风险机制、货币流通机制等，它们各有不同的作用范围和内容，彼此制约、相互影响，从而推动建筑市场的正常运行。

三、建设工程招标投标概述

(一) 招投标的概念与特点

1. 招投标的概念

招投标作为一个整体概念进行定义的典型表述方式有如下几种：

(1) 采购活动说。我国《中华人民共和国招标投标法》，将招标投标表述为"招标投标活动"，如该法开篇写道："为了规范招投标活动，保护国家利益、社会公共利益和招标投标活动当事人的合法权益，提高经济效益，保证项目质量，制定本法。"但该法对招标活动的含义未做进一步的明确。李荣融主编的《中华人民共和国招标投标法释义》解释到："《招标投标法》的适用对象是招标投标活动，即招标人对工程、货物和服务事先公布采购条件和要求，吸引众多投标人参加竞争，并按规定程序选择交易对象的行为。"

(2) 采购过程说。招投标是指由招标人发出招标公告或通知，最后由招标人通过对各投标人所提出的价格、质量、交货期限和该公司技术水平、财务状况等因素进行综合比

绪　论

较，确定其中条件最佳投标人为中标人，并与之最终订立合同的过程。招投标是指招标人（业主）对自愿参与某一特定项目的投标人（承包商）进行审查、评比和选定的过程。

（3）交易方式说。招投标是市场经济条件下进行大宗货物的买卖、工程建设项目的发包与承包，以及服务项目采购与提供时，愿意成为卖方者（提供方）提出自己的条件，采购方选择条件最优者成为卖方（提供方）的一种交易方式。招标与投标是一种国家普遍应用的、有组织的市场交易行为，是贸易中一种工程、货物或服务的买卖方式。

招标投标与拍卖都是竞争性的交易方式，其相似之处颇多，以至于在实践中往往将两者混为一谈。招标投标与拍卖实质性区别是：①标的不同。拍卖的标的是物品或者财产权利，招投标则除物品外，主要是行为。②目的不同。拍卖的目的是将拍卖的物品或者财产权利转让给最高竞价者。拍卖是寻找买者，而招投标是为寻找卖者而非买者，如货物、设计、施工、劳务等工作的提供者，在买卖方向上与拍卖正好相反。③串标行为与串通拍卖行为适用的法律不同。前者适用于《中华人民共和国招标投标法》的五十三条、《中华人民共和国反不正当竞争法》的二十七条，后者适用于《中华人民共和国拍卖法》的六十五条。

2. 招投标的特点

招投标是最富有竞争的一种采购方式，能为采购者带来有质量的工程、货物或服务。它主要具备以下几个特点：

（1）程序规范。按照目前各国做法及国际惯例，招标投标程序和条件由招标机构事先拟订，在招标投标双方之间具有法律效力的规则一般不能随意改变。当事人双方必须严格按既定程序和条件进行招投标活动。招投标程序由固定的招标机构组织实施。

（2）全方位开放，透明度高。招标人在媒体上发布招标公告；为承包商提供就拟招标项目详细说明的招标文件；事先向承包商充分透露评价和比较投标文件以及选定中标者的标准；在投标截止日公开开标；严格禁止招标人与投标人就投标文件的实质性内容单独谈判。这样招标投标活动完全置于公开的社会监督之下，可以防止不正当的交易行为。

（3）公平、客观。招投标全过程自始至终按照事先规定的程序和条件，本着公平竞争的原则进行。在招标公告或投标邀请书发出后，任何有能力或有资格的投标者均可参加投标。招标方不得有任何歧视某一个投标者的行为。同样，评标委员会在组织评标时也必须公平客观地对待每一个投标者。

（4）交易双方一次成交。一般交易往往在进行多次谈判之后才能成交。招标采购则不同，禁止交易双方面对面地讨价还价。贸易主动权掌握在招标人手中，投标者只能应邀进行一次性报价，并以合理的价格定标。

基于以上特点，招标投标对于获取最大限度的竞争，使参与投标的供应商和承包商获得公平、公正的待遇，以及提高公共采购的透明度和客观性，促使采购资金的节约和采购效益的最大化，杜绝腐败和滥用职权，都具有很重要的作用。

（二）招投标制的产生与发展

1. 国外的产生与发展

招投标活动起源于英国。18世纪后期英国政府和公用事业部门实行"公共采购"，形成了公开招标的雏形。19世纪初英法战争结束后，英国军队需要建造大量军营，采用了竞争报价方式选择承包商，有效控制了建造费用。这种竞争性的招标方式由此受到重视，其他国家也纷纷效仿。进入20世纪，特别是第二次世界大战之后，招标投标在西方发达国家已成为重要的采购方式，在工程承包、咨询服务及货物采购中被广泛应用。世界银行（WB）及其他国际金融组织为了使其贷款达到最佳经济效益，避免使用上的营私舞弊，规定采取招标投标方式，使其成员国在提供货物和工程建设方面平等地进行竞争。

经过两个多世纪的实践，招标投标作为一种交易方式已经得到广泛应用，并日趋成熟。目前已经形成了一整套体制和实施方法，规范化程度越来越高。国际上一些著名的行业学会如国际咨询工程师联合会（FIDIC）、英国土木工程师协会（ICE）、美国建筑师学会（AIA）等都编制了多种版本的合同条件，适用于不同类型、不同合同的工程招标投标活动，在世界上的许多国家和地区广泛应用。最近几十年来，发展中国家日益重视并采用招标投标方式进行工程、服务和货物的采购。许多国家相继制定和颁布了有关招标投标的法律法规。

联合国有关机构和国际组织对于应用招投标方式进行采购，也做出了明确的规定。如联合国贸易法委员会的《关于货物、工程和服务采购示范法》、WTO的《政府采购协议》、世界银行的《国际复兴发展银行贷款和国际开发协会信贷采购指南》等。可以说，招标投标目前已被公认为一种成熟而可靠的交易方式，在国际经济贸易中被广泛采用。

2. 国内的发展

我国清朝末期已有了关于招标投标活动的文字记载。在1949年以前也普遍运用招标投标方式，新中国建立后继续保留一段时间，以后就完全取消了。1980年开始，上海、广东、福建、吉林等省市又开始试行工程招标投标。1984年国务院决定改革单纯用行政手段分配建设任务的老办法，实行招投标制，并制定和颁布了相应法规，随后便在全国进一步推广。随着经济体制改革，招标投标已逐步成为我国工程、货物和服务采购的主要方式。

早在20世纪80年代初，我国开始利用借贷外资修建工程，提供贷款方主要有世界银行、亚洲开发银行和一些外国政府。这些贷款项目大多要实行国际公开招标投标，采用国际通用合同条件。一些国外大承包商进入我国并通过投标承揽工程。我国首先在世界银行对华贷款项目——云南鲁布格水电站引水系统工程进行了招标投标。当时，对招投标很陌生的中国人来说，进行招标纯粹是应付差事，是不得已而为之。我国当时已有建设大型水电项目的经验，再加上天时、地利、人和的优势，许多中国人原以为中国投标者中标是不会出什么问题的。可是由于中方企业缺乏投标经验，日本大成公司以仅相当于招标控制价57%的低报价（8463万元人民币）、施工方案合理以及确保工期等优势一举夺标。这使不少人大失所望，有少数人甚至以肥水不流外人田为由否定招标的好处。为了使人们正确认识招标这一新生事物，报纸上展开了一场对布鲁格水电站招标的辩论。不管辩论的结果如何，事实胜于雄辩。日本公司在该项目的管理上采用了先进而严格的科学方法，既保证了合同的执行进度，也保证了项目的质量，创造了国际一流的隧道掘进速度，提前100多天竣工。受到此次国际招标投标的冲击后，我国从1992年通过试点后大力推行招标投标制。

我国政府有关部委为了推行和规范招投标活动，先后发布多项相关法规。1999年8月

30 日第九届全国人民代表大会常务委员会第十一次会议通过了《中华人民共和国招标投标法》(2000 年 1 月 1 日起施行)。2002 年 6 月 29 日第九届全国人民代表大会常务委员会第二十八次会议通过了《中华人民共和国政府采购法》(2003 年 1 月 1 日起施行,以下简称《政府采购法》)确定招投标方式为政府采购的主要方式。之后招投标的系列地方法规和行政规章相继出台,逐步建立了较为完善的招投标法律法规体系。这标志着我国招投标活动从此走上法制化的轨道,我国招标投标制进入了全面实施的新阶段。

《招标投标法》自 2000 年 1 月 1 日施行后,对于推进招标采购制度的实施,促进公平竞争,加强反腐败制度建设,节约公共采购资金,保证采购质量,发挥了重要作用。随着招标采购方式的广泛应用,招标投标活动也出现了一些亟待解决的突出问题,如一些招标投标活动当事人相互串通,围标串标,严重扰乱招标投标活动正常秩序,破坏公平竞争。招标投标活动中存在的突出问题,得到了国家法律部门的高度重视,2011 年 12 月 20 日,国务院总理温家宝签署国务院令公布《中华人民共和国招标投标法实施条例》(以下简称《条例》),《条例》自 2012 年 2 月 1 日起施行。《条例》认真总结了招标投标法实施以来的实践经验,制定出台了配套行政法规,将法律规定进一步具体化,增强了可操作性,并针对新情况、新问题充实完善了有关规定,进一步筑牢工程建设和其他公共采购领域预防和惩治腐败的制度屏障,维护了招标投标活动的正常秩序。

(三) 招投标制的适用条件

采用招投标交易方式必须具备以下 3 个基本条件。

(1) 要有能够开展公平竞争的市场经济运行机制。在计划经济下,产品购销和工程建设任务是按照指令性计划统一安排,企业习惯于"等、靠、要"的生存和发展模式,不具有采用竞争性交易方式的外部环境。

(2) 必须存在招标投标采购项目的买方市场。供过于求的卖方市场才能使买方居于主导地位,有条件以招标方式从多家竞争者中选择中标者。

(3) 采购行为属于条件型采购。针对条件型采购,潜在的供应商或承包商必须满足需求方指定的商务和技术条件,只有需求方的所有条件被满足,报价才被作为选择成交的最后判定条件。所以条件型采购更适合于招标方式,因为它需要专家的参与,对供应商或承包商能否合理地满足所有条件做出判断,这是一个复杂特殊的过程。

(四) 招标采购的地位和作用

现在招标投标作为一种采购方式和订立合同的特殊程序,在国内、国际贸易中得到广泛应用。如建设项目的采购、政府采购、科技项目采购、物业管理采购、BOT 项目采购等。从发展趋势看,招标采购的领域还在继续拓宽,规范化程度也正在进一步提高。

招投标制度具有以下几点作用:

(1) 确立了竞争的规范准则,有利于开展公平竞争。

(2) 扩大了竞争范围,可以使招标人更充分地获得市场利益,使社会获得更大的利益。

(3) 有利于引进先进技术和管理经验,提高企业的有效竞争能力。

(4) 提供正确的市场信息,有利于规范交易双方的市场行为。

《招标投标法》的出台，标志着招投标将成为我国各部门获取合同的主要手段。仅世界银行每年就有 4 万份合同是通过招投标方式授予的。所以企业熟悉和掌握招标投标的规则，对适应竞争环境、提高自身的竞争能力有着重大意义。企业精英掌握新兴学科的专业知识和技巧就成为当务之急。

练习题

一、单选题

1. （   ）是指发包人将一个建设项目的建设全过程或其中某个或某几个阶段的全部工作发包给一个承包人承包，该承包人可以将自己承包范围内的若干专业性工作再分包给不同的专业承包人去完成。

   A. 分承包　　　　B. 独立承包　　　　C. 总承包　　　　D. 联合承包

2. 发包人在（   ）合同中承担的风险最小。

   A. 可调单价　　　　　　　　　　　　B. 不可调单价

   C. 固定总价　　　　　　　　　　　　D. 成本加酬金

3. 建设工程承发包可分为总承包、分承包、独立承包、联合承包、直接承包等，是按（   ）分类。

   A. 承包范围　　　　　　　　　　　　B. 承包者所处地位

   C. 合同类型和计价方式　　　　　　　D. 获取承包任务的途径

二、思考题

1. 简述建设工程招标投标的分类。
2. 我国建设工程招标投标活动应当遵循的基本原则主要有哪些？
3. 简述承发包的方式。
4. 建筑市场的构成要素有哪些？
5. 简述建设工程交易中心的基本功能。
6. 建设工程招标投标代理的特点有哪些？

项目一 建设工程招投标与合同管理基本知识

学习目标

(1) 熟悉建设工程招标投标的主要内容、特点及管理机制。
(2) 了解建设工程市场的性质与作用、基本功能、运行原则及一般程序。
(3) 了解招投标与合同管理的相关法律。
(4) 掌握开标、评标、中标的操作要点。

任务一 建设行业概述

建设行业就是一个围绕建筑的设计、施工、装修、管理而展开的行业,包括建筑业本身及与之相关的装潢、装修等。

建筑业是专门从事土木工程、房屋建设和设备安装以及工程勘察设计工作的生产部门。其产品是各种工厂、矿井、铁路、桥梁、港口、道路、管线、住宅以及公共设施的建筑物、构筑物和设施。建筑业是国民经济的支柱产业,就业容量大,产业关联度高,全社会50%以上固定资产投资要通过建筑业才能形成新的生产能力或使用价值,建筑业增加值占国内生产总值比率较高。建筑工程专业人才的培养质量直接影响建筑业的可持续发展,乃至影响国民经济的发展。

建筑行业包括的范围广,行业的企业数量众多,行业的企业集中度不高。在我国众多的建筑业企业中,仅上市公司就达三四十家,小型企业尤其是承包队更是数不胜数,仅这一点来说,行业内现有企业之间的竞争就足够激烈,但由于规模的不同,企业之间竞争的项目或者环节也不同。研究认为大型上市公司主要竞争于房地产建设、基础设施建设等大型项目的承包,小型企业主要竞争于建筑装饰装潢等子行业或者大型项目的分包项目等。

城市建设是构成城市的一个重要部分,而建筑不仅仅只是一个供人们住宿休息,娱乐消遣的人工作品,它从很大的方面上与我们的经济、文化和生活相关联。在今天,城市建筑以其独特的方式传承着文化,散播着生活的韵味,不断地渗透进人们的日常生活中,为人们营造一个和谐和安宁的精神家园。当前国家处于建设阶段,建筑行业的发展来势迅猛，如火如荼，遍及全国各个区域，建筑风格新颖多样。尤其是一些公共建筑，以其独特的造型和结构彰显出城市特有的个性与风采，也因此成为了一个城市的地标性建筑物，形成了该地区经济与文化的独特魅力。建筑的发展也同时成为我国经济发展的重要支柱。

任务二　建设工程招投标法概述

主要学习招标投标法的相关概念、招标投标法调整的法律关系、招标投标法在空间上的效力等内容。

一、招标投标法的概念

招标投标法是调整市场竞争中因招标投标活动而产生的社会关系的法律规范的总称。狭义的招标投标法是指《中华人民共和国招标投标法》，已于1999年8月30日由第九届全国人大常委会第十一次会议通过。自2000年1月1日起施行。它是我国招标投标法律体系中的基本法律，标志着我国招标投标活动走入了法制的轨道，对引导招标投标活动的公平竞争和规范运作具有重要的意义。凡在我国境内进行招标的采购活动，必须依照该法的规定进行。广义的招标投标法是指所有调整招标投标活动的法律规范，除《招标投标法》以外，还包括《合同法》《反不正当竞争法》《刑法》《建筑法》等法律中有关招标投标的规定，也包括《工程建设项目招标范围和规模标准规定》《招标公告发布暂行办法》《建设工程招标投标暂行规定》《工程设计招标投标暂行办法》《招标投标公证程序细则》《机电设备招标投标指南》等行政法规、规章。目前，我国招标投标法律体系已经初步建立，处于实施的起始阶段。我国市场经济的进一步发展，必将对招标投标法律制度提出更高的要求。

二、招标投标法调整的法律关系

（一）招标投标中的民事关系

招标投标中的民事关系主要发生在招标人与投标人之间，也会发生在招标人与招标代理人、招标人与评标委员会、投标人与投标人之间。对于这些民事关系，招标投标法都要进行调整。在这些民事关系中，如果一方违反招标投标法的规定，给对方造成了损失，应当承担相应的民事赔偿责任。

（二）招标投标中的行政关系

招标投标虽然是一种民事行为，但这种民事行为需要接受行政管理部门的监督，因此会产生相应的行政关系。这种行政关系主要发生在行政管理部门与招标人、投标人之间，也可能发生在行政管理部门与招标代理人、评标委员会之间。如果招标人、投标人、招标代理人、评标委员会等民事主体违反招标投标法的规定，行政管理部门有权对其进行行政处罚，包括没收财产、罚款、取消招标代理资格、取消投标资格、取消担任评标委员会成员的资格等。

三、招标投标法的空间效力

招标投标法的空间效力是指招标投标法生效的地域范围，即招标投标法在哪些地方具有约束力。根据国家主权原则，我国的法律在其主权管辖的全部领域内有效。包括领土、领海和领空；此外，中华人民共和国的领域还包括延伸意义上的领土，即本国驻外大使馆、领事馆，在本国领域外的本国船舶和航空器。

根据招标投标法及其相关规定，凡在中华人民共和国境内进行的招标投标活动，均应适用于招标投标法。但是，对于利用外资的项目，也可适用资金提供方对招标的特殊规定。对使用国际组织或者外国政府贷款、援助资金的项目进行招标，而贷款方、资金提供方对招标投标的具体条件和程序有不同规定的，可以适用其规定，但不得违背中华人民共和国的社会公共利益。

任务三　建筑市场认知

一、建筑市场概念及主要特点

这里主要讲建筑市场的概念和主要特点。

（一）建筑市场的概念

建筑市场是建设工程市场的简称，是指以建筑产品的承发包活动为主要内容的市场，是建筑产品和有关服务的交换关系的总和。

建筑市场可以从狭义和广义两个方面来理解。狭义的建筑市场是指以建筑产品为交换内容的市场，即建筑产品需求者与生产者之间进行订货交易的市场。一般是指有形的建筑市场，即建设工程交易中心。

广义的建筑市场是指除了以建筑产品为交换内容外，还包括与建筑产品的生产和交换密切相关的无形建筑市场，如建筑勘察设计市场、建筑生产资料市场、建筑劳动力市场、建筑技术与信息市场、资金市场和社会监理市场等。简而言之，狭义建筑市场是广义建筑市场的主体和核心，而广义的建筑市场是围绕建筑产品市场而展开的。

（二）我国建筑市场的主要特点

（1）建筑产品供求双方直接订货交易。在建筑市场上，并不以具有实物形态的建筑产品作为交易对象，而是通过招投标先确定交易关系，然后按业主要求进行施工生产过程。

（2）建筑产品交易量的不稳定性和易于出现买方市场。当国民经济发展速度较快时，建筑产品交易量就不断增大，当处于调整和停滞时期，建筑产品交易量不断缩小。目前我国建筑行业从业人员数量偏大，"僧多粥少"的局面依然存在，这就决定目前我国建筑市场在某种程度是买方市场。

（3）以招投标为主的不完全竞争市场。由于建筑产品的地域性、特殊性对施工资质的要求，决定了业主在发包时必然对承包方的投标行为设立了很多限制性约束条件，从而使建筑市场成为了一个不完全竞争的市场。

（4）独特的定价方式。目前我国建筑市场上的建筑产品定价方式主要有定额计价和清单计价两种模式。

（5）有严格的市场准入制度。为保证建筑市场有序进行，建设行政主管部门和行业协会制定了相应的市场准入制度和生产经营规则，以规范业主、承包商及中介服务组织生产经营行为。例如，规定业主必须具备法人资格，业主自行招标必须具备一定条件；施工方必须具备相应资质条件，并在资质允许范围内承揽工程；主要技术人员与岗位人员应有执业资格证书等。

二、建筑市场主体和客体

（一）建筑市场主体

建筑市场主体是指参与建筑市场交易活动的各方，即建设单位、施工单位、工程咨询服务机构、设备材料供应机构、金融机构和市场组织管理者等。

下面仅对涉及建设合同的建设单位、施工单位和工程咨询服务机构做简短说明。

1. 建设单位（即业主）

建设单位是指既有某项工程建设需求，又具有该项工程的建设资金和准建手续，在建筑市场中发包工程项目建设任务，并最终得到建筑产品达到其投资目的的政府部门、企事业单位和自然人。他们可以是学校、医院、工厂、房地产开发公司，或者是政府及政府委托的资产管理部门，也可以是个人。我国工程建设合同常将建设单位称为甲方。

在我国市场经济条件下，根据我国公有制部门占主体的情况，为了建立投资责任约束机制、规范项目法人行为，提出了项目法人责任制（又称为业主责任制），由项目法人对项目建设全过程负责管理，主要包括进度控制、质量控制、投资控制、合同管理和组织协调等内容。

目前，国内工程项目的建设单位可归纳为以下类型。

（1）建设单位即原企业或单位。企业或机关、事业单位投资的新建、改建、扩建工程，则该企业或单位即为项目业主。

（2）建设单位是联合投资董事会。由不同投资方参股或共同投资的项目，则建设单位是共同组成的董事会或管理委员会。

（3）建设单位是各类开发公司。开发公司自行融资或由投资方协商组建或委托开发的工程公司。

（4）除上述建设单位以外的建设单位。

2. 施工单位（即承包商）

施工单位是指拥有一定数量的建筑设备、流动资金、工程技术经济管理人员等生产能力，并取得了相应的建设资质证书和营业执照的，能够按照业主的要求提供不同形态的建筑产品并最终得到相应工程价款的施工企业。我国工程建设合同中常将施工单位称为乙方。

施工单位按其所从事的专业不同可分为土建、水电、道路、铁路、冶金、市政工程等

项目一 建设工程招投标与合同管理基本知识

专业公司;按其承包方式不同可分为施工总承包企业、专业承包企业、劳务分包企业。在我国,施工单位通过政府的指令或投标获得承包合同。具备下述条件的施工单位才能在政府许可的工程范围内承包工程:

(1) 有符合国家规定的注册资本。
(2) 有与从事的建设活动相适应的具有法定执业资格的专业技术人员。
(3) 有从事相应建设活动所应有的技术装备。
(4) 经资格审查合格,取得资质证书和营业执照。

3. 工程咨询服务机构

工程咨询服务机构是指具有一定注册资金和工程技术、经济管理人员等相应的专业服务能力,取得建设咨询资质证书和营业执照,能对工程建设提供估算测量、管理咨询、建设监理等智力型服务并获取相应费用的企业。在国际上,工程咨询服务机构一般称为咨询公司。在我国,工程咨询服务机构包括勘察设计、工程造价、工程管理、招标代理、工程监理等多种业务的企业,这类服务企业主要是向建设单位提供工程咨询和管理服务,受建设单位委托或聘用,与建设单位订有协议或合同,弥补建设单位对工程建设过程不熟悉的缺陷。

(二) 建筑市场客体

建筑市场客体是指建筑市场买卖双方交易的对象,即有形的建筑产品(如建筑物、构筑物等)和无形的建筑产品(如咨询、监理等智力型服务)。客体凝聚着承包商的劳动,建设单位以投入资金的方式取得它的使用价值。在不同的生产交易阶段,建设产品表现为不同的形态,它可以是中介机构提供的咨询报告、咨询意见或其他服务,可以是勘察设计单位提供的设计方案、设计图纸、勘察报告,也可以是生产厂家提供的混凝土构件、非标准预制件等产品,还可以是施工单位提供的各种各样的最终产品(建筑物和构筑物)等。

综合以上所述,建筑市场主体和建筑市场客体两者构成了完整的建筑市场体系,如图1-1所示。

三、建筑市场管理

建筑市场管理是指各级人民政府建设行政主管部门、工商行政管理机关等有关部门,按照各自的职权,对从事各种房屋建筑、土木工程、设备安装、管线敷设等勘察设计、施工(含装饰装修)、建设监理,以及建筑构配件、非标准设备加工生产等发包和承包活动的监督、管理。

《中华人民共和国建筑法》规定,对从事建筑活动的施工企业、勘察设计单位、工程监理企业和其他有关工程咨询企业实行资质管理。其中第 26 条规定,承包建筑工程的单位应当持有依法取得的资质证书,并在其资质等级许可的业务范围内承揽工程。禁止建筑施工企业超越本企业资质等级许可的业务范围或者以任何形式用其他建筑施工企业的名义承揽工程。禁止建筑施工企业以任何形式允许其他单位或者个人使用本企业的资质证书、营业执照,以本企业的名义承揽工程。

建筑市场管理包括两类:一类是对参与者的管理;另一类是对专业人员的资格管理。

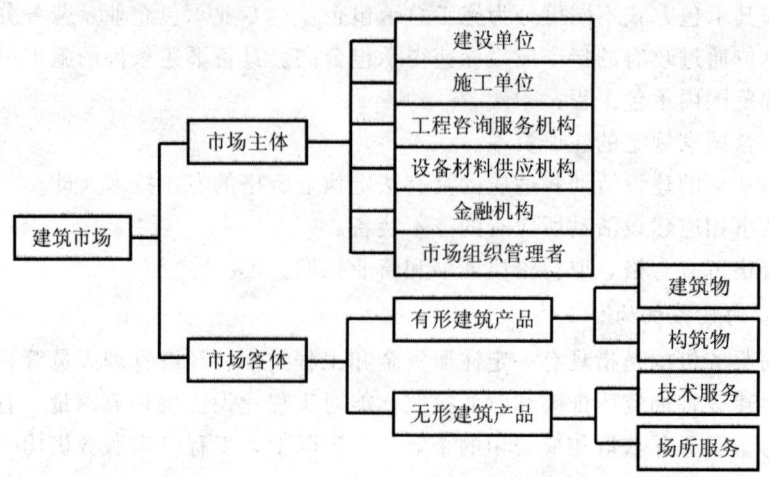

图 1-1 建筑市场体系

在此主要介绍从业企业资质和专业人员资格的管理。

(一)从业企业资质管理

勘察设计企业的资质管理,详见表 1-1 和表 1-2。

表 1-1 勘察承包企业资质等级标准

企业类别	资质等级	承担工程范围
综合类工程勘察单位	甲级	工程勘察业务范围和地区不受限制
专业类工程勘察单位	甲级	本专业工程勘察业务范围和地区不受限制
	乙级	本专业工程勘察中、小型工程项目,承担工程勘察业务的地区不受限制
	丙级(确有必要)	本专业工程勘察小型工程项目,承担工程勘察业务限定在省、自治区、直辖市所辖行政区范围内
劳务类工程勘察单位	不分级别	只能承担岩土工程治理、工程钻探、凿井等工程勘察劳务工作,承担工程勘察工作的地区不受限制

表 1-2 工程设计承包企业资质等级标准

企业类别	资质等级	承担工程范围
综合资质工程设计单位	甲级	承担各行业建设工程项目的设计业务,其规模不受限制;但在承接工程项目设计时,须满足本标准中与该工程项目对应的设计类型对人员配置的要求 承担其取得的施工总承包一级资质证书许可范围内的工程施工总承包业务

项目一 建设工程招投标与合同管理基本知识

续表

企业类别	资质等级	承担工程范围
行业资质工程设计单位	甲级	本行业建设工程项目主体工程及其配套的设计业务，其规模不受限制
	乙级	本行业中、小型建设工程项目的主体工程及其配套工程的设计业务
	丙级	本行业小型建设项目的工程设计业务
专业资质工程设计单位	甲级	本专业建设工程项目主体工程及其配套工程的设计业务，其规模不受限制
	乙级	本专业中、小型建设工程项目的主体工程及其配套工程的设计业务
	丙级	本专业小型建设项目的设计业务
	丁级（限建筑工程设计）	一般公共建筑工程 一般住宅工程 厂房和仓库 构筑物
专业资质工程设计单位	根据需要设置等级	承担规定的专项工程的设计业务，具体规定见有关专项设计资质标准

工程监理企业资质管理详见表 1-3。

表 1-3 工程监理企业资质等级标准

企业类别	资质等级	承担工程范围
综合资质工程监理企业	甲级	可以承担所有专业工程类别建设工程项目的工程监理业务，以及建设工程的项目管理、技术咨询等相关业务
专业资质工程监理企业	甲级	可承担相应专业工程类别建设工程项目的工程监理业务，以及相应类别建设工程的项目管理、技术咨询等服务
	乙级	可承担相应专业工程类别二级（含二级）以下建设工程项目的工程监理业务，以及相应类别和级别建设工程的项目管理、技术咨询等相关服务
	丙级	可承担相应专业工程类别三级建设工程项目的工程监理业务，以及相应类别和级别建设工程的项目管理、技术咨询等服务
事务所资质工程监理企业	不分等级	可承担三级建设工程项目的工程监理业务，以及相应类别建设工程项目管理、技术咨询等相关服务。但是，国家规定必须实行强制监理的建设工程监理业务除外

工程建设项目招标代理机构资格标准和管理，详见表 1-4。

表 1-4　工程建设项目招标代理机构资格标准

企业类别	资质等级	承担工程范围
招标代理机构	甲级	可以承担各类工程的招标代理业务
	乙级	只能承担工程总投资在1亿元人民币以下的工程招标代理业务
	暂定级	只能承担工程总投资在6 000万元人民币以下的工程招标代理业务

（二）专业人员资质管理

在建筑市场中，把具有从事工程咨询资格的专业工程师称为专业人员。专业人员在建筑市场管理中起着非常重要的作用。由于他们的工作水平对工程项目建设成败具有重要影响，因此对专业人员的资格条件要求很高。从某种意义上说，政府对建筑市场的管理，一方面要依靠国家的建筑法规，另一方面要依靠专业人员。

我国专业人员制度是近几年才从发达国家引入的。目前，已经确定的专业人员有建筑师、结构工程师、一级建造师、二级建造师、监理工程师、一级造价工程师、二级造价工程师、招标师、咨询工程师等。

四、建设工程交易中心

为了深化工程建设管理体制改革，探索适应社会主义市场经济体制的工程建设管理方式，中华人民共和国住房和城乡建设部在总结一些地方成功经验的基础上，要求有一定建设规模，并具备相应条件的中心城市逐步建立建设工程交易中心（以下简称"中心"），以强化对工程建设的集中统一管理，规范市场主体行为，建立公开、公平、公正的市场竞争环境，促进工程建设水平的提高和建筑业的健康发展。

（一）建设工程交易中心的性质和职能

1. 中心的性质

中心是建设工程招标投标管理部门或政府建设行政主管部门授权的其他机构建立的，自收自主的非盈利性事业法人，根据政府建设行政主管部门委托实施对市场主体的服务、监督和管理。

2. 中心的基本职能

工程建设信息的收集与发布，办理工程报建、承发包、工程合同及委托质量安全监督和建设监理等有关手续，提供政策法规及技术经济等咨询服务。

（二）中心的组成和管理范围

各地建设行政主管部门根据当地具体情况确定中心的组织形式、管理方式和工作范围，以建设工程发包与承包为主体，授权招标投标管理部门负责对建设工程报建、招标、投标、开标、评标、定标和工程承包合同签订等交易活动进行管理、监督和服务。

以建设工程发包承包交易活动为主要内容，授权招标投标管理部门牵头组成中心管理

项目一 建设工程招投标与合同管理基本知识

机构,负责办理工程报建、市场主体资格审查、招标投标管理、合同审查与管理、中介服务、质量安全监督和施工许可等手续。有关业务部门保留原有的隶属关系和管理职能,在中心集中办公,提供"一条龙"服务。

以工程建设活动为中心,由政府授权建设行政主管部门牵头组成管理机构,负责办理工程建设实施过程中的各项手续。有关业务部门和管理机构保留原有的隶属关系和管理职能,在中心集中办公,提供综合性、多功能、全方位的管理和服务。

根据当地实际情况,还可以采用能够有效地规范市场主体行为,按照有关规定,精干高效地办理工程建设各项手续。

(三)中心的基本功能

中心作为有形建筑市场,应具备以下功能,见表1-5。

表1-5 建设工程交易中心的功能

功能	场所或内容
场所服务	①信息发布厅;②开标室;③洽谈室;④封闭评标室;⑤资料室;⑥中心办公室;⑦计算机中心;⑧其他
信息服务	①工程招标;②建材价格;③工程造价;④承包商信息;⑤咨询单位信息;⑥专业人士信息;⑦法律法规;⑧中标公示;⑨违规曝光和处罚公告;⑩其他
集中办公	①工程报建;②招标方式的确定;③招标监督;④承包商资格审查;⑤合同登记;⑥安全报建;⑦颁发施工许可证;⑧其他
咨询服务	技术、经济、法律等中介咨询服务
专家管理	①提供专家库成员名册;②对评标专家的评标活动进行记录和考核;③对评标专家进行定期培训

1. 场所服务功能

为建设工程交易活动提供固定的场所和设施,使建设市场成为有形市场。中心设有信息发布厅、开标室、洽谈室、会议室及其他有关设施,以满足业主、承包商、分包商、设备材料供应商等相互交易的需要。

2. 信息服务功能

收集、发布和存储工程信息、造价信息、建材价格、法律法规、承包商信息、咨询单位和专业人士信息等与建设工程交易和工程建设活动有关的各类信息。

3. 集中办公功能

建设工程交易中心可以为工程报建、招标登记、承包商资质审查、合同登记、质量报监、申领施工许可证等相关管理部门集中办公提供场所,有利于建设行政主管部门提供更好的服务和更优地实施监督与管理。

4. 咨询服务功能

为建设工程承发包交易活动等提供各类技术、经济、法律等中介咨询服务。

5. 专家管理功能

为建设工程评标提供可选择的专家库成员名册,配合有关行政主管部门对评标专家的评标活动进行记录和考核，接受委托，定期对评标专家进行培训。

（四）中心工作的原则

1. 信息公开原则

中心必须掌握工程发包、政策法规、招标投标单位资质、造价指数、招标规则、评标标准等各项信息，并保证市场各方主体均能及时获得所需要的信息资料。

2. 依法管理原则

中心应建立和完善建设单位投资风险责任和约束机制，尊重建设单位按经批准并事先宣布的标准、原则的方法，选择投标单位和选定中标单位的权利。尊重符合资质条件的建筑业企业提出的投标要求和接受邀请参加投标的权利。尊重招标范围之外的工程业主按规定选择承包单位的权利，严格按照法规和政策规定进行管理和监督。

3. 公平竞争原则

建立公平竞争的市场秩序是中心的一项重要原则，中心应严格监督招标投标单位的市场行为，反对垄断，反对不正当竞争，严格审查标底，监控评标和定标过程，防止不合理的压价和垫资承包工程，充分利用竞争机制、价格机制，保证竞争的公平和有序，保证经营业绩良好的承包商具有相对的竞争优势。

4. 闭合管理原则

建设单位在工程立项后，应按规定在中心办理工程报建和各项登记、审批手续，接受中心对其工程项目管理资格的审查，招标发包的工程应在中心发布工程信息；工程承包单位和监理、咨询等中介服务单位，均应按照中心的规定承接施工和监理、咨询业务。未按规定办理前一道审批、登记手续的，任何后续管理部门不得给予办理手续，以保证管理的程序化和制度化。

5. 办事公正原则

中心是政府建设行政主管部门授权的管理机构，也是服务性的事业单位。要转变职能和工作作风，建立约束和监督机制，公开办事规则和程序，提高工作质量和效率，努力为交易双方提供方便。

五、工程招投标代理机构及监管

在此主要讲工程招标代理机构和工程招标投标的行政监督管理。

（一）工程招标代理机构

1. 招标代理机构的性质

按照《中华人民共和国招标投标法》（以下简称《招标投标法》）第13条规定："招标代理机构是依法设立、从事招标代理业务并提供相关服务的社会中介组织。"

依法设立是指招标代理机构设立的目的和宗旨符合国家和社会公共利益的要求，其组织机构、设立方式、经营范围、经营方式符合法律的要求，依照法律规定的审核和登记程序办理有关成立手续。招标代理机构作为社会中介组织，其服务宗旨是为招标人提供代理服务，招标代理机构应当在招标人委托的范围内办理招标事宜。

项目一 建设工程招投标与合同管理基本知识

作为社会中介组织,招标代理机构与行政机关和其他国家机关不得存在隶属关系或其他利益关系,否则,就会形成政企不分,会对其他代理机构构成不公平待遇。

2. 招标代理机构资格条件

《招标投标法》第13条规定,招标代理机构应当具备下列资格条件:

(1) 有从事招标代理业务的营业场所和相应资金。在招标过程中,招标人和投标人都要与招标代理机构频繁联系,招标代理机构拥有固定的营业场所,是与招标人和投标人进行联系的必要条件,也是自身开展代理业务的必需的物质基础。招标投标是一种经济活动。招标代理机构为开展业务的需要,还应具有一定资金支持。有关主管部门在认定招标代理机构资格时,均会要求其必须具备一定的注册资金,如工程建设项目招标代理机构资格对注册资本金的要求,甲级不少于200万元,乙级不少于100万元。

(2) 有能够编制招标文件和组织评标的相应专业力量。体现招标代理机构编制招标文件和组织评标的相应专业力量主要有两个方面,一是人员,二是业绩。有关主管部门在认定招标代理资格时,均对其人员和业绩提出具体要求。如工程建设项目招标代理机构资格在人员和业绩方面要求:

①在人员方面的要求。工程建设项目甲级招标代理机构必须具有中级以上职称的工程招标代理机构专职人员不少于20人,其中具有工程建设类注册执业资格人员不少于10人(其中注册造价工程师不少于5人),从事工程招标代理业务3年以上的人员不少于10人。技术经济负责人为本机构专职人员,具有10年以上从事工程管理的经验,具有高级技术经济职称和工程建设类注册执业资格。

工程建设项目乙级招标代理机构必须具有中级以下职称的工程招标代理机构专职人员不少于12人,其中具有工程建设类注册执业资格人员不少于6人(其中注册造价工程师不少于3人),从事工程招标代理业务3年以上的人员不少于6人;技术经济负责人为本机构专职人员,具有8年以上从事工程管理的经历,具有高级技术经济职称和工程建设类注册执业资格。

②在业绩方面的要求。工程建设项目招标代理机构近3年内累计工程招标代理中标达到一定金额(以中标通知书为依据),甲级在16亿元人民币以上,乙级在8亿元人民币以上。

③有符合法定条件、可以作为评标委员会成员人选的技术、经济等方面的专家库。

招标代理机构必须有自己的专家库,入选的专家必须符合《招标投标法》规定的条件。

3. 招标代理机构承揽工程范围

(1) 甲级工程招标代理机构可以承担各类工程的招标代理业务。

(2) 乙级工程招标代理机构只能承担工程总投资1亿元人民币以下的工程招标代理业务。

(3) 暂定级工程招标代理机构,只能承担工程总投资6000万元人民币以下的工程招标代理业务。

4. 招标代理机构职责

招标代理机构职责,是指招标代理机构在代理业务中的工作任务和所承担责任。《招标投标法》第15条规定，招标代理机构应当在招标人委托的范围内办理招标事宜，并遵守有关招标人的规定。据此，《工程建设项目施工招标投标办法》进一步规定，招标代理机构可以在其资格等级范围内承担下列招标事宜：

（1）拟订招标方案。招标方案的内容一般包括建设项目的具体范围、拟招标的组织形式、拟采用的招标方式。上述问题确定后，还应包括制定招标项目的作业计划，包括招标流程、工作进度安排、项目特点分析和解决预案等。

招标实施前，招标代理机构凭借自身经验，根据项目的特点，有针对性地制订周密和切实可行的招标方案，提交给招标人，使招标人能事先了解整个招标过程的情况，以便给予很好的配合，保证招标方案的顺利实施。招标方案对整个招标过程起着重要的指导作用。

（2）编制和出售资格预审文件、招标文件。招标代理机构最重要的职责之一就是编制招标文件。招标文件是招标过程中必须遵守的法律性文件，是投标人编制投标文件、招标代理机构接受投标、组织开标、评标委员会评标、招标人确定中标人和签订合同的依据。招标文件编制的优劣将直接影响到招标的质量和招标的成败，也是体现招标代理机构服务水平的重要标志。如果项目需要，招标代理机构还要编制资格预审文件。招标文件经招标人确认后，招标代理机构方可对外发售。招标文件发出后，招标代理机构还要负责有关澄清和修改等工作。

（3）审查投标人资格。招标代理机构负责组织资格审查委员会或评标委员会，根据资格预审文件或招标文件的规定，审查潜在投标人或投标人资格审查，投标人资格分为资格预审和资格后审两种方式。资格预审是在投标前对潜在投标人进行的资格审查；资格后审一般是在开标后对投标人进行的资格审查。

（4）编制标底。如果是工程建设项目，招标代理机构受招标人的委托，还应编制标底和工程量清单。招标代理机构按国家颁布的法规、项目所在地政府管理部门的相关规定，编制工程量清单和标底，并负有对标底文件保密的责任。

（5）组织投标人踏勘现场。根据招标项目需要和招标文件规定，招标代理机构可组织潜在投标人踏勘现场，收集投标人提出的问题，编制答疑会议纪要或补遗文件，发给所有招标文件的收受人。

（6）接受投标，组织开标、评标，协助招标人定标。招标代理机构应按招标文件的规定，接受投标，组织开标、评标等工作。根据评标委员会的评标报告，协助招标人确定中标人，并向中标人发出中标通知书，向未中标人发出招标结果通知书。

（7）草拟合同。招标代理机构可以根据招标人的委托，依据招标文件和中标人的投标文件拟订合同，组织或参与招标人和中标人进行合同谈判，签订合同。

（8）招标人委托的其他事项，根据实际工作需要，有些招标人委托招标代理机构负责合同的执行、贷款的支付、产品的验收等工作。一般情况下，招标人委托的招标代理机构承办所有事项，都应当在委托协议或委托合同中明确规定。

值得提醒的是，招标代理机构不得无权代理、越权代理，不得明知委托事项违法而进行代理。招标代理机构不得接受同一招标项目的投标代理和投标咨询业务；未经招标人同意，不得转让招标代理业务。

项目一 建设工程招投标与合同管理基本知识

(二) 工程招标投标的行政监督管理

建设工程招标投标活动涉及各行各业和部门,如建筑、水电、铁路、石油以及化工等,如果各部门、地区和行业彼此割据封锁,必然使建筑市场混乱无序,无从管理。《招标投标法》第7条规定:招标投标活动及其当事人应当接受依法实施的监督。有关行政监督部门依法对招标投标活动实施监督,依法查处招标投标活动中的违法行为。为了维护建筑市场的统一性、竞争有序性和开放性,国家明确指定一个统一归口管理的建设行政主管部门,即住房与城乡建设部,它是全国的最高招标投标管理机构,在其统一监管下,实施省、市、县二级建设行政主管部门对所辖行政区的建设工程招标投标实行分级管理。建设工程招标投标监督机构的主要职责,见表1-6。

表1-6 建设工程招标投标监督机构主要职责

管理机构	主要职责
国务院有关工业交通等部门	1. 贯彻国家有关建设工程招标投标的法律、法规和方针政策; 2. 指导和组织本部门直接投资和相关投资的重大工程招标工作,以及本部门直属企业的投标工作; 3. 监督检查本部门有关单位从事的工程招标投标活动; 4. 与项目所在的省、自治区和直辖市的建设行政主管部门协商办理招标投标有关事宜
住房和城乡建设部	1. 贯彻国家有关建设工程招标投标的法律、法规和方针政策,制定招标投标的规定和办法; 2. 指导和检查各地区和各部门建设工程招标投标工作; 3. 总结和交流各地区和各部门建设工程招标投标工作和服务的经验; 4. 监督重大工程的招标投标工作,以维护国家的利益; 5. 审批跨省、地区的招标投标代理机构
省、自治区和直辖市人民政府建设行政主管部门	1. 贯彻国家及相关部门的有关建设工程招标投标的法律、法规和方针政策,制定本行政区的招标投标管理办法,并负责建设工程招标工作; 2. 监督检查有关建设工程招标投标活动,总结交流经验; 3. 审批咨询、监理等单位代理建设工程招标投标工作的资格; 4. 调解工程招标投标工作中的纠纷; 5. 否决违反招标投标规定的定标结果
省、自治区和直辖市下属各级招标投标办事机构	1. 审查招标单位的资质,招标申请书和招标文件; 2. 审查标底; 3. 监督开标、评标、议标和定标; 4. 调解招标投标活动的纠纷; 5. 处罚违反招标规定的行为,否决违反招标投标规定的定标结果; 6. 监督承发包合同的订立和履行

六、建筑市场清出

原建设部发布令建〔2001〕94号《建设部关于进一步整顿和规范建筑市场秩序的意见》明确规定:改革和完善企业资质管理办法,建立严格的建筑市场准入和清出制度。各个地方根据以上94号文中的规定,建立了本地区市场清出制度。现摘录某县建筑市场清出制度:"任何企业和个人在项目实施过程中违反国家有关法律、法规和行业强制性要求,行政主管部门将按照有关法律、法规规定进行行政处罚,情节严重的2年之内不得在某县建筑市场从事经营活动。"

(一) 施工企业及项目经理有下列行为之一实行清出制度

(1) 与建设单位或企业相互串标、围标,或者以行贿等不正当手段谋取中标的。

(2) 允许其他单位或个人以本单位名义承接业务或者挂靠其他单位承接业务的。

(3) 超越核定的企业资质等级承接业务的。

(4) 未取得施工许可证擅自施工的。

(5) 将承包的工程转包或者违法分包的。

(6) 严重违反国家工程建设强制性标准的。

(7) 发生过质量、安全事故对社会造成恶劣影响的。

(8) 隐瞒、不报、谎报工程质量安全事故并破坏事故现场阻碍对事故调查的。

(9) 按照国家规定需要持证上岗的作业人员未经培训考核,未取得证书上岗,情节严重的。

(10) 未履行保修义务,造成严重后果的。

(11) 违反国家有关安全生产规定和安全技术规程,情节严重的。

(12) 拖欠农民工工资造成越级上访,未按程序撤换项目经理,情节严重、影响较大的。

(13) 阻挠、拒绝建设行政主管部门对工程进行检查的。

(14) 对工程不派驻项目经理部,不进行质量、安全、进度管理的。

(15) 向其他施工企业或个人收取一定数额的"管理费",以公司名义代为签订合同及办理各项手续而不实施管理,或者"管理"仅仅停留在形式上,不承担技术、质量、经济责任的。

(16) 其他违反法律、法规的行为。

(二) 工程监理单位有下列行为之一实行清出制度

(1) 超越本单位资质等级许可承接监理业务的。

(2) 与建设单位或者工程监理企业相互串通投标,或者以行贿等不正当手段谋取中标的。

(3) 与建设单位或者施工单位串通,弄虚作假,降低工程质量的。

(4) 未实行"旁站监理",或者由于监理人员人为造成工期拖延,影响工程进度的。

(5) 无证上岗的。

(6) 未经审批擅自追加工程量或追加投资的。

(7) 将不合格的建筑工程、建筑材料、建筑构配件和设备按照合格签字的。

(8) 允许其他单位或个人以本单位的名义承接监理业务的。

(9) 转让工程监理业务的。

(10) 不认真履行监理安全责任造成事故的。

(11) 阻挠、拒绝建设行政主管部门对工程进行检查的。
(12) 对施工队伍违法违规行为或对存在质量安全隐患处置不力的。
(13) 其他违法、违规行为。

(三) 勘察、设计单位有下列行为实行清出制度

(1) 与建设单位串通或者相互之间串通,采用不正当手段承接勘察、设计业务的。
(2) 超越资质等级范围承接勘察设计业务的。
(3) 将承接的勘察、设计业务转包或者违法分包的。
(4) 因勘察、设计原因造成经济损失或重大工程质量安全事故的。
(5) 设计单位违反规定指定建筑材料和建筑构配件的生产厂、供应商的。
(6) 勘察、设计单位未按有关规定派设计代表进驻施工现场的。
(7) 转让资质证书的。
(8) 为其他企业和个人提供图章、图签的。
(9) 其他违法、违规行为。

任务四 招投标与合同管理的基本法律

招投标法与合同法都有广义和狭义两种理解,狭义的招标投标法是指《招标投标法》,狭义的合同法是指《中华人民共和国合同法》(以下简称《合同法》)。广义地说,一切招投标关系的法律、法规、规章都属于招投标法的范畴;一切调整合同关系的法律、法规、规章都属于合同法的范畴。1999年10月1日起实施的《合同法》和2000年1月1日起实施的《招标投标法》标志着我国建设工程招投标与合同管理已在法治的轨道上进入到一个规范、有序的新阶段。

一、建设工程招投标的法律体系

建设工程招投标要规范参与各主体的行为,这就需要建立一个相互联系、相互补充、相互协调、多层次的完整统一的法律体系,即建设工程招投标法律体系。它是指根据《中华人民共和国立法法》的规定,制定和公布施行的有关建设工程监理的各项法律、行政法规、地方性法规、自治条例、单行条例、部门规章和地方政府规章的总称,是建设工程法规体系的一个重要组成部分。

我国建设工程招投标法律体系的构成分为3个层次。第一个层次是建设法律,是指由全国人民代表大会及其常务委员会制定并通过,由国家主席签署主席令予以公布的。第二个层次是行政法规,是指由国务院根据宪法和法律制定的规范建设工程活动的各项法规,由国务院总理签署国务院令予以公布。第三个层次是指建设工程招投标部门规章和地方建设工程招投标法规。招投标部门规章是指国务院相关部委按照国务院规定的职权,根据法律和国务院的行政法规,制定的规范工程建设招投标活动的法规文件。地方法规是指省、自治区、直辖市及较大的市的人民代表大会及其常务委员会制定并通过的有关建设工程招投标的法律文件。

上述法律法规规章的法律效力是：法律的效率高于行政法规，行政法规的效力高于部门规章和地方法规，地方法规和部门规章具有同级法律效力。

与建设工程招投标有关的法律、法规、规章有如下几个方面。

（一）法律

(1)《中华人民共和国民法通则》。

(2)《中华人民共和国建筑法》。

(3)《中华人民共和国合同法》。

(4)《中华人民共和国招标投标法》。

(5)《中华人民共和国政府采购法》。

（二）行政法规

(1)《中华人民共和国招标投标法实施条例》。

(2)《建设工程质量管理条例》。

(3)《建设工程安全生产管理条例》。

(4)《建设工程勘察设计管理条例》。

（三）部门规章

(1)《工程建设项目招标范围和规模标准规定》。

(2)《工程建设项目招标代理机构资格认定办法》。

(3)《工程建设项目施工招标投标办法》。

(4)《工程建设项目货物招标投标办法》。

(5)《建筑工程设计招标投标管理办法》。

(6)《工程建设项目勘察设计招标投标办法》。

(7)《房屋建筑和市政基础设施工程施工招标投标管理办法》。

(8)《评标委员会和评标方法暂行规定》。

(9)《评标专家和评标专家库管理暂行办法》。

(10)《工程建设项目招标投标活动投诉处理办法》。

(11)《招标代理服务收费管理暂行办法》。

(12)《公路工程施工招标投标管理办法》。

(13)《水利工程建设项目施工招标投标管理规定》。

二、《合同法》简介

为了满足我国发展社会主义市场经济的需要，消除市场交易规则的分歧，1999年3月15日，第九届全国人大第二次会议通过了《中华人民共和国合同法》，于1999年10月1日起施行，原有的《经济合同法》《技术合同法》和《涉外经济合同法》3部合同法律同时废止。

《合同法》由总则、分则和附则3部分组成。总则包括8章：一般规定、合同的订立、合同的效力、合同的履行、合同的变更和转让、合同的权利义务终止、违约责任、其他规

项目一 建设工程招投标与合同管理基本知识

定。分则包括15章:买卖合同,供用电、水、气、热力合同,赠与合同,借款合同,租赁合同,融资租赁合同,承揽合同,建设工程合同,运输合同,技术合同,保管合同,仓储合同,委托合同,行纪合同,居间合同。

(一) 合同的法律特征

《合同法》规定,合同是平等主体的自然人、法人、其他组织之间在设立、变更、终止民事权利义务关系的协议。

合同具有以下特征:①合同是一种民事法律行为;②合同的当事人法律地位一律平等,双方自愿协商,任何一方不得将自己的意志强加给另一方;③合同的目的在于设立、变更、终止民事权利义务关系;④合同的成立必须有两个或两个以上当事人,不仅需要做出意思表示,而且意思表示须一致。

(二) 合同的订立原则

合同的订立,应当遵循平等原则、自愿原则、公平原则、诚实信用原则、合法原则等。

1. 平等原则

《合同法》规定,合同当事人的法律地位平等,一方不得将自己的意志强加给另一方。

这一原则包括3方面的内容:①合同当事人的法律地位一律平等,不论所有制性质、单位大小和经济实力强弱,其法律地位都是平等的;②合同中的权利义务对等,就是说,享有权利的同时就应当承担义务,而且彼此权利、义务是对等的;③合同当事人必须就合同条款充分协商,在互利互惠的基础上取得一致,合同方能成立,任何一方都不得将自己的意志强加给另一方,更不得以强迫命令、胁迫等手段签订合同。

2. 自愿原则

《合同法》规定,当事人依法享有自愿订立合同的权利,任何单位和个人不得非法干预。

自愿原则体现了民事活动的基本特征,是民事法律关系区别于行政法律关系、刑事法律关系的特有原则。自愿原则贯穿于合同活动的全过程,包括订不订合同自愿,与谁订立合同自愿,合同内容由当事人在不违法的情况下自愿约定,在合同履行过程中当事人可以协议补充、协议变更有关内容,双方也可以协议解除合同,可以约定违约责任,以及自愿选择解决争议的方式。总之,只要不违背法律、行政法规强制性的规定,合同当事人有权自愿决定,任何单位和个人不得非法干预。

3. 公平原则

《合同法》规定,当事人应当遵循公平原则确定各方的权利和义务。

公平原则主要包括:①订立合同时,要根据公平原则确定双方的权利和义务,不得欺诈,不得假借订立合同恶意进行磋商;②根据公平原则确定风险的合理分配;③根据公平原则确定违约责任。

4. 诚实信用原则

《合同法》规定,当事人行使权利、履行义务应当遵循诚实信用原则。

诚实信用原则主要包括以下几点:

(1) 订立合同时，不得有欺诈或其他违背诚实信用的行为。

(2) 履行合同义务时，当事人应当根据合同的性质、目的和交易习惯，履行及时通知、协助、提供必要条件、防止损失扩大、保密等义务。

(3) 合同终止后，当事人应当根据交易习惯，履行通知、协助、保密等义务，也称为后契约义务。

5. 合法原则

《合同法》规定，当事人订立、履行合同，应当遵守法律、行政法规，尊重社会公德，不得扰乱社会经济秩序，损害社会公共利益。

一般来说，合同的订立和履行属于合同当事人之间的民事权利义务关系。只要当事人的意思不与法律规范、社会公共利益和社会公德相抵触，即承认合同的法律效力。但是，合同绝不仅仅是当事人之间的问题，有时可能会涉及社会公共利益、社会公德和经济秩序。为此，对于损害社会公共利益、扰乱社会经济秩序的行为，国家应当予以干预。

(三) 合同的分类

合同的分类是指按照一定的标准，将合同划分成不同的类型。合同的分类，有利于当事人找到能达到自己交易目的的合同类型，订立符合自己愿望的合同条款，便于合同的履行，也有助于司法机关在处理合同纠纷时准确地适用法律，正确处理合同纠纷。

1. 有名合同与无名合同

根据法律是否明文规定了一定合同的名称，可以将合同分为有名合同与无名合同。

有名合同是指法律上已经确定了一定的名称及具体规则的合同。《合同法》中所规定的15类合同都属于有名合同，如建设工程合同等。

无名合同是指法律上尚未确定一定的名称与规则的合同。合同当事人可以自由决定合同的内容，即使当事人订立的合同不属于有名合同的范围，只要不违背法律的禁止性规定和社会公共利益，就仍然有效。

有名合同与无名合同的区分意义主要在于两者适用的法律规则不同。对于有名合同，应当直接适用《合同法》的相关规定，如建设工程合同直接适用《合同法》第16章的规定。对于无名合同，《合同法》规定："本法分则或其他法律没有明确规定的合同，适用本法总则的规定，并可以参照本法分则或其他法律最相类似的规定。"因此，无名合同首先应当适用《合同法》的一般规则，然后可比照最相类似的有名合同的规则，确定合同效力、当事人权利义务等。

2. 双务合同与单务合同

根据合同当事人是否互相负有给付义务，可以将合同分为双务合同和单务合同。

双务合同是指当事人双方互负对待给付义务的合同，即双方当事人互享债权、互负债务，一方的合同权利正好是对方的合同义务，彼此形成对价关系。例如，建设工程施工合同中，承包人有获得工程价款的权利，而发包人则有按约定支付工程价款的义务。大部分合同都是双务合同。

单务合同是指合同当事人中仅有一方负担义务，而另一方只享有合同权利的合同。无偿委托合同、无偿保管合同均属于单务合同。

3. 诺成合同与实践合同

根据合同的成立是否需要交付标的物,可以将合同分为诺成合同和实践合同。

诺成合同(又称不要物合同),是指当事人双方意思表示一致就可以成立的合同。大多数的合同都属于诺成合同,如建设工程合同、买卖合同、租赁合同等。

实践合同(又称要物合同),是指除当事人双方意思表示一致以外,尚需交付标的物才能成立的合同,如保管合同。

4. 要式合同与非要式合同

根据法律对合同的形式是否有特定要求,可以将合同分为要式合同与非要式合同。

要式合同是指根据法律规定必须采取特定形式的合同。如《合同法》规定,建设工程合同应当采用书面形式。

非要式合同是当事人订立的合同依法并不需要采取特定的形式,当事人可以采取口头方式,也可以采取书面形式或其他形式。

要式合同与非要式合同的区别,实际上是一个关于合同成立与生效的条件问题。如果法律规定某种合同必须经过批准或登记才能生效,则合同未经批准或登记便不生效;如果法律规定某种合同必须采用书面形式才成立,则当事人未采用书面形式时合同便不成立。

5. 有偿合同与无偿合同

根据合同当事人之间的权利义务是否存在对价关系,可以将合同分为有偿合同与无偿合同。

有偿合同是指一方通过履行合同义务而给对方某种利益,对方要得到该利益必须支付相应代价的合同,如建设工程合同等。

无偿合同是指一方给付对方某种利益,对方取得该利益时并不支付任何代价的合同,如赠与合同等。

6. 主合同与从合同

根据合同相互间的主从关系,可以将合同分为主合同与从合同。

主合同是指能够独立存在的合同,依附于主合同才能存在的合同为从合同。例如,发包人与承包人签订的建设工程施工合同为主合同,为确保该主合同的履行,发包人与承包人签订的履约保证合同为从合同。

(四)建设工程合同

《合同法》规定,建设工程合同是承包人进行工程建设,发包人支付价款的合同。

建设工程合同实质上是一种特殊的承揽合同。《合同法》第16章"建设工程合同"中规定,"本章没有规定的,适用承揽合同的有关规定。"建设工程合同可分为建设工程勘察合同、建设工程设计合同、建设工程施工合同。

建设工程施工合同是建设工程合同中的重要部分,是指施工人(承包人)根据发包人的委托,完成建设工程项目的施工工作,发包人接受工作成果并支付报酬的合同。施工合同的内容包括工程范围、建设工期、中间交工工程的开工和竣工时间、工程质量、工程造价、技术资料交付时间、材料和设备供应责任、拨款和结算、竣工验收、质量保修范围和质量保证期、双方相互协作等条款。

(五) 合同的要约与承诺

1. 合同订立与合同成立

合同订立是指缔约人进行意思表示并达成一致意见的状态，包括缔约各方自接触、协商、达成协议前讨价还价的整个动态过程和静态协议。合同订立是交易行为的法律运作。

合同成立是指当事人就合同主要条款达成了合意。合同成立需具备下列条件：①存在两方以上的订约当事人；②订约当事人对合同主要条款达成一致意见。

合同的成立一般要经过要约和承诺两个阶段。《合同法》规定，当事人订立合同，采取要约、承诺方式。

2. 要约

《合同法》规定，要约是希望和他人订立合同的意思表示。

发出要约的人称为要约人，接受要约的人称为受要约人。在国际贸易实务中，也称为发盘、发价、报价。要约是订立合同的必经阶段，不经过要约，合同是不可能成立的。

(1) 要约的构成要件。要约是希望和他人订立合同的意思表示，该意思表示应当符合下列规定。

①内容具体确定。所谓具体，是指要约的内容须具有足以使合同成立的主要条款。如果没有包含合同的主要条款，受要约人难以作出承诺，即使作出了承诺，也会因为双方这种合意不具备合同的主要条款而使合同不能成立。所谓确定，是指要约的内容须明确，不能含糊不清，否则无法承诺。

②表明经受要约人承诺，要约人即受该意思表示约束。要约须具有订立合同的意图，表明一经受要约人承诺，要约人即受该意思表示的约束。要约作为表达希望与他人订立合同的一种意思表达，其内容已经包含了可以得到履行合同成立所需要具备的基本条件。

(2) 要约邀请。《合同法》规定，要约邀请是希望他人向自己发出要约的意思表示。寄送的价目表、拍卖公告、招标公告、招股说明书、商业广告等为要约邀请。

要约邀请可以是向特定人发出，也可以是向不特定的人发出。要约邀请只是邀请他人向自己发出要约，如果自己承诺才成立合同，因此，要约邀请处于合同的准备阶段，没有法律约束力。

在建设工程招标投标活动中，招标文件是要约邀请，对招标人不具有法律约束力；投标文件是要约，应受自己做出的与他人订立合同的意思表示的约束。

(3) 要约的法律效力。《合同法》规定，要约到达受要约人时生效，如投标人向招标人发出的投标文件，自到达招标人时起生效。

要约的有效期间由要约人在要约中规定。要约人如果在要约中定有存续期间，受要约人必须在此期间内承诺。要约可以撤回，但撤回要约的通知应当在要约到达受要约人之前或者与要约同时到达受要约人。

有下列情形之一的，要约不得撤销：①要约人确定了承诺期限或者以其他形式明示要约不可撤销；②受要约人有理由认为要约是不可撤销的，并已经为履行合同做准备工作。

3. 承诺

《合同法》规定，承诺是受要约人同意要约的意思表示，如招标人向投标人发出的中标通知书，便属承诺。

(1) 承诺的方式。承诺应当以通知的方式做出，但根据交易习惯或者要约表明可以通过行为作出承诺的除外。这里的行为通常是履行行为，如预付价款、工地上开始工作等。

(2) 承诺的生效。承诺通知到达要约人时生效。承诺不需要通知的，根据交易习惯或者要约的要求作出承诺的行为时生效。

(3) 承诺的内容。承诺的内容应当与要约的内容一致。受要约人对要约的内容进行实质性变更的，为新要约。有关合同标的、数量、质量、价款或者报酬、履行地点和方式、违约责任和解决争议方法等的变更，是对要约内容的实质性变更。

三、《中华人民共和国招标投标法》简介

《招标投标法》于 1999 年 8 月 30 日由第九届全国人大常委会第十一次会议通过，于 2000 年 1 月 1 日起施行。

全文共 6 章 68 个条款，包括总则、招标、投标、开标、评标和中标，法律责任以及附则部分。

(一)《招标投标法》的内容简介

《招标投标法》的总则除了阐明立法的宗旨外，还分别对《招标投标法》的适用条件、依法必须招标的范围、招投标活动必须遵循的原则、禁止将依法必须招标的项目以任何方式规避招标、禁止以任何方式干预依法进行的招标投标活动，以及对招标投标活动的行政监督管理等问题作出了规定。

第二章是关于招标的规定，共 17 条，主要规定了招标的主体、招标方式、招标的组织方式、招标代理机构、招标公告、邀请招标的对象和邀请招标书的内容、编制招标文件的基本要求、项目踏勘及招标人的保密义务。

第三章是关于投标的规定，共 9 条，分别规定了投标的主体及应具备的基本条件，编制投标文件的要求，投标文件的送达、补充、修改、撤回，投标人拟分包的规定，联合体投标，投标中的禁止事项的规定。

第四章是关于开标、评标和中标的规定，共 15 条，主要规定了开标的时间和地点、开标的程序、评委的组成及职责、中标的条件、中标通知书的发出及法律效力、招标人与中标人签订合同的要求、中标后禁止转包及分包的规定。

第五章是关于违反本法应该承担的法律责任的规定，共 16 条，主要规定了对违反《招标投标法》的行为应承担的行政责任和民事责任，对其中构成犯罪的行为，要依法追究刑事责任。

第六章为附则，共 4 条，主要对投标人和其他利害关系人认为不合法的招投标活动，依法可不进行招标的项目，使用国际组织和外国政府贷款、援助资金的招标项目的适用规范问题以及本法的施行日期作出了规定。

(二)《招标投标法》的主要内容

1. 招标方式

《招标投标法》规定，招标的方式分为公开招标和邀请招标两种。只有按规定可不进

行招标的项目才可以采用直接委托的方式，比如涉及国家安全、国家秘密、抢险救灾、利用扶贫资金以工代赈、需要使用农民工的特殊情况，以及低于国家标准的小型工程或标的较小的改扩建工程。

公开招标和邀请招标主要是看投标对象是否是特定的，如果不是特定的对象，就是公开招标，其竞争也就可能更激励和充分。邀请招标则是对特定的对象发出邀请后进行的，但邀请对象不得少于三家。

2. 招标人和投标人

《招标投标法》规定，招标人是提出招标项目、进行招标的法人或其他组织。所谓招标项目，即采用招标方式进行采购的工程、货物或服务项目。招标人必须是法人或其他组织，自然人不能成为招标人。

投标是响应招标参加投标竞争的法人或其他组织。依法招标的科研项目是允许个人参加投标的，这是对科研项目的特殊规定。对于建设工程招投标来说，投标人应当具有法律法规规定的资质等级，并在其资质等级内承担项目。

3. 关于招标代理

工程招标代理，就是指受招标人的委托，对招标人提出的建设工程项目代理招标的行为。《招标投标法》规定，招标人可以自行组织招标，也可以委托招标代理机构组织招标事宜，是否委托和委托谁是招标人自愿的。

招标代理机构是指承接招标人委托招标事宜的单位，必须具备相应的资质，并在资质许可的范围内从事招标代理工作。招标代理机构业务不受地域限制，招标代理机构与被代理招标项目的投标人不得有隶属关系和利益关系。

4. 关于联合体投标

由于我国一直实施设计与施工等资质分开的管理方式，导致很多单位的资质单一。而工程建设项目越来越大，承发包模式越来越趋向于总承包，这样数家企业组成联合体，成为填补企业资源和技术缺口、提高竞争力、适应当前市场环境的一种良好方式。

联合体投标，就是两个及两个以上法人或者其他组织组成一个联合体，以一个投标人的身份共同投标。联合体各方均应具有承担招标项目的相应资质及能力；由不同资质组成的联合体，按照资质等级较低的单位确定联合体资质；联合体各方应当签订联合体协议，明确约定各方拟承担的工作和责任，并将共同联合体协议与投标文件一起提交；联合体中标的，联合体各方应当共同与招标人签订合同，就中标项目向招标人承担连带责任。

5. 关于招标中相关时间的关系

在《招标投标法》中对整个招标投标的节点时间作出了明确的规定，如图1-2所示。一旦错过相应的时间，将会错过竞标的机会。

《招标投标法》及《招标投标法实施条例》规定发布招标公告的时间不得少于5个工作日；资格预审文件或者招标文件的发售期不得少于5日；提交资格预审申请文件的时间，自资格预审文件停止发售之日起不得少于5日；对资格预审文件或招标文件澄清或修改的，招标人应在提交资格预审申请文件截止时间至少3日前，或者投标截止时间至少15日前发出；中标公示不得少于3个工作日；自招标文件发出之日起至投标人提交投标文件

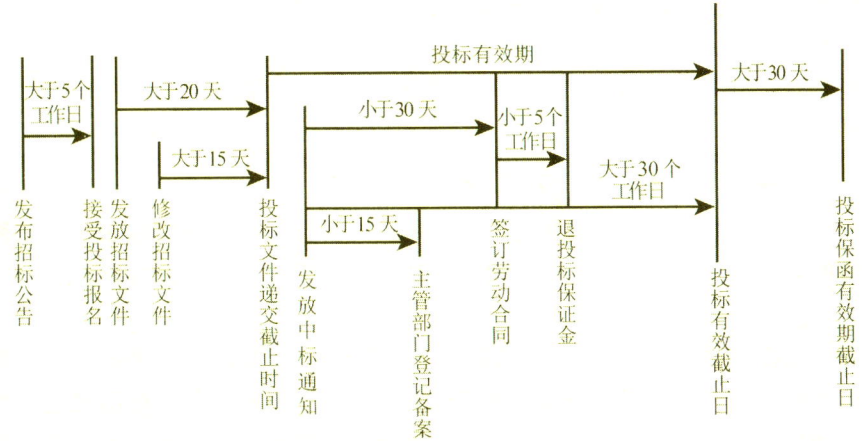

图 1-2　招标投标中相关时间的关系

截止之日止，最短不得少于 20 日；招标人和中标人应在中标通知书发出后的 30 日内签订书面合同等。

(三)《招标投标法》中的特殊规定

1. 招标中异议和投诉的规定

《招标投标法》附则中规定：招标人和其他利害关系人认为招投标活动不符合本法有关规定的，有权向招标人提出异议或者依法向有关行政监督部门投诉。

只有与该项招投标活动有直接利害关系的人才可以对招投标活动提出异议或者进行投诉，至于与该项目招投标活动无直接利害关系的其他人，当然可以对招投标中的违法行为进行检举、揭发，但不是提出异议或投诉；提出异议或投诉以及处理异议或投诉必须遵循一定的法定程序和时限。

2. 必须进行招标项目的例外规定

根据《招标投标法》中规定必须招标的项目，如符合如下条件，可以不进行招标：①涉及国家安全、国家秘密的项目；②抢险救灾的项目；③属于利用扶贫资金实行以工代赈、需要使用农民工的项目；④其他特殊原因不适合招标的项目。

3. 利用境外资金进行招标项目的规定

《招标投标法》附则规定：使用国际组织或者外国政府贷款、援助资金的项目进行招标，贷款方、资金提供方对招投标的具体条件和程序有不同规定的，可适用其规定，但违背中华人民共和国的社会公共利益的除外。

我国在利用外资进行招投标活动中特地开了可优先适用国际惯例的先河，且排除了若与国内法冲突之时适用国内法的使用原则，可见我国对引进外资进行招投标活动的重视。

四、《中华人民共和国招标投标法实施条例》简介

2012 年 2 月 1 日实施的《中华人民共和国招标投标法实施条例》（以下简称《招标投标法实施条例》）是在《招标投标法》实施 12 年以后编制实施的，对弥补《招标投标法》

的漏洞，解决当前招标投标领域中的突出问题，促进公平竞争，预防腐败等都起到了关键作用。

全文共 7 章，85 条，分为总则、招标、投标、开标、评标和中标，投诉与处理、法律责任、附则。

(一)《招标投标法实施条例》的内容简介

第一章是总则，共 6 条，分别规定了本法编制的依据，对招标投标法中的工程建设项目作了明确的规定，对招投标法中的招投标市场及招标投标的行政监督机构作出了明确的规定。

第二章是招标，共 26 条，对招投标法规定的招标作了更具体的规定，分别是依法招标项目的核准内容和程序，可以进行邀请招标的规定，可以不进行招标的规定，关于招标代理机构管理机关和代理业务的规定，关于招标公告的规定，关于资格预审方式和程序的规定，关于招标文件编制的规定，关于投标有效期及投标保证金的规定，关于招标标底的规定，踏勘项目的规定，两阶段招标的规定，终止招标的规定，关于排斥、限制投标人行为的规定等。

第三章是投标，共 11 条，分别是关于投标业务的限制性规定，投标人撤回标书或未按照期限送达标书的规定，关于联合体投标的规定，关于投标人变更的规定，关于串通投标的规定，关于以他人名义和弄虚作假行为的规定等。

第四章是开标、评标和中标，共 16 条，分别是关于开标的规定，关于评标办法的规定，关于评标委员会的规定，关于招标投标法中特殊项目的规定，关于评标的规定，关于中标公示的规定，关于确定中标人的规定，关于签订合同的规定，关于履约担保和分包及转包的规定。

第五章是投诉与处理，共 3 条，分别是异议或投诉的主体规定，投诉的主管部门和处理程序的规定，关于投诉的处理方法的规定等。

第六章是投诉的法律责任，共 20 条，分别是关于招标人违法的处理规定，关于招标代理机构违反本条例的处理规定，评标委员会违反本条例的处理规定，关于投标人违反本条例的处理规定，政府监督管理部门违反本条例的处理规定，招标代理从业人员违法的处理规定，国家工作人员违反本条例的处理规定，关于建立招投标信用制度的规定，关于违法后项目招投标的处理办法等。

第七章是附则，共 3 条，分别是关于招标投标协会，关于政府采购的法律适用以及本法的实施时间。

(二)《招标投标法实施条例》的主要特点

1. 突显了制度创新

(1) 评标专家按专业分类标准建立综合评标专家库。《招标投标法实施条例》第四十五条规定："国家实行统一的评标专家专业分类标准和管理办法。"第四十六条规定："……其评标委员会的专家成员应当从评标专家库内相关专业的专家名单中以随机抽取方式确定……"这就改变了过去专家库制度设计不合理的地方。原有的专家库常有不分专业、不分门类、类别划分不清楚或不够细的现象，由于专家们对自身专业以外的问题不专

项目一　建设工程招投标与合同管理基本知识

业，很难对与己无关的项目施工、设计、实施方案等作出合理或不合理的评价，下笔千言，离题万里的评标结果时有发生；专家评标小组的专家成员从相关专业的专家库当中随机挑选，能够最大限度地保证评标结果的公正性与合理性。

（2）建立招投标的信用制度。信用是市场经济的主要基础，良好的信用关系是国民经济健康运行的基本保证。《招标投标法》第五条规定："招投标活动应当遵循公开、公平、公正和诚实信用的原则。"可是，现实的招投标活动中，规避招标、虚假招标、暗箱操作、围标、串标等违法违规行为却屡禁不止，严重影响了招投标体制的严肃性和公信力。导致这些失信行为难以杜绝的一个重要原因就是信用评价机制不健全，信用监督体系不完善。《招标投标法实施条例》第七十九条规定："国家建立招标投标信用制度。有关行政监督部门应当依法公告对招标人、招标代理机构、投标人、评标委员会成员等当事人违法行为的行政处理决定。"体现了广大从业人员对规范招标投标活动的良好愿望和积极要求。《招标投标法实施条例》从行政法规的高度强化了信用的惩戒机制，对指导建设规范招标投标市场秩序具有非常重要的现实意义。

（3）鼓励电子招标投标制度。随着电子商务和项目管理信息化的迅速发展，按照国家有关法律法规的规定，利用现代网络技术以及数据电文为主要载体，运用电子化手段，建立统一的网络平台、统一的产品数据库、统一的专家库和专家抽取机制、统一发布招标投标信息的平台来完成全部或者部分招标投标活动，是进一步有效地规范招标投标公开、公平、公正和诚信秩序，转变招标投标行业发展方式，促进行业健康、科学发展的必然趋势。

2005年国务院办公厅发布了《关于加快电子商务发展的若干意见》，明确指出要抓紧研究电子交易、信用管理、安全认证、在线支付、税收、市场准入、隐私保护、信息资源管理等方面的法律法规问题，推动网络仲裁、网络公正等法律服务与保障体系建设。《电子签名法》又从法律制度上保障了电子交易安全，为电子商务的发展创造了良好的法律环境。《招标投标法实施条例》第五条规定，国家鼓励利用信息网络进行电子招标投标，更为电子招标的发展提供了法律保障。

2. 有的放矢，针对性和操作性较强

《招标投标法实施条例》针对当前招投标领域中招标人规避招标、限制和排斥投标人、虚假招标、少数领导干部利用权力干预招投标、当事人相互串通、围标、串标等突出问题，对《招标投标法》中一些重要概念和原则性规定进行了明确和细化，而且还对招投标的具体程序和环节进行了明确和细化，使招投标过程中各环节的时间节点更加清晰，条件和要求更加严格和具体，缩小了招标人、招标代理机构、评标专家等不同主体在操作过程中的自由裁量空间。主要集中在以下几方面：

（1）明确应当公开招标的项目范围。法律规定不明确往往是规避公开招标的借口。《招标投标法实施条例》第三条规定，依法必须进行招标的工程建设项目的具体范围和规模标准，由国务院发展改革部门会同国务院有关部门制定，报国务院批准后公布施行。第八条规定，凡属国有资金占控股或者主导地位的依法必须招标的项目，除因技术复杂、有特殊要求或者只有少数潜在投标人可供选择等特殊情形不适宜公开招标的以外，都应当公开招标；复杂建设项目审批、批准的部门应当审核确定项目的招标范围、招标方式和招标组织形式,并通报招标投标行政监督部门;《招标投标法实施条例》的规定可以极大地限制规避者的活动空间,最终成为预防和惩治腐败的一道制度屏障。

(2) 法律条文充实、细化,有效防止虚假招标。《招标投标法实施条例》第三十二条规定,招标人不得以不合理的条件限制、排斥潜在的投标人或者投标人。招标人有下列行为之一的,属于以不合理条件限制、排斥潜在投标人或者投标人:①就同一招标项目向潜在投标人或者投标人提供有差别的项目信息;②设定的资格、技术、商务条件与招标项目的具体特点和实际需要不相适应或者与合同履行无关;③依法必须进行招标的项目以特定行政区域或者特定行业的业绩、奖项作为加分条件或者中标条件;④对潜在投标人或者投标人采取不同的资格审查或者评标标准;⑤限定或者指定特定的专利、商标、品牌、原产地或者供应商;⑥依法必须进行招标的项目非法限定潜在投标人或者投标人的所有形式或者组织形式;⑦以其他不合理条件限制、排斥潜在投标人或者投标人。本条款所列举的具体行为都是实践中最为常见的虚假招标明招暗定的手段,都是以不公正、不合理的投标人资格条件和中标条件以及不规范的投标人资格审查办法限制、排斥其他投标人的手法。所以,《招标投标法实施条例》以列举式的认定方式加以细化并明令禁止。招标投标法实施《条例》第三十九条、第四十条和第四十一条以条文形式详细列举了属于招标人与投标人串通投标的情形。

(3) 禁止违反招标文件的规定和招标人的承诺订立合同。尽管《招标投标法》第四十五条规定:"中标人确定后,招标人应当向中标人发出中标通知书,并同时将中标结果通知所有未中标的投标人。中标通知书对招标人和中标人具有法律效力。中标通知书发出后,招标人改变中标结果的,或者中标人放弃中标项目的,应当依法承担法律责任。"第四十六条还规定:"招标人和中标人应当自中标通知书发出之日起三十日内,按照招标文件和中标人的投标文件订立书面合同。招标人和中标人不得再行订立背离合同实质性内容的其他协议。"然而,招标人不按规定期限确定中标人的,或者中标通知书发出后改变中标结果的,无正当理由不与中标人签订合同的,或者在签订合同时向中标人提出附加条件或者更改合同实质性内容的情形时常发生。为此,《招标投标法实施条例》第五十七条根据实践中出现的上述违背诚信原则的行为再度以禁止性条文规定:招标人和中标人应当依照招标投标法和本条例的规定签订书面合同,合同的标的、价款、质量、履行期限等主要条款应当与招标文件和中标人的投标文件的内容一致。招标人和中标人不得再行订立背离合同实质性内容的其他协议。

(4) 完善规定,防止和严惩串通、骗取中标的行为。投标人串通投标,以行贿谋取中标,弄虚作假骗取中标的行为较为普遍,《招标投标法实施条例》第四十二条、第六十七条对使用通过受让或者租借等方式获取的资格、资质证书投标的,以其他方式弄虚作假的行为的认定作出了明确具体的规定,进一步充实细化了须承担的法律责任,规定有此类行为的,中标无效,没收违法所得,处以罚款;对违法情节严重的投标人取消其一定期限内参加依法必须进行招标的项目的投标资格,直至吊销其营业执照;构成犯罪的,依法追究刑事责任。

(5) 建立统分结合的行政监督管理体制。目前,我国的大型基本建设投资主体大多都是国家,或是由国家控股的大中型企业。它们基本上是原来计划经济时代的行业主管部门

项目一 建设工程招投标与合同管理基本知识

或改制企业,实行工程招投标后,这些行业主管部门的原下属企业与行政主管部门往往有千丝万缕的联系。下属企业想方设法影响主管部门,而主管部门也往往碍于情面,找出各种各样的理由来保护自己行业内的施工企业。因而,行政主管部门的国家工作人员,特别是领导干部插手干预招标投标活动的情形也时有发生。《招标投标法实施条例》第四条、第六条、第八十一条再度重申规定,按照规定的职责分工对有关招标投标活动实施监督,禁止国家工作人员以任何方式非法干涉招标投标活动。国家工作人员利用职务便利,以直接或者间接、明示或者暗示等任何方式要求对依法必须进行招标的项目不招标的,或者要求对依法应当公开招标的项目不公开招标的,要求评标委员会成员或者招标人选定所指定的投标人为中标候选人或者中标人的,或者以其他方式非法干涉评标活动影响中标结果的,依法给予记过或者记大过处分,情节严重的,依法给予降级或者撤职处分;情节特别严重的,依法给予开除处分;构成犯罪的,依法追究刑事责任。且还新增《招标投标法实施条例》第四条特别规定,监察机关依法对招投标活动有关的监察对象实施监督。

练习题

一、单选题

1. 招投标活动应当遵循( )原则。
   A. 自愿、公平、公正和最低价中标   B. 公开、公平、公正和合理
   C. 公开、公平、公正和诚实信用   D. 自愿、平等、公正和诚实信用
2. 依法设立、从事招标代理业务并提供相关服务的社会中介组织,称为( )。
   A. 工程咨询服务机构   B. 招标代理机构
   C. 投标代理机构   D. 工程招标机构
3. 《招标投标法》规定依法必须招标的项目自招标文件开始发出之日起至投标人提交投标文件截止之日止最短不得少于( )天。
   A. 20   B. 30   C. 10   D. 15
4. 关于招标代理机构,下列说法中错误的是( )。
   A. 工程建设项目招标代理机构注册资金,甲级不少于 200 万元,乙级不少于 100 万元
   B. 甲级工程招标代理机构可以承担各类工程的招标代理业务
   C. 乙级工程招标代理机构只能承担工程总投资 1 亿元人民币以下的工程招标代理业务
   D. 暂定级工程招标代理机构只能承担工程总投资 5000 万元人民币以下的工程招标代理业务
5. 《合同法》规定,履行合同义务时,当事人应当根据合同的性质、目的和交易习惯,履行及时通知、协助、提供必要条件、防止损失扩大、保密等义务,这属于合同订立( )原则。

A. 平等　　　　B. 公平　　　　C. 诚实信用　　　D. 合法
6. 下列关于联合体共同投标的说法，正确的是（　　）。
A. 两个以上法人或其他组织可以组成一个联合体，以一个投标人的身份共同投标
B. 联合体各方只要其中任意一方具备承担招标项目所需能力即可
C. 由同一专业的单位组成的联合体，投标时按资质等级较高的单位确定资质等级
D. 联合体中标后，应选择其中一方代表与招标人签订合同
7. 招标人和中标人应在中标通知书发出后的（　　）日内签订书面合同。
A. 15　　　　　B. 20　　　　　C. 30　　　　　D. 40
8. 公开招标是指招标人以（　　）的方式邀请不特定的法人或者其他组织投标。
A. 投标邀请书　　B. 合同谈判　　C. 行政命令　　D. 招标公告

二、多选题

1. 合同的成立一般要经过（　　）两个阶段。
A. 招标　　　　B. 投标　　　　C. 中标　　　　D. 要约　　　　D. 承诺
2. 合同按照一定的标准，可以划分为不同的类型。建设工程合同是（　　）。
A. 有名合同　　B. 双务合同　　C. 实践合同　　D. 要式合同
E. 有偿合同
3. 根据《招标投标法》中规定必须招标的项目，如符合以下条件，可以不进行招标的有（　　）。
A. 涉及国家安全的项目　　　　　B. 抢险救灾项目
C. 属于利用扶贫资金实行以工代赈、需要使用农民工的项目
D. 涉及国家秘密的项目　　　　　E. 项目技术难度高的项目
4. 合同的订立原则（　　）。
A. 平等　　　　B. 自愿　　　　C. 公平　　　　D. 公开
E. 诚实信用
5. 建筑市场的主体有（　　）。
A. 建设单位　　　　　　　　　　B. 施工单位
C. 工程咨询服务单位　　　　　　D. 设备材料供应机构
E. 金融机构

三、思考题

1. 什么是建设工程招投标？简述建设工程招投标的意义。
2. 建设工程招投标有哪些类别？
3. 建设工程有哪些承发包方式？
4. 简述建设工程交易中心运行的原则和程序。
5. 招投标法对于招投标中的哪些时间点作了规定？这些规定有什么好处？

项目二　建设工程招标

建设工程招标

学习目标

(1) 熟悉建设工程招标的条件和程序。
(2) 认识招标准备和招标策划的重要性。
(3) 掌握招标公告和资格预审文件的编制内容与方法。
(4) 掌握招标文件的组成内容及标准并能够进行编制。
(5) 了解国际招标的相关知识。

任务一　建设工程招标常识及策划

一、招标常识

(一) 招投标实质

建设工程实行招标投标制度，是使工程项目建设任务的委托纳入市场机制，通过竞争择优选定项目的工程承包单位、勘察设计单位、施工单位、监理单位、设备制造供应单位等，达到保证工程质量、缩短建设周期、控制工程造价、提高投资效益的目的，由发包人与承包人之间通过招标投标签订承包合同的经营制度。

招标与投标，是招标人与投标人之间通过招标投标签订工程建设承包合同进行公开交易的一种方式。发包人邀请承包人投标，称为招标；经资格审查合格取得招标文件的投标人，将按规定编制的投标文件和报价在限定的时间内送达招标人，称为投标；招标人召开会议当众公布各投标人提出的报价及有关事项，称为开标；招标人选定承包人并书面通知接受其投标报价及有关条件，称为中标。经过上述活动之后，签订正式合同并履行有关手续。

招标的实质是招标人通过竞争机制，从众多投标人中择优选定一家承包单位作为建设工程承建者的一种建设商品交易方式。投标的实质是通过参与建设工程的市场行为，与众多投标人进行综合实力较量，通过竞争取得工程的承包权。

（二）建设工程招标的主要形式

建设工程招标，根据其招标范围不同通常可分为以下几种形式：

（1）建设工程全过程招标，即通常所称的"交钥匙"工程承包方式。建设工程全过程招标是指从项目建议书开始，包括可行性研究、勘察设计、设备和材料询价及采购、工程施工直至竣工验收和交付使用等全面招标。

（2）建设工程勘察设计招标是把工程建设的一个主要阶段——勘察设计阶段的工作单独进行招标的活动的总称。

（3）建设工程材料和设备供应招标，是指建筑材料和设备供应的招标活动的全过程。实际工作中，对材料和设备往往分别进行招标。

在工程施工招标过程中，工程所需的建筑材料一般可分为由施工单位全部包料、部分包料和由建设单位全部包料3种情况。在上述任何一种情况下，建设单位或施工单位都可能作为招标单位进行材料招标。与材料招标相同，设备招标要根据工程合同的规定，或者由建设单位负责招标，或者由施工单位负责招标。

（4）建设工程施工招标，是指工程施工阶段的招标活动全过程，它是目前国际、国内工程项目建设经常采用的一种发包形式，也是建筑市场的基本竞争方式。建设工程施工招标的特点是招标范围灵活多样，有利于施工的专业化。

（5）建设工程监理招标，是指招标人为了委托监理任务的完成，以法定方式吸引监理单位参加竞争，从中选择条件优越的工程监理企业的行为。

（三）建设工程招标方式

按照竞争开放程度，招标方式分为公开招标和邀请招标两种。招标项目应依据法律规定的条件，项目的规模、技术、管理的特点和要求，投标人的选择空间以及实施的急迫程度等因素选择合适的招标方式。依法必须招标的项目一般应采用公开招标，如符合条件，确实需要采用邀请招标方式的，须经有关行政主管部门核准。

1. 公开招标

公开招标属于非限制性竞争招标，是招标人以招标公告的方式邀请不特定的符合公开招标资格条件的法人或其他组织参加投标，按照法律程序和招标文件公开的评标方法、标准选择中标人的招标方式。这是一种充分体现招标信息公开性、招标程序规范性、投标竞争公平性，大大降低串标、抬标和其他不正当交易的可能性，最符合招标投标优胜劣汰和公平、公开、公正原则的招标方式。

2. 邀请招标

邀请招标属于有限竞争性招标，也称为选择性招标。招标人向已经基本了解或通过征询意向的潜在投标人，经过资格审查后，以投标邀请书的方式直接邀请符合资格条件的特定的法人或其他组织参加投标，按照法律程序和招标文件规定的评标方法、标准选择中标人的招标方式。邀请招标不必发布招标公告或招标资格预审文件，但应该组织必要的资格审查，且投标人应不少于3个。

依法必须进行招标的项目中，满足以下条件经过核准或备案可以采用邀请招标。

（1）工程勘察设计项目。

项目二 建设工程招标

①项目的技术性、专业性较强,或者环境资源条件特殊,符合条件的潜在投标人数量有限的项目。

②如采用公开招标,所需费用占工程建设项目总投资比例过大的项目。

③建设条件受自然因素限制,如采用公开招标,将影响实施进度的项目。

(2) 工程施工项目。

①项目技术复杂或有特殊要求,只有少量几家潜在投标人可供选择的项目。

②受自然地域环境限制的项目。

③涉及国家安全、国家秘密或者抢险救灾,适宜招标但不宜公开招标的项目。

④拟公开招标的费用与项目的价值相比不值得的项目。

⑤法律、法规规定不宜公开招标的项目。

(四) 建设工程招标的条件

1. 建设单位招标应当具备的条件

招标按照组织方式可以分为自行组织招标和委托代理机构代理招标两种。如果自行招投标,建设单位应当具备如下一些条件,并且要报经相应的政府主管部门核准后才可进行招标。

(1) 招标人是法人或依法成立的其他组织。

(2) 有与招标工程相适应的经济、技术、管理人员。

(3) 有组织编制招标文件的能力。

(4) 有审查投标单位资质的能力。

(5) 有组织开标、评标、定标的能力。

不具备上述(2)~(5)项条件的,须委托具有相应资质的咨询、监理等单位代理招标。

2. 工程建设单位招标应当具备的条件

我国《工程建设项目施工招标投标办法》第八条规定,依法必须招标的工程建设项目,应当具备下列条件才能进行施工招标。

(1) 招标人已经依法成立。

(2) 初步设计及概算应当履行审批手续的,已经批准。

(3) 招标范围、招标方式和招标组织形式等应当发行核准手续的,已经核准。

(4) 有相应资金或资金来源已经落实。

(5) 有招标所需的设计图纸及技术资料。

3. 可不进行工程招标的工程建设项目

《招标投标法》第六十六条规定,涉及国家安全、国家秘密、抢险救灾或者属于利用扶贫资金实行以工代赈、需要使用农民工等特殊情况,不适宜进行招标的项目,按照国家有关规定可以不进行招标。

《招标投标法实施条例》第九条规定,除招标投标法第六十六条规定的可以不进行招标的特殊情况外,有下列情形之一的,可以不进行招标。

(1) 需要采用不可替代的专利或者专有技术。

(2) 采购人依法能够自行建设、生产或者提供。

(3) 已通过招标方式选定的特许经营项目投资人依法能够自行建设、生产或者提供。

(4) 需要向原中标人采购工程、货物或者服务，否则将影响施工或者功能配套要求。

(5) 国家规定的其他特殊情形。

《房屋建筑和市政基础设施工程施工招标投标管理办法》第十条规定，工程有下列情形之一的，经县级以上地方人民政府建设行政主管部门批准，可以不进行施工招标。

(1) 停建或者缓建后恢复建设的单位工程，且承包人未发生变更的。

(2) 施工企业自建自用工程，且该施工企业资质等级符合工程要求的。

(3) 在建工程追加的附属小型工程或者主体加层工程，且承包人未发生变更的。

(4) 法律、法规、规章规定的其他情形。

(五) 建设工程招标的范围

1. 《招标投标法》的规定

《招标投标法》第三条规定，在中华人民共和国境内进行下列工程建设项目，包括项目的勘察、设计、施工、监理以及与工程建设有关的重要设备、材料等的采购，必须进行招标：①大型基础设施、公用事业等关系社会公共利益、公众安全的项目；②全部或者部分使用国有资金投资或者国家融资的项目；③使用国际组织或者外国政府贷款、援助资金的项目。

前款所列项目的具体范围和规模标准由国务院发展计划部门会同国务院有关部门制定，报国务院批准。法律或者国务院对必须进行招标的其他项目的范围有规定的，依照其规定。

2. 《必须招标的工程项目规定》的规定

(1) 全部或者部分使用国有资金投资或者国家融资的项目包括：①使用预算资金200万元人民币以上，并且该资金占投资额10%以上的项目；②使用国有企业事业单位资金，并且该资金占控股或者主导地位的项目。

(2) 使用国际组织或者外国政府贷款、援助资金的项目包括：①使用世界银行、亚洲开发银行等国际组织贷款、援助资金的项目；②使用外国政府及其机构贷款、援助资金的项目。

(3) 不属于本规定(1)、(2)规定情形的大型基础设施、公用事业等关系社会公共利益、公众安全的项目，必须招标的具体范围由国务院发展改革部门会同国务院有关部门按照确有必要、严格限定的原则制订，报国务院批准。

(4) 本规定第二条至第四条规定范围内的项目，其勘察、设计、施工、监理以及与工程建设有关的重要设备、材料等的采购达到下列标准之一的，必须招标：①施工单项合同估算价在400万元人民币以上；②重要设备、材料等货物的采购，单项合同估算价在200万元人民币以上；③勘察、设计、监理等服务的采购，单项合同估算价在100万元人民币以上。

同一项目中可以合并进行的勘察、设计、施工、监理以及与工程建设有关的重要设备、材料等的采购，合同估算价合计达到前款规定标准的，必须招标。

项目二 建设工程招标

二、建设工程招标策划

在此学习建设工程招标策划的相应内容,包括风险分析、合同策略制定、中标原则确定、合同价格确定、招标文件的编制等。

招标投标是由招标人和投标人经过要约、承诺、择优选定,最终形成协议和合同关系的、平等主体之间的一种交易方法,是"法人"之间达成有偿、具有约束力的法律行为。招标投标是商品经济发展到一定阶段的产物,是一种最高竞争的采购方式,是建设工程项目施工合同形成、订立的过程。采取有效措施控制招标工作质量,有利于建设工程项目管理目标的实现。项目施工招标策划阶段是施工招标活动策划、招标文件和合同条件形成的关键阶段,对合同实施有决定性意义。在施工招标策划阶段,运用过程方法对招标工作实施有效的质量控制,是招标活动完满成功的有力保证。

招标策划阶段的招标工作过程主要包括风险分析、合同策略制定、中标原则的确定、合同价格的确定方式、招标文件编制等。充分做好这些工作过程的规划、计划、组织、控制的研究分析,并采取有针对性的预防措施,减少招标工作实施过程中的失误和被动局面,招标工作质量才能得到保证。

(一)风险分析

在招标策划阶段进行风险分析,主要是对招标活动实施过程中和工程施工过程中的风险因素和可能发生的风险事件进行分析,研究相应的应对策略和解决方案,并致力在招标工作实施前,识别工程风险,建立工程风险清单,研究应对策略。

招标策划阶段的风险分析包括项目风险管理中的风险识别和风险评价两项内容。风险识别通过经验数据的分析、风险调查、专家咨询及实验论证等方式实施。风险评价是根据招标人的承受能力并结合工程实际情况,对识别的工程风险事件做进一步的分析,为下一步制订合同策略提供依据,并研究工程实施过程中风险事件的产生对工程建设造成的不利影响,制订相应的策略和措施。

影响招标投标活动的风险因素包括招标程序的正确性和可操作性、评标办法的可靠性、施工合同条件的可实施性等一系列与招标活动成果得到保证有关的可靠性因素。施工合同签订后,施工实施过程中的风险因素包括设计变更、合同条款遗漏、合同类型选择不当、承发包模式选择不当、索赔管理不力、合同纠纷等一系列在施工实施过程中有可能发生,并影响实现工程预期投资、进度、质量控制目标的风险因素。

(二)合同策略制订

合同策略应在编制招标文件前研究确定:《招标投标法》的第四十六条规定,"招标人和中标人应当自中标通知书发出之日起三十日内,按照招标文件和中标人的投标文件订立书面合同。招标人和中标人不得再行订立背离合同实质性内容的其他协议。"因而招标人对工程建设目标的期望应在招标文件中充分反映。在前述的风险分析工作结束后,应制订相应的合同策略,并采用合适的表述方式,充分反映和渗透到招标文件合同条件的各相关条款中去。

招标人在合同策略方面的决策内容包括:工程承包方式和范围的划分,合同种类的选择，招标方式的确定，合同条件的选择，重要合同条款的确定等方面。

1. 工程承包方式和范围的划分

也就是分标策划，通过项目结构分解，分拆为若干个合同段。项目的分标方式，对承包人来说就是承包方式，对整个工程项目的实施有重大影响。分标策略决定了与招标人签约的承包人的数量，决定着项目的组织结构及管理模式，从根本上决定合同各方面责任、权利和工作的划分，所以它对项目的实施过程和项目管理产生根本性的影响。招标人通过分标和合同委托项目施工任务，并通过施工合同实现对项目的目标控制。

一般情况下，项目整体进行招标。对于大型的项目，整体招标符合条件的承包商较少，采用整体招标将会降低标价的竞争力，或基于其他原因，可将项目划分成若干个标段进行招标。在划分标段时主要考虑的因素如下：

（1）招标项目的专业性要求。相同、相近的项目可作为整体工程，否则采取分别招标。建设工程项目中的土建和设备安装应分别招标。

（2）招标项目的管理要求。项目各部分彼此联系性小，可以分别招标。

（3）对工程投资的影响，标段划分与工程投资相互影响。这种影响是由多种因素造成的，从资金占用角度考虑，作为一个整体招标，承包商资金占用额度大，反之亦然。从管理费的角度考虑，分段招标的管理费一般比整体直接发包的管理费高。

（4）工程各项工作时间和空间的衔接。避免产生平面或者立面交接工作责任的不清。如果建设项目的各项工作的衔接、交叉和配合少，责任清楚，则可考虑分别发包。

总之，标段划分应根据工程特点和招标人的具体情况确定，对场地集中、工程量不大、技术上不复杂的工程宜采用一次招标，反之可考虑分段招标。

2. 合同种类的选择

在工程实践中，合同种类有很多，基本形式有单价合同、固定总价合同、成本加酬金合同等。不同种类的合同，有不同的应用条件，不同的权力和责任的分配，不同的付款方式，不同的风险分配方式，应根据具体情况选择合同类型。可以在一个合同中采取上述合同类型的组合形式，也可以在同一项目合同规划的各个合同中分别采取不同的合同形式。

3. 招标方式的确定

我国《招标投标法》规定招标方式有公开招标和邀请招标，现行法律法规对公开招标和邀请招标的适用范围都有明确的规定。在公开招标的情况下，潜在投标人数量多、范围广，投标人之间充分地平等竞争，有利于降低工程造价，提高工程质量，缩短工期。但招标周期长，招标人有大量的招标管理工作。

在邀请招标情况下，招标人可以根据工程特点，有目标、有条件地选择和邀请3个以上的若干个投标人参加投标。采用这种招标方式，招标人的事务性管理工作较少，招标用的时间较短，费用较低。

4. 合同条件的选择

合同协议书和合同条件是合同文件最重要的组成部分。在工程实践中，招标人可以按照对工程目标的需要和期望起草合同协议书和合同条件，也可以选择符合合同示范文本标准的合同条件。在具体工程项目应用时，可以针对工程特点，对合同示范文本标准合同条件作修改、补充，在合同专用条款内写明具体约定。

5. 重要的合同条款的确定

重要的合同条款包括支款方式、合同价格的调整方式、双方合同风险的分担等。招标人应根据项目建设特点和工程情况综合考虑制订。招标人制订恰当的合同条件对项目目标的实现有重要的意义。特别是要慎重考虑双方工程风险的合理分担。承发包双方工程风险的合理分担的基本原则应是通过风险分担激励承包人努力完成项目的投资、进度、质量目标，达到最好的工程经济效益，使项目参与各方都得益，出现多赢的局面。但是，目前国内建筑市场基本处于买方市场状态，使部分招标人在招标文件合同条件中制订出不平等的合同条款，并通过招标文件的合同条件将属于招标人的工程风险转移到承包人身上，而这种风险转移措施后面往往隐藏着更大的风险，有可能引发承包人无力施工、企业倒闭等事件，使得工程的各项预期目标无法实现。

招标人在工程合同签订过程中处于主导地位，招标人的合同策略将对整个工程项目的实施有很大影响。制订正确的合同策略不仅能够签订一个完备的有利的合同，而且可以保证圆满地履行工程中的各个合同，并使它们之间能完善地协调，以顺利地实现工程项目目标。

（三）中标原则的确定

《招标投标法》规定，"中标人的投标应当符合下列条件之一：①能够最大限度地满足招标文件中的各项综合评标标准；②能够满足招标文件的实质性要求，并且经评审的投标价格最低，但是投标价格低于成本的除外。"法规的规定体现的建设项目的中标原则有两种：综合评价最优中标原则和经评审的最低评标中标原则。

中标原则决定评标定标办法。评标定标办法应体现平等、公正、合法、合理的原则。综合考虑投标人的信誉、业绩、报价、质量、工期、施工组织设计等各方面的因素，不得含有倾向或者排斥潜在投标人的内容，不得妨碍和限制投标人之间的竞争。

根据《房屋建筑和市政基础设施工程施工招标投标管理办法》第四十条规定，评标可以采用综合评估法、经评审的最低投标价法或者法律法规允许的其他评标方法。

综合评估法（综合定量评估法或百分制定量计分法），指对投标人投标文件提出的投标价格、工程质量、施工安全、施工工期、施工组织设计方案、投标人及项目经理等内容根据满足招标人要求程度的高低进行子目量化计分，得分高者为中标第一排序人或者中标人。

经评审的最低投标价法（综合定性评价法或技术、商务二阶段评标法），指投标人能够满足招标文件的实质性要求，且技术标科学、合理、可行，商务标报价经评审属合理最低者（不低于成本价格）即为中标人或依次确定中标候选人的排序。

招标人可根据工程的具体情况，选择其中一种评标定标办法或选择其中几种评标定标办法综合成一种评标定标办法，经建设行政主管部门或其委托建设工程招标投标管理机构审核同意后写入招标文件。

中标原则的确定关系到对工程建设基本要求和对中标人素质的选择方向，是根据建设项目工程情况和技术、经济特点综合权衡后制订的招标策略。中标人素质和综合实力是项目实施质量、进度、投资目标的有力保证，对招标活动的成果质量有重要的意义。招标文件定标原则的制订应根据法律法规有关规定,以及对项目的建设特点和项目具体情况研究分析后决定。定标原则的选定是一种决策行为,大型复杂、采用高科技新技术或技术要求高或有深化设计要求的建设项目适用于综合评估法,而采用施工工艺成熟、潜在符合资格投标人数量多的建设项目适用于经评审的最低投标价法。招标文件中采用何种评标方法,关键要根据项目管理目标的要求,对项目建设特点、技术和施工特点的研究分析,依据工程项目的规模大小和结构复杂程度,在法律法规允许的范围内研究决定。

(四)合同价格的确定方式

建设工程招标投标定价程序是我国用法律——《中华人民共和国招标投标法》规定的一种定价方式,是由投标人编制投标文件,投标人进行报价竞争,中标人中标后与招标人通过谈判签订合同,以合同价格为建设工程价格的定价方式,这种定价方式属于市场行情定价,也是施工企业自主定价。

《建筑工程施工发包与承包计价管理办法》第五条规定,施工图预算、招标控制价和投标报价由成本、利润和税金组成。其编制可以采用工料单价法和综合单价法两种计价方法。一般情况下,综合单价法比工料单价法能更好地控制工程价格,使工程价格接近市场行情,有利于竞争,同时也有利于降低工程投资。无论采用何种计价方法都要确保工程量清单的编制质量。影响工程量清单编制质量的因素有:分部分项工程项目划分、工程量计量规则、招标图纸深度要求、工程中使用的技术规范情况等。

1. 分部分项工程项目划分

常见的分部分项工程项目可以直接引用工程量清单规范的有关规定划分标准。新技术工程可以按照相应的技术规范要求,运用项目管理结构分解工具进行划分。

2. 工程量计量规则

《建设工程工程量清单计价规范》中的计量规则是国家规定的强制性条文,项目参与各方均应以此为准则进行工程计量。但需要说明的有两点:一是措施项目费包干的计价方式不是《建设工程工程量清单计价规范》中的强制性条文,招标文件和合同条件工程量清单计价办法必须注明措施项目费的计算引用规范对措施项目费包干使用的规定,否则容易引起合同争议,引发索赔事件;二是《建设工程工程量清单计价规范》没有规定的新工程技术的计量规则,需要在招标文件合同条件中约定计量规则。

3. 施工图纸深度要求

招标图纸的设计深度应达到国家有关规定的要求。使用达不到设计深度要求的图纸进行计量,工程量计算结果与工程实际情况偏差较大,难以对投资控制目标实施有效控制,容易引发合同纠纷和争议。

4. 技术规范

招标人应在招标文件中约定施工中采用的技术规范、规程、规定、标准文件。因国内没有新工程技术规范标准,而需要引用国外的标准和规范的工程项目,应在招标文件合同条件中予以说明,并指定有效的中文译本作为合同附件。

(五)招标文件的编制

招标文件一般包括招标公告(或投标邀请书)、投标人须知、合同的通用条款、专用条款、技术条件、投标书格式、工程量清单、图纸等内容。招标文件编制的基本质量要求主要包含四方面的内容：一是要符合法律法规要求；二是合同条件应充分反映合同策略，反映招标人要求和期望；三是所规定的招标活动安排和评定标方式有可实施性；四是招标文本规范、文件完整、逻辑清晰、语言表达准确，避免产生歧义和争议。

招标文件的编制首先必须保证招标文件的所有内容都符合国家、地方有关法律、法规和规范的要求，应进一步保证招标文件所规定的程序的可执行性，从而确保招标活动处于受控状态。招标文件是要约邀请文件。应充分体现招标人对合同条件的期望和要求，保证实现预期的合同策略。工作实践中，可以先采用招标文件范本和工程合同范本编制招标文件，再根据招标方制订的合同策略对范本文件做适当修改、补充。

将施工招标活动和相关的资源作为过程进行管理，可以更高效地得到期望的结果。以过程方法识别施工招标活动中的关键过程，在随后的施工招标实施和管理中不断进行持续改进来达到招标人对招标工作的满意，以达到对招标工作质量控制的目的。以风险分析、合同策略制订、中标原则的确定、合同价格的确定方式，招标文件编制作等关键工作为招标策划阶段招标工作关键过程来加以管理控制，并通过研究分析，不断提高这些工作过程的质量水平，有利于提高施工招标策划工作的质量和效果。在现代社会激烈的商业经济竞争中，招标失败必然会导致招标人在经济资源上的损失，因而充分做好招标策划阶段的论证和酝酿工作，加强对风险分析、合同策略的制订、中标原则的确定、合同价格的确定方式、招标文件的编制等关键工作过程的质量控制，将有力地保证招标活动的顺利进行。只有在招标策划阶段就把招标活动中的各项工作任务、运作程序加以研究分析，将各项招标工作充分准备就绪，才能实现预定的招标目标，保证项目投资、进度、质量控制目标的实现，保证工程项目建设的圆满成功。

任务二　建设工程招标程序及内容

在此主要学习建设工程项目施工招标程序与施工招标资格审查等内容。

一、建设工程项目施工招标程序

建设工程项目施工招标程序，是指在建设工程项目施工招标活动中，按照一定的时间、空间顺序运作的次序、步骤、方式。建设工程项目施工招投标是一个整体活动，涉及招标人和投标人两个方面，招标作为整体活动的一部分，主要是从招标人的角度揭示其工作内容，但同时又需注意到招标与投标活动的关联性，不能将两者割裂开来。

（一）建设项目施工公开招标程序

公开招标的工作流程如图2-1所示。

1. 建设工程项目报建

根据《工程建设项目报建管理办法》的规定，凡在我国境内投资兴建的工程建设项目，都必须实行报建制度，接受当地建设行政主管部门的监督管理。

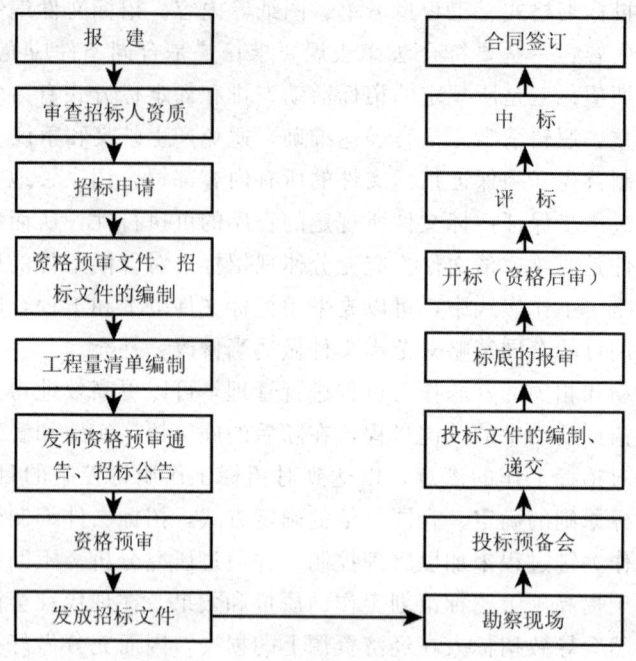

图 2-1 国内公开招标工作流程图

建设工程项目报建，是建设单位招标活动的前提。报建范围包括各类房屋建筑（包括新建、改建、扩建、翻修等）、土木工程（包括道路、桥梁、房屋基础打桩等）、设备安装、管道线路铺设和装修等建筑工程。报建的内容主要包括工程名称、建筑地点、投资规模、资金投资额、工程规模、发包方式、计划开竣工日期和工程筹建情况等。办理工程项目报建时应该交验的文件资料包括：立项批准文件或年度投资计划，固定资产投资许可证，建设工程规划许可证，验资证明。

在建设工程项目的立项批准文件或投资计划下达后，建设单位根据《工程建设项目报建管理办法》的要求进行报建，并由建设行政主管部门审批。

2. 审查建设单位资质

审查建设单位是否具备招标条件。不具备有关条件的建设单位，须委托具有相应资质的中介机构代理招标。建设单位与中介机构签订委托代理招标的协议，并报招标管理机构备案。

3. 招标申请

招标申请是指招标单位向政府主管部门提交的，要求开始组织招标、办理招标事宜的一种法律行为。招标单位进行招标，要向招标投标管理机构申报招标申请书，填写"建设工程招标申请表"，并经上级主管部门批准后，连同"工程建设项目报建审查登记表"报招标管理机构审批。

申请表的主要内容包括：工程名称、建筑地点、招标建筑规模、结构类型、招标范围、招标方式、要求施工企业等级、施工前期准备情况（土地征用、拆迁情况、勘察设计情况、施工现场条件等）、招标机构组织情况等。招标申请书批准后，就可以编制资格预审文件和招标文件。

4. 资格预审文件、招标文件的编制与送审

公开招标时，要求进行资格预审。只有通过资格预审的施工单位才可以参加投标。不采用资格预审的公开招标应进行资格后审，即在开标后进行资格审查。资格预审文件和招标文件须报招标管理机构审查，审查同意后可刊登资格预审通告、招标通告。

5. 刊登资格预审通告、招标通告

我国《招标投标法》规定，招标人采用公开招标形式的，应当发布招标公告。依法必须进行招标的项目的招标公告，应该通过国家指定的报刊、信息网络或者其他媒介发布。建设项目的公开招标应该在建设工程交易中心发布信息，同时也可通过报刊、广播、电视等或信息网上发布"资格预审通告"或"招标通告"。

6. 资格预审

对申请资格预审的投标人送交填报的资格预审文件和资料进行评比分析，列出投标人的名单，并报招标管理机构核准。

7. 发放招标文件

将招标文件、图纸和有关技术资料发放给通过资格预审并获得投标资格的投标单位。投标单位收到招标文件、图纸和有关资料后，应认真核对，核对无误后，应以书面形式予以确认。

8. 现场勘察

招标人组织投标人进行现场勘察的目的在于了解工程场地和周围环境情况，以获取投标单位认为有必要的信息。

9. 招标预备会

招标预备会的目的在于澄清招标文件中的疑问，解答投标人对招标文件和勘察现场中所提出的疑问和问题。

10. 工程招标控制价的编制与送审

招标控制价是招标人根据国家或省级、行业建设主管部门颁发的有关计价依据和办法，按设计施工图纸计算的，对招标工程限定的最高工程造价。

招标控制价应在招标文件中公布，不应上调或下浮，同时将招标控制价的明细表报工程所在地工程造价管理机构备查。

11. 投标文件的接收

投标人根据招标文件的要求，编制投标文件，并进行密封和标记，在投标截止时间前按规定的地点递交至招标人。招标人接收投标文件并将其秘密封存。

12. 开标

在投标截止日期后，按规定时间、地点在投标人法定代表人或授权代理人在场的情况下举行开标会议，按规定的议程进行开标。

13. 评标

由招标代理、建设单位上级主管部门协商，按有关规定成立评标委员会，在招标管理

机构的监督下，依据评标原则、评标方法，对投标单位报价、工期、质量、主要材料用量、施工方案或施工组织设计、以往业绩、社会信誉、优惠条件等方面进行综合评价，公正合理地择优选择中标单位。

14. 定标

中标单位选定后，由招标管理机构核准，获准后招标单位发出"中标通知书"。

15. 签订合同

招标人与中标人应当自中标通知书发出之日起30日内，按照招标文件和中标人的投标文件签订工程承包合同。

（二）建设项目施工邀请招标程序

邀请招标程序是直接向适合本工程施工的单位发出邀请，其程序与公开招标大同小异。其不同点主要是没有资格预审的环节，但增加了发出投标邀请书的环节。这里的发出投标邀请书，是指招标人可直接向有能力承担本工程的施工单位发出投标邀请书。

二、建设项目施工招标资格审查

（一）资格审查的种类和作用

一般来说，资格审查可分为资格预审和资格后审。

资格预审是指在投标前对潜在投标人进行的资格审查。资格后审是指在投标后（即开标后）对投标人进行的资格审查。

对于一些开工期要求比较早、工程不算复杂的工程项目，为了争取早日开工，有时不进行资格预审，而进行资格后审。资格后审是在招标文件中加入资格审查的内容。投标人在填报投标文件的同时，按要求填写资格审查资料。评标委员会在正式评标前先对投标人进行资格审查，对资格审查合格的投标人进行评标，对不合格的投标人不进行评标。资格后审的内容与资格预审的内容大致相同，主要包括投标人的组织机构、财务状况、人员与设备情况、施工经验等方面。

通常公开招标采用资格预审，只有资格预审合格的施工单位才允许参加投标；不采用资格预审的公开招标应进行资格后审，即在开标后进行资格审查。

通过资格审查，可以预先淘汰不合格的投标人，减少评标阶段的工作时间和费用，也使不合格的投标人节约购买招标文件、现场考察和投标的费用。

（二）资格预审程序

资格预审程序一般为编制资格预审文件、刊登资格预审通告、出售资格预审文件、对资格预审文件的答疑、报送资格预审文件、澄清资格预审文件、评审资格预审文件，最后招标人以书面形式向所有参加资格预审者通知评审结果，在规定的日期、地点向通过资格预审的投标人出售招标文件。

（三）资格预审文件的内容

资格预审文件的内容应包括以下内容。

项目二 建设工程招标

1. 资格预审公告

资格预审公告内容包括以下几个方面:
(1) 招标人的名称和地址。
(2) 招标项目的性质和数量。
(3) 招标项目的地点和时间要求。
(4) 获取资格预审文件的办法、地点和时间。
(5) 对资格预审文件收取的费用。
(6) 提交资格预审申请书的地点和截止时间。
(7) 资格预审的日程安排。

2. 资格预审须知

资格预审须知应包括以下内容:

(1) 总则。在总则中分别列出工程招标人的名称、资金来源、工程名称和位置、工程概述(包括"初步工程量清单"中的主要项目和估计数量,申请人有资格执行的最小合同规模,以及资格预审时间表等,可用附件形式列出)。

(2) 要求投标人应提供的资料和证明。在资格预审通知中应说明对投标人提拱资料内容的要求,一般包括以下几点。

①申请人的身份及组织机构,包括该公司或合伙人、联合体各方的章程或法律地位、注册地点、主要营业地点、资质等级等原始文件的复印件。

②申请人(包括联合体的各方)在近3年内完成的与本工程相似的工程的情况和正在履行合同的工程的情况。

③管理和执行本合同所配备主要人员的资历和经验。

④执行本合同拟采用的主要施工机械设备的情况。

⑤提供本工程拟分包的项目及拟承担分包项目分包人的情况。

⑥提供近两年经审计的财务报表,今后两年的财务预测以及申请人出具的允许招标人在其开户银行进行查询的授权书。

⑦申请人近两年介入的诉讼情况。

(3) 资格预审通过的强制性标准以附件的形式列入,它是通过资格预审时对列入工程项目一览表中各主要项目提出的强制性要求。包括强制性经验标准(指主要工程一览表中主要项目的业绩要求)、强制性财务、人员、设备、分包、诉讼及履约标准等。达不到标准的,资格预审不能通过。

(4) 对联合体提交资格预审申请的要求。对于一个合同项目能凭一家的能力通过资格预审的,应当鼓励以单独的身份参加资格预审。但在许多情况下,对于一个合同项目,往往一家不能单独通过资格预审,需要两家或两家以上组成的联合体才能通过。因此,在资格预审须知中应对联合体通过资格预审做出具体规定。一般规定如下。

①对于达不到联合体要求的,或企业单位既以单独身份又以所参加的联合体的身份向同一合同投标时,其资格预审申请都应遭到拒绝。

②招标人不得强制投标人组成联合体共同投标,不得限制投标人之间的竞争。

③对每个联合体的成员应满足的要求是:联合体各方均应当具备承担招标项目的相应

能力；由同一专业的单位组成的联合体，按照资质等级较低的单位确定资质等级；联合体的每个成员必须各自提交申请资格预审的全套文件；对于通过资格预审后参加投标的投标文件以后签订的合同，对联合体各方都产生约束力；联合体协议应随同投标文件一起提交，该协议要规定出联合体各方对项目承担的共同义务和分别的义务，并声明联合体各方提出的参加并承担本项目的责任和份额以及承担其相应工程的足够能力和经验；联合体必须指定某成员作为主办人负责与招标人联系；在资格预审结束后，新组成的联合体或已通过资格预审的联合体内部发生了变化，应征得招标人的书面同意，新的组成或变化不允许从实质上降低竞争力，不得包括来通过资格预审的单位和降低到资格预审所能接受的最低条件以下的单位；提出联合体成员合格条件的能力要求，例如：可以要求联合体中每个成员都应具有不低于各项资格要求的25%的能力。对联合体的主办人应具有不低于各项资格要求的40%的能力，所承担的工程应不少于合同总价格的40%；申请并接受资格预审的联合体不能在提出申请后解体或与其他申请人联合而自然地通过资格预审。

（5）对通过资格预审投标人所建议的分包人的要求。由于对资格预审申请人所建议的分包人也要进行资格预审，所以通过资格预审后，如果申请人对他所建议的分包人有变更时，必须征得招标人的同意，否则，对他们的资格预审被视为无效。

（6）对通过资格预审的国内投标人的优惠。世界银行贷款项目对于通过资格预审的国内投标人，在投标时能够提供令招标人满意的符合优惠标准的文件证明时，在评标时其投标报价可以享受优惠。一般享受优惠的标准条件为：投标人在工程所在国注册，工程所在国的投标人持有绝大多数股份，分包给国外工程量不超过合同价的50%。具备上述3个条件者，其投标报价在评标排名次时可享受75%的优惠。

（7）其他规定：包括递交资格预审文件的份数、送交单位的地址、邮编、电话、传真、负责人、截止日期。招标人要求申请人提供的资料要准确、详尽，并有对资料进行核定和澄清的权利，对于弄虚作假、不真实的介绍可拒绝其申请；对于资格预审中的数量不限，并且有资格参加投一个或多个合同的标，资格预审的结果和已通过资格预审的申请人的名单将以书面形式通知每一位申请人，申请人在收到通知后的规定时间内回复招标人，确认收到通知。随后招标人将投标邀请函送给每一位通过资格预审的申请人。

（8）介入诉讼事件表。详细说明申请人或联合体内合伙人介入诉讼或仲裁的案件。应该注意对于每一张表格都应有授权人的签字和日期，对于要求提供的证明附件的，应将其附在表后。

3. 资格预审须知的有关附件

资格预审须知的有关附件包括如下内容。

（1）申请人表。主要包括申请人的名称、地址、电话、电传、传真、成立日期等。如系联合体，应首先列明牵头的申请人，然后是所有合伙人的名称、地址等，一并附上每个公司的章程、合伙关系的文件等。

（2）申请合同表。如果一个工程项目分为几个合同招标，应在表中分别列出各个合同的编号和名称，以便让申请人选择申请资格预审的合同。

（3）组织机构表。包括公司简况、领导层名单、股东名单、直属公司名单、驻当地办事处或联络机构名单等。

(4) 组织机构框图。主要叙述并用框图表示申请者的组织机构，与母公司或子公司的关系，总负责人和主要人员。如果是联合体，应说明合作伙伴关系及在合同中的责任划分。

(5) 财务状况表。包括的基本数据为：注册资金、实有资金、总资产、流动资产、总负债、流动负债、未完成工程的年投资额、年均完成投资额（近3年）、最大施工能力等。近3年年度营业额和为本项目合同工程提供的营运资金，现在正进行的工程估价，今后两年的财务预算、银行信贷证明。并随附由审计部门审计或由省、市公证部门公证的财务报表，包括损益表、资产负债表及其他财务资料。

(6) 公司人员表。公司人员表，包括管理人员、技术人员、工人及其他人员的数量，拟为本合同提供的各类专业技术员人数及其从事本专业工作的年限。公司主要人员表包括一般情况和主要工作经历。

(7) 施工机械设备表。包括拟用于本合同自有设备、拟新购置设备和租用设备的名称、数量、型号、商标、出厂日期、现值等。

(8) 分包商表。包括拟分包工程项目的名称、占工程总价的百分数、分包人的名称、经验、财务状况、主要人员、主要设备等。

(9) 业绩。已完成的同类工程项目表、包括项目名称、地点、结构类型合同价格、竣工日期、工期、招标人或监理工程师的地址、电话、电传等。

(10) 在建项目表。包括正在施工和准备施工的项目的名称、地点、工程概况、完成日期、合同总价等。

(11) 介入诉讼事件表。详细说明申请人或联合体内合伙人介入诉讼或仲裁的案件。应该注意对于每一张表格都应有授权人的签字和日期，对于要求提供证明附件的，应将其附在表后。

4. 资格预审文件的填报

对投标人来说，填好资格预审文件是购买招标文件，进行投标的第一步。因此，填写资格预审文件一定要认真细心，严格按照要求逐项填写，不能漏项，每项内容都要填写清楚。投标人应特别注意要根据所投标工程的特点，有重点地填写，对在评审内容中可能占有较大比重的内容多填写，有针对性地多报送资料，并强调本公司的财务、人员、施工设备、施工经验等方面的优势。报送的预审文件内容应简明准确，装订美观大方，给招标人一个良好的印象。

要做到在较短的时间内填报出高质量的资格预审文件，平时要做好公司在财务、人员、施工设备和经验等各方面原始资料的积累与整理工作，分门别类地存在计算机中，以便随时可以调用和打印。例如：公司施工经验方面应详细记录公司近5~10年来所完成和目前正在施工的工程项目名称、地点、规模、合同价格、开工、竣工的时间；招标人名称、地址，监理单位名称、地址；在工程中本公司所担任的角色是独家承包还是联合承包、是联合体负责人还是合伙人，是总承包人还是分承包人；公司在工程项目实施中的地位和作用等。

5. 资格预审评审

由评审委员会进行资格预审评审工作；评审委员会一般由招标人负责组织，参加人员有：招标人的代表，有关专业技术、财务经济等方面的专家 5 人以上（单数）。

（1）评审标准。资格预审是为了检查，评估投标人是否具备能令人满意地执行合同的能力。只有表明投标人有能力胜任，公司机构健全，财务状况良好，人员技术、管理水平高，施工设备适用，有丰富的类似工程经验，有良好的信誉，才能被招标人认为是资格预审合格。

（2）评审方法。

①首先对接收到的资格预审文件进行整理，看其是否对资格预审文件做出了实质性的响应，即是否满足资格预审文件的要求。检查资格预审文件的完整性，检查资格预审强制性标准的合格性，如投标申请人（包括联合体成员）营业执照和授权代理人授权书应有效。投标申请人（包括联合体成员）企业资质和资信登记等级应与拟承担的工程标准和规模相适应。如以联合体形式申请资格预审，应提交联合体协议，明确联合体主办人；如有分包，应满足主体工程限制分包的要求。投标申请人提供的财务状况、人员与设备情况及履行合同的情况应满足要求。只有对资格预审文件作出实质性响应的投标人才能参加进一步评审。

②一般情况下，资格预审都采用评分法进行，按一定评分标准逐项进行打分。评选结果按淘汰法进行，即先淘汰明显不符合要求的申请人，对于满足填报资格预审文件要求的投标人，按组织机构与经营管理、财务状况、技术能力、施工经验 4 个方面逐项打分。只有每项得分超过最低分数线，而且四项得分之和高于 60 分（满分 100 分）的投标人才能通过资格预审。资格预审评审时，上述评平分 4 个方面的每一方面还可以进一步细分为若干因素分别打分。上述各个方面各个因素所占评分权重应根据项目的性质以及它们在项目实施中的重要性而定。如果是复杂的工程项目，人员素质与施工经验应占更大比重。

6. 资格预审评审报告

资格预审评审委员会对评审结果要写出书面报告。评审报告的主要内容包括工程项目概要、资格预审工作简介、资格预审评价标准、资格预审评审程序、资格预审评审结果、资格预审评审委员会成员名单、资格预审评分汇总表、资格预审分项评分表、资格预审评审细则等。资格预审报告应上报招标管理部门审查。资格预审评审结果应在其文件规定的期限内通知所有投标申请人，同时向通过资格预审的投标申请人发出投标邀请。

7. 投标人资格审查应注意的问题

（1）通过建设市场的调查确定主要施工经验方面的资格条件。依据拟建工程的特点和规模进行建筑市场调查。调查与本工程项目相类似的已建完工程和拟建工程的施工企业资质和施工水平的状况，调查可能来此项目投标的投标人数目等。依此确定实施本工程项目施工企业的资质和资格条件。该资格条件既不能过高，减少竞争；也不能过低，增加其评标工作量。

（2）资格审查文件的文字和条款要求严密和明确。一旦发现条款中存在问题，特别是影响资格审查时，应及时修正和补遗。但必须在递交资格预审截止日前 14～28 天发出，否则投标人来不及做出响应，影响评审的公正性。

（3）应审查资格审查资料的真实性。投标人提供的资格审查资料是编造的或者不真实时，招标人有权取消其资格申请，而且可不做任何解释。因此，投标人编制资格预审文件时切忌弄虚作假。此外，还要加强资格预审文件的编后审查工作，尽量减少不必要的损失。

任务三　建设工程招标文件的编制

一、招标文件的作用

招标文件的编制是招标准备工作中最重要的环节，其重要性体现在两个方面。

(1) 招标文件是提供给投标人的投标依据。施工招标文件中应清楚无误地向投标人介绍实施工程项目的有关内容和要求，包括工程基本情况、预计工期、工程质量要求、支付规定等方面的信息，以便投标人据此编制投标书。

(2) 招标文件的主要内容是签订合同的基础。招标文件中除投标须知以外的绝大多数内容都将构成今后合同文件的有效组成部分。尽管在招标过程中招标人可能对招标文件中的某些内容或要求提出补充和修改意见，投标人也会对招标文件提出一些修改要求或建议，但招标文件中对工程施工的基本要求不会有太大变动。由于合同文件是工程实施过程中双方都应该严格遵守的规则，也是发生纠纷时进行判断和裁决的标准，所以招标文件不仅决定了发包人在招标期间能否选择一个优秀的承包人，而且关系工程施工能否顺利实施，以及发包人与承包人双方的经济利益。编制一个好的招标文件可以减少合同履行过程中的变更和索赔，意味着工程管理和合同管理已成功一半。

二、招标文件的编制依据和编制原则

(一) 编制依据

(1) 严格遵守《招标投标法》《合同法》《中华人民共和国保险法》(以下简称《保险法》)《中华人民共和国环境保护法》《建筑法》《建设工程质量管理条例》《建设工程安全生产管理条例》等与工程建设有关的现行法律法规，不得作任何突破或超越。

(2) 各行业的行业标准。

(3) 《标准施工招标资格预审文件》(共分资格预审公告、申请人须知、资格审查办法、资格预审申请文件格式、项目建设概况5章)。

(4) 《标准施工招标文件》(共分招标公告或投标邀请书、投标人须知、评标办法、合同条款及格式、工程量清单、图纸、技术标准和要求、投标文件格式8章)。

(二) 编制原则

(1) 招标文件中不得在无任何理由的情况下含有对某一特定的潜在投标人有利的技术要求。

(2) 设备的采购方在编制招标文件技术要求时，只能对性能、品质以及控制性的尺寸要求，不得提出具体的式样、外观上的要求，避免使用某一特定产品或生产企业的名称、商标、目录号、分类号、专利、设计等相关内容，不得要求或注明特定的生产供应者以及含有倾向或排斥潜在制造商、供应商的内容。

（3）在编制技术要求时应慎重对待商标、制造商名称、产地等的出现，如果不引用这些名称或样式不足以说明买方的技术要求时，必须加上"与某某同等"的字样。

三、招标控制价和标底

（一）招标控制价

招标控制价是招标人根据国家或省级、行业建设主管部门颁发的有关计价依据和办法，以及拟订的招标文件和招标工程量清单，编制的招标工程的最高限价。投标人的投标报价高于招标控制价的，其投标应予以拒绝。国有资金投资的工程建设项目应实行工程量清单招标，并应由具有编制能力的招标人或受其委托具有相应资质的工程造价咨询人员编制招标控制价。招标控制价超过批准的概算时，应报原概算审批部门审核。招标控制价应在招标时公布，不应上调或下浮，招标人应将招标控制价及有关资料报送工程所在地工程造价管理机构备查。

（二）标底

标底是招标人发包工程的期望价格。招标项目设有标底的，招标人应当编制标底并在开标时公布，开标前标底必须保密，一个工程只能编制1个标底。标底只能作为评标的参考，不得以投标报价是否接近标底作为中标条件，也不得以投标报价超过标底上下浮动范围作为否决投标的条件。

四、建设工程招标文件的组成

下面主要介绍工程施工招标文件的组成。

一般情况下，各类工程施工招标文件的内容大致相同，但组卷方式可能有所区别。此外以《标准施工招标文件》为范本介绍工程施工招标文件的内容和编写要求。

《标准施工招标文件》共包含封面格式和四卷八章的内容，第一卷包括第一章至第五章，涉及招标公告或投标邀请书、投标人须知、评标办法、合同条款及格式、工程量清单等内容。其中，第一章和第三章并列列举出了不同情况，由招标人根据招标项目特点和需要分别选择；第二卷由第六章图纸组成；第三卷由第七章技术标准和要求组成；第四卷由第八章投标文件格式组成。

（一）封面格式

《标准施工招标文件》封面格式包括下列内容：项目名称、标段名称、标识出"招标文件"这4个字、招标人名称和单位印章、时间。

（二）招标公告或投标邀请书

招标公告或投标邀请书是《标准施工招标文件》的第一章。对于未进行资格预审项目的公开招标项目，招标文件应包括招标公告；对于邀请招标项目，招标文件应包括投标邀请书；对于已经进行资格预审的项目，招标文件也应包括投标邀请书（代资格预审通过通知书）。

项目二　建设工程招标

××××工程施工
招标公告

1. 招标条件

本招标项目××××工程已由××××批准建设,项目业主为××××,建设资金来源为业主自筹,项目出资比例为100%国有资金。项目已具备招标条件,现对该项目的施工进行公开招标。

2. 项目概况与招标范围

2.1　建设地点:××××

2.2　建设内容及规模:学生宿舍2栋约28924m^2,学生食堂1栋约6054m^2,道路约1km,场平及环境工程面积150亩,工程造价约8800万。

2.3　项目招标范围:施工图纸及工程量清单所含内容。

2.4　计划工期:360日历天。

2.5　项目分包情况:本工程项目分包按国家相关规定执行。

3. 投标人资格及业绩要求

3.1　本次招标实行资格后审,投标人必须具有独立法人资格,具备建设行政主管部门颁发的建筑工程施工总承包壹级及以上资质,并在人员、设备、资金等方面具有相应的施工能力。

3.2　本次招标不接受联合体投标。

4. 招标文件的获取

4.1　本工程招标不需报名,开标时直接投标,凡有意参加投标者,请于××年××月××日起,在××××网下载本招标项目的招标文件、图纸、答疑、补遗、最高限价等投标截止时间前公布的所有相关资料,不管投标人下载与否,招标人和招标代理机构都视为投标人收到以上资料并全部知晓有关招标过程和事宜,由此产生的一切后果由投标人自负。

4.2　招标文件每套售价1000元,售后不退。递交投标文件时支付招标文件的费用,否则招标人和招标代理机构拒绝接受其投标文件。

4.3　自公告发出之日起,各投标单位应随时关注招标文件及相关修改内容。投标人如对招标文件有质疑,必须在××××网上指定质疑答疑区在规定质疑期内匿名质疑,过期不再受理质疑。

4.4　本招标项目采用电子化招投标,投标人在投标前可在××××网下载招标文件、工程量清单、电子图纸、最新电子标书生成器软件及软件锁办理申请表等资料。通过以上途径下载的招标文件为GEF格式,参与投标的投标人需使用电子标书生成器制作GEF格式投标文件,招标文件中要求提供复印件的,在电子投标文件中均为扫描件。电子标书生成器及专用U盘办理地址:××××,咨询电话:××××。

5. 投标文件的递交

5.1　投标文件递交的截止时间(投标截止时间,下同)以招标文件为准,地点为××××。

5.2　逾期送达的或者未送达指定地点的投标文件,招标人不予受理。

6. 联系方式

招标人：××××

地　　址：××××

联系人：×××

电　　话：××××

招标代理机构：××××

地　　址：××××

联系人：×××

电　　话：××××

传　　真：××××

(三) 投标人须知

投标人须知是招标投标活动应遵循的程序规则和对投标的要求。但投标人须知不是合同文件的组成部分，希望有合同约束力的内容应在构成合同文件组成部分的合同条款、技术标准与要求等文件中界定。

投标人须知包括投标人须知前附表、正文和附表格式等内容。

1. 投标人须知前附表

投标人须知前附表的主要作用有两个：一是将投标人须知中的关键内容和数据摘要列表，起到强调和提醒的作用，为投标人迅速掌握投标人须知内容提供方便，但必须与招标文件相关章节内容衔接一致；二是对投标人须知正文中应由前附表明确的内容给予具体约定。

表 2-1　投标人须知前附表

条款号	条款名称	编列内容
1.1.2	招标人	名称：　　　　　　　　地址： 联系人：　　　　　　　电话：
1.1.3	招标代理机构	名称：　　　　　　　　地址： 联系人：　　　　　　　电话：
1.1.4	项目名称	
1.1.5	建设地点	
1.2.1	资金来源	
1.2.2	出资比例	
1.2.3	资金落实情况	
1.3.1	招标范围	
1.3.2	计划工期	计划工期：　　　　日历天； 具体开工日期以监理工程师的开工令为准
1.3.3	质量要求	符合国家现行有关施工质量验收规范要求，并达到合格标准

项目二 建设工程招标

续表

条款号	条款名称	编列内容
1.4.1	投标人资质条件	1. 资质条件、营业执照及安全生产条件； 2. 业绩要求； 3. 投标截止日投标资格情况； 4. 项目经理资格要求； 5. 外地施工企业投标； 6. 其他要求
1.4.2	是否接受联合体投标	□不接受　　□接受，应满足下列要求
1.9.1	踏勘现场	不组织，由各投标人根据需要自行完成现场踏勘
1.10.1	投标预备会	不召开
1.10.2	投标人提出问题的截止时间	
1.10.3	招标人书面澄清的时间	
1.11	分包	□不允许　　□允许，分包内容要求
2.1	构成招标文件的其他材料	
2.2.1	投标人要求澄清招标文件的截止时间	
2.2.2	投标截止时间	年　月　日　时　分（北京时间）
2.2.3	投标人确认收到招标文件澄清的时间	
2.3.2	投标人确认收到招标文件修改的时间	
3.1.1	构成投标文件的其他材料	
3.2	投标报价	
3.3	结算原则	
3.3.1	投标有效期	日历天（从提交投标文件截止日起计算）
3.4.1	保证金	1. 投标保证金交款形式及要求； 2. 投标保证金的金额
3.5	资格审查资料	
3.6	是否允许递交备选投标方案	□允许　　□不允许
3.7.3	签字盖章要求	
3.7.4	投标文件的份数	
3.7.5	装订要求	
4.1.1	投标文件的密封	
4.1.2	封套上写明	
4.2.2	递交投标文件地点及时间	
4.2.3	是否退还投标文件	否
5.1	开标时间和地点	开标时间：同投标截止时间 开标地点：

续表

条款号	条款名称	编列内容
5.2	开标程序	
6.1.1	评标委员会的组建	
7.1	是否授权评标委员会确定中标人	否,推荐经评审得分由高到低排名前三名为中标候选人
7.3.1	履约保证金	1. 履约保证金缴纳形式; 2. 履约保证金金额; 3. 缴纳时间; 4. 退还时间; 5. 若有下列情形之一的,履约保证金将不予退还
……	……	

2. 总则

投标人须知正文中的"总则"由下列内容组成。

（1）项目概况。应说明项目已具备的招标条件、项目招标人、招标代理机构、项目名称、建设地点等。

（2）资金来源和落实情况。应说明项目的资金来源、出资比例、资金落实情况等。

（3）招标范围、计划工期和质量要求。应说明招标范围、计划工期和质量要求等。对于招标范围，应采用工程专业术语填写；对于计划工期，由招标人根据项目建设计划来判断填写；对于质量要求，根据国家、行业颁布的建设工程施工质量验收标准来填写。注意不要与各种质量奖项混淆。

（4）投标人资格要求。对于已进行资格预审的，投标人应是符合资格预审条件，并且收到招标人发出投标邀请书的单位；对于未进行资格预审的，应在此按照招标公告规定投标人资格要求。

（5）保密。要求参加招标投标活动的各方应对招标文件和投标文件中的商务和技术等秘密保密。

（6）语言文字。可要求除专用术语外均使用中文。

（7）计量单位。所有计量单位均采用中华人民共和国法定计量单位。

（8）踏勘现场。招标人根据项目的具体情况可以组织潜在投标人踏勘项目现场，向其介绍工程场地和相关环境的有关情况。

（9）投标预备会。是否召开投标预备会，以及何时召开，由招标人根据项目具体需要和招标进程安排确定。

（10）分包。由招标人根据项目具体特点来判断是否允许分包。如果允许分包，可进一步明确分包内容的名称或要求，以及分包项目金额和资质条件等方面的限制。

（11）偏离。偏离即《评标委员会和评标方法暂行规定》中的偏差。招标人根据项目的具体特点来设定非实质性要求和条件允许偏离的范围和幅度。

3. 招标文件

招标文件是对招标投标活动具有法律约束力的最主要文件。投标人须知应该阐明招标文件的组成、招标文件的澄清和修改。投标人须知中没有载明具体内容的，不构成招标文件的组成部分，对招标人和投标人没有约束力。

（1）招标文件的组成内容包括：招标公告（或投标邀请书，视情况而定）、投标人须知、评标办法、合同条件及格式、工程量清单、图纸、技术标准和要求、投标文件格式、投标人须知前附表规定的其他材料。招标人根据项目具体特点来判定投标人须知前附表中载明需要补充的其他材料，如地质勘察报告等。

（2）招标文件的澄清与修改。当投标人对招标文件有疑问时，可以要求招标人对招标文件予以澄清；招标人可以主动修改招标文件。

招标人对已发出的招标文件进行必要的澄清或修改时，应当在招标文件要求提交投标文件的截止时间至少15日前，以书面形式通知所有招标文件接受人，但不指明澄清问题的来源。招标文件的澄清与修改构成招标文件的组成部分。

4. 投标文件

投标文件是投标人响应和依据招标文件向招标人发出的要约文件；招标人在投标人须知中对投标文件的组成、投标报价、投标有效期、投标保证金、资格审查资料、备选方案和投标文件的编制和递交提出明确要求。

（1）投标文件的组成内容有：投标函及投标函附录、法定代表人身份证明或附有法定代表人身份证明的授权委托书、联合体协议书、投标保证金、报价工程量清单、施工组织设计、项目管理机构、拟分包项目情况表、资格审查资料、投标人须知前附表规定的其他材料。

其中，"施工组织设计"一般归类为技术文件，其余归类为商务文件。

（2）投标有效期。投标有效期从投标截止时间起开始计算，主要用来满足组织并完成开标、评标、定标以及签订合同等工作所需要的时间。因此，关于投标有效期通常需要在招标文件中作出如下规定。

①投标人在投标有效期内不得要求撤销或修改其投标文件。

②投标有效期延长。必要时，招标人可以书面通知投标人延长投标有效期。此时，投标人可以有两种选择：同意延长，并相应延长投标保证金有效期，但不得要求被允许修改或撤销其投标文件；拒绝延长，投标文件失效，但有权收回其投标保证金。

（3）投标保证金。投标保证金是在招标投标活动中投标人随投标文件一同递交给招标人的一定形式、一定金额的投标责任担保。主要目的：一是担保投标人在招标人定标前不得撤销其投标，二是担保投标人在被招标人宣布为中标人后即受合同的约束，不得反悔或者改变其投标文件中的实质性内容，否则其投标保证金将被招标人没收。

招标文件中一般应对投标保证金作出下列规定。

①投标保证金的形式一般有：银行电汇、银行汇票、银行保函、信用证、支票、现金或招标文件中规定的其他形式。

②投标保证金的数额：招标人在招标文件中要求投标人提交投标保证金的，投标保证金不得超过招标项目估算价的2%，最高不得超过80万元人民币。

③投标保证金的期限：投标保证金的期限与投标有效期一致。

④联合体投标保证金：如果接受联合体投标的，应当以联合体各方或者联合体中牵头人的名义提交投标保证金，对联合体各成员具有约束力。

⑤不按要求提交投标保证金的后果。招标文件规定提交投标保证金的，不按规定要求提交投标保证金的，其投标文件无效。

⑥投标保证金的退还条件和退还时间。关于投标保证金的退还通常考虑下列因素：合同协议书是否签订；履约保证金是否提交；投标保证金有效期是否期满。《标准施工招标文件》规定，招标人与中标人签订合同后5日内，向未中标的投标人和中标人退还投标保证金。

⑦投标保证金不予退还的情形。出现下列两种情形之一的，投标保证金将不予退还：一是投标人在规定的投标有效期内撤销或修改其投标文件；二是中标人在收到中标通知书后，无正当理由拒签合同协议或未按招标文件规定提交履约担保。

（4）资格审查资料。资格审查资料可根据是否已经组织资格预审提出相应的要求。

已经组织资格预审的资格审查资料分为两种情况。

①当评标办法对投标人资格条件不进行评价时，投标人资格预审阶段的资格审查资料没有变化的，可不再重复提交；资格预审阶段的资格资料有变化的，按新情况更新或补充。

②当评标办法对资格条件进行综合评价或者评分时，按招标文件要求提交资格审查资料。

未组织资格预审或约定要求递交资格审查资料的，一般包括如下内容：投标人基本情况；近年财务状况；近年完成的类似项目情况；正在施工和新承接的项目情况；信誉资料，如近年发生的诉讼及仲裁情况；允许联合体投标的资料。

（5）备选方案。如果招标文件允许提交备选标或者备选投标方案，投标人除编制提交满足招标文件要求的投标方案外，另行编制提交的备选投标方案或者备选标。利用投标备选方案，可以充分发挥投标人的竞争潜力，使项目的实施方案更具科学性、合理性和可操作性，并弥补招标人在编制招标文件乃至在项目策划或者设计阶段的经验不足和考虑欠佳。被选用的备选方案一般能够带来"双赢"的局面，根据《工程建设项目施工招标投标办法》第五十四条的规定，只有排名第一的中标候选人的备选投标方案才可以考虑，即评标委员会才予以评审。

（6）投标文件的编制。投标文件的编制可作如下要求。

①语言要求。投标文件所使用的语言应符合招标文件的规定。

②格式要求。投标文件应按照招标文件规定的格式编写。

③实质性响应。《招标投标法》第二十七条规定，投标文件应当对招标文件提出的实质性要求和条件作出响应。例如，投标文件应当对有关工期、投标有效期、质量要求、主要技术标准和要求、招标范围等实质性内容作出响应。

④打印要求。例如，要求使用不褪色的材料书写或打印。

⑤错误修改要求。例如，要求改动之处应加盖单位章或由投标人的法定代表人或其授权的代理人签字确认。

⑥签署要求。例如,要求投标文件由投标人的法定代表人或其委托代理人签字并加盖单位公章。委托代理人签字的,投标文件应附法定代表人签署的授权委托书。

⑦份数要求。例如,规定正本一份,副本两份。

⑧装订要求。例如,规定正本和副本应分别装订。

5. 投标

包括投标文件的密封和标识、投标文件的递交时间和地点、投标文件的修改和撤回等规定。

6. 开标

包括开标时间、地点和开标程序等规定。

7. 评标

包括评标委员会、评标原则和评标方法等规定。

8. 合同授予

包括定标方式、中标通知、履约担保和签订合同。

(1) 定标方式。定标方式通常有两种:招标人授予评标委员会直接确定中标人;评标委员会推荐 1~3 名中标候选人,由招标人依法确定中标人。

(2) 中标通知。确定中标人后,招标人应当向中标人发出中标通知书,并同时将中标结果通知所有未中标的投标人。

(3) 履约担保。签订合同前,中标人应按照招标文件规定的担保形式、金额和履约担保格式向招标人提交履约担保。履约担保的主要目的有两个:担保中标人按照合同约定正常履约,在中标人未能圆满实施合同时,招标人有权得到资金赔偿;约束招标人按照合同约定正常履约。

招标人应在招标文件中对履约担保作出如下规定。

①履约担保的金额。一般约定为签约合同价的 5%~10%。

②履约担保的形式。一般有银行保函、非银行保函、保兑支票、银行汇票、现金和现金支票等。

③履约担保格式。通常招标人会规定履约担保格式,为了方便投标人,招标人也可以在招标文件履约担保格式中说明投标人可以提供招标人可接受的其他履约担保格式。

④未提交履约担保的后果。如果中标人不能按要求提交履约担保,视为放弃中标,投标保证金不予退还,给招标人造成的损失超过投标保证金数额的,中标人还应当对超过部分予以赔偿。

(4) 签订合同。在投标人须知中应就签订合同作出如下规定。

①签订时限。招标人和中标人应当自中标通知书发出之日起 30 日内,按照中标通知书、招标文件和中标人的投标文件订立书面合同。

②未签订合同的后果。中标人无正当理由拒签合同的,招标人将取消其中标资格,其投标保证金不予退还;给招标人造成的损失超过投标保证金数额的,中标人还应当对超过部分予以赔偿。发出中标通知书后,招标人无正当理由拒签合同的,招标人向中标人退还投标保证金;给中标人造成损失的,还应当赔偿损失。

9. 重新招标和不再招标

(1) 重新招标。根据《评标委员会和评标方法暂行规定》第二十七条的规定，投标人少于3个或所有投标被否决的，招标人应当依法重新招标。评标委员会否决所有投标包含了两层意思：所有投标均被否决或有效投标不足3个，评标委员会经过评审后认为投标明显缺乏竞争，从而否决全部投标。

(2) 不再招标。重新招标后投标人仍少于3个或者所有投标被否决的，属于必须审批或核准的工程建设项目，经原审批和核准部门批准后不再进行招标。

10. 纪律和监督

纪律和监督包括对招标人、投标人、评标委员会、与评标活动有关的工作人员的纪律要求以及投诉监督。

11. 附表格式

附表格式包括了招标活动中需要使用的表格文件格式，通常有开标记录表、问题澄清通知、问题的澄清、中标通知书、中标结果通知书、确认通知书等。

(四) 评标办法

招标文件中的评标办法主要包括选择评标方法、确定评审因素和标准以及确定评标程序三方面内容。

1. 评标方法

评标方法一般包括经评审的最低投标价法、综合评估法和法律、行政法规允许的其他评标方法。

2. 评审因素和标准

招标文件应针对初步评审和详细评审分别制定相应的评审因素和标准。

3. 评标程序

评标工作一般包括初步评审、详细评审、投标文件的澄清和补正及评标结果等具体程序。

(1) 初步评审。按照初步评审因素和标准评审投标文件，进行废标认定和投标报价算术错误修正。

(2) 详细评审。按照详细评审因素和标准分析、评定投标文件。

(3) 投标文件的澄清和补正。初步评审和详细评审阶段，评标委员会可以书面形式要求投标人对投标文件中不明确的内容进行书面澄清和说明，或者对细微偏差进行补正。

(4) 评标结果。对于最低投标法，评标委员会按照经评审的评标价格由低到高的顺序推荐中标候选人；对于综合评估法，评标委员会按照得分由高到低的顺序推荐中标候选人。评标委员会按照招标人授权，可以直接确定中标人。评标委员会完成评标后，应当向招标人提交书面评标报告。

(五) 合同条款及格式

《合同法》第二百七十五条规定，施工合同的内容包括工程范围、建设工期、中间交工工程的开工和竣工时间、工程质量、工程造价、技术资料交付时间、材料和设备供应责任、拨款和结算、竣工验收、质量保修范围和质量保证期、双方相互协作等条款。

为了提高效率，招标人可以采用《标准施工招标文件》，或者结合行业合同示范文本的合同条款编制招标项目的合同条款。

《标准施工招标文件》的合同条款包括了一般约定，发包人义务，有关监理单位的约定，有关承包人义务的约定，材料和工程设备，施工设备和临时设施，交通运输，测量放线，施工安全、治安保卫和环境保护，进度计划，开工和竣工，暂停施工，工程质量，试验和检验，变更与变更的估价原则，价格调整原则，计量与支付，竣工验收，缺陷责任与保修责任，保险，不可抗力，违约，索赔，争议的解决等。

合同附件格式包括了合同协议书格式、履约担保格式、预付款担保格式等。

（六）工程量清单

工程量清单是表现拟建工程实体性项目和非实体性项目名称和相应数量的明细清单，可以满足工程建设项目具体量化和计量支付的需要。

实践中常见的有单价合同和总价合同两种主要合同形式，均可以采用工程量清单计价，区别仅在于工程量清单中所填写的工程量的合同约束力。采用单价合同形式的工程量清单是合同文件必不可少的组成内容，其中的清单工程量具备合同约束力，招标时的工程量是暂估的，工程款结算时按照实际计量的工程量进行调整。总价合同形式中，已标价工程量清单中的工程量不具备合同约束力，实际施工和计算工程变更的工程量均以合同文件的设计图纸所标示的内容为准。

《标准施工招标文件》第五章"工程量清单"包括了4部分内容：工程量清单说明、投标报价说明、其他说明和工程量清单。

（七）设计图纸

设计图纸是合同文件的重要组成部分，是编制工程量清单以及投标报价的重要依据，也是进行施工及验收的依据。通常招标时的图纸并不是工程所需的全部图纸，在投标人中标后还会陆续颁发新的图纸以及对招标时的图纸进行修改。因此，在招标文件中，除了附上招标图纸外，还应该列明图纸目录。图纸目录一般包括序号、图名、图号、版本、出图日期等。图纸目录以及相对应的图纸将对施工过程的合同管理以及争议发挥重要作用。

（八）技术标准和要求

技术标准和要求也是构成合同文件的组成部分。技术标准的内容主要包括各项工艺指标、施工要求、材料检验标准，以及各分部分项工程施工成型后的检验手段和验收标准等。

（九）招标文件格式

投标文件格式的主要作用是为投标人编制投标文件提供固定的格式和编排顺序，以规范投标文件的编制，同时便于评标委员会评标。

练习题

一、单选题

1. 我国建设工程招投标活动实行的是（　　）招投标制度,并规定了强制招标的项目范围和规模。
   A. 自愿　　　　B. 强制　　　　C. 自由　　　　D. 随意

2. 招标文件发售的时间不得少于（　　）。
   A. 3日　　　　B. 5日　　　　C. 3个工作日　　　　D. 5个工作日

3. 一个招标工程能设立（　　）招标控制价。
   A. 1　　　　B. 2　　　　C. 3　　　　D. 根据单项工程情况而定

4. 招标项目需要编制标底的,一个工程只能编制（　　）个标底。
   A. 1　　　　B. 2　　　　C. 3　　　　D. 4

5. 如果招标人改变招标范围,应在投标截止日前至少（　　）日前以书面形式通知所有招标文件的收受人。
   A. 10　　　　B. 15　　　　C. 20　　　　D. 25

6. 资格后审是在（　　）对投标人资格进行审查。
   A. 开标前　　　　　　　　B. 发放招标文件前
   C. 开标后评标前　　　　　D. 评标时

7. 《必须招标的工程项目规定》,勘察、设计、监理等服务的采购,单项合同估算价在（　　）万元人民币以上的必须进行招标。
   A. 50　　　　B. 100　　　　C. 200　　　　D. 400

8. 《必须招标的工程项目规定》,施工单项合同估算价在（　　）万元人民币以上的必须进行招标。
   B. 50　　　　B. 100　　　　C. 200　　　　D. 400

9. 通过资格预审的申请人少于（　　）个的应当重新招标。
   A. 1　　　　B. 2　　　　C. 3　　　　D. 4

10. 关于大型基础设施、公用事业等关系社会公共利益,公共安全的项目,下列说法正确的是（　　）。
    A. 私人投资则不用招标　　　　B. 私人投资也必须进行招标
    C. 基本上以私人投资为主　　　D. 国家投资则不用招标

二、多选题

1. 下列哪些选项是必须进行招标的项目（　　）。
   A. 生态环境保护项目　　　　B. 公租房项目

C. 使用各级财政预算资金的项目　　D. 涉及国家机密的项目
E. 使用国际组织资金的项目

2. 《招标投标法》规定，建设工程招标方式有（　　）。
A. 竞争性磋商　　　　　　　　B. 议标
C. 公开招标　　　　　　　　　D. 邀请招标
E. 直接发包

3. 工程招标文件包括（　　）。
A. 招标公告或投标邀请书　　　B. 投标人须知
C. 评标标准和方法　　　　　　D. 图纸
E. 已标价的工程量清单

4. 有下列情形，可以不进行招标的有（　　）。
A. 需要采用不可替代的专利或者专有技术
B. 采购人依法能够自行建设、生产或者提供
C. 需要向原中标人采购工程，否则将影响施工配套要求
D. 在建工程追加的附属小型工程或者主体加层工程
E. 向外国政府贷款的水电站项目

5. 建设工程施工招标的必备条件有（　　）。
A. 招标人已经依法成立　　　　B. 招标所需设计图纸和技术资料已经具备
C. 资金来源已经落实　　　　　D. 监理单位已经落实
E. 招标方式已经确定

三、思考题

1. 工程项目施工招标方式有哪几种？在什么条件和要求下采用邀请招标方式？
2. 招标准备工作有哪些？
3. 简述建设施工招标的程序。
4. 招标人和工程项目招标各应具备什么条件？

四、案例分析题

某办公楼项目全部由地方财政投资兴建。为该市建设规划重点项目之一，且已列入地方年度资产投资计划。施工图纸及相关技术资料等已经完成。现决定对该项目进行邀请招标，实行资格后审。招标人向5家承包商发出投标邀请书，招标文件发放时间为5月25—28日，投标截止时间为6月7日下午3点。这5家承包商按规定时间提交了投标文件和投标保证金100万元。

问题：在该项目招标过程中哪些方面不符合招标投标的相关规定？并说明理由。

项目三 建设工程投标

学习目标

（1）理解投标的概念、投标的技巧。
（2）熟悉建设工程投标的程序。
（3）了解投标中采取的策略和技巧。
（4）掌握投标报价的构成和编制方法。
（5）掌握建设工程投标文件的编制步骤。

任务一　建设工程投标活动

一、建设工程项目投标的相关概念

（一）投标人的概念

按照《招标投标法》的规定，投标人是指响应招标、参加投标竞争的法人或者其他组织。所谓响应招标，是指投标人对招标人在招标文件中提出的实质性要求和条件作出响应。《招标投标法》还规定，依法招标的科研项目允许个人参加投标，投标的个人适用本法有关投标人的规定，因此，投标人的范围除了包括法人、其他组织，还应当包括自然人。随着我国招标事业的不断发展，自然人作为投标人的情形也会经常出现。

（二）投标的概念

投标是与招标相对应的概念，它是指投标人应招标人的邀请或投标人满足招标人最低资质要求而主动申请，按照招标的要求和条件，在规定的时间内向招标人递交标书，争取中标的行为。工程施工投标的内容主要包括工期、质量、价格、施工方案等指标。

（三）联合体投标的概念

联合体投标也叫共同投标，是指两个以上法人或者其他组织组成一个联合体，以一个投标人的身份共同投标的行为。联合体各方均应具备国家规定的资格条件和承担招标项目的相应能力。

项目三 建设工程投标

二、建设工程项目投标程序

建设工程项目投标程序是指承包商在投标活动中从成立投标小组到正式递交投标文件参加开标会议的整个程序。投标既是一项严肃认真的工作，又是一项决策工作，必须按照当地规定的程序和做法，满足招标文件的各项要求，遵守有关法律法规的规定，在规定的时间内进行公平、公正的竞争。为了获得投标的成功，投标必须按照一定的程序进行，才能保证招标的公正合理性与中标的可能性。目前，我国建设工程各种项目的投标程序基本相同，如图 3-1 所示。

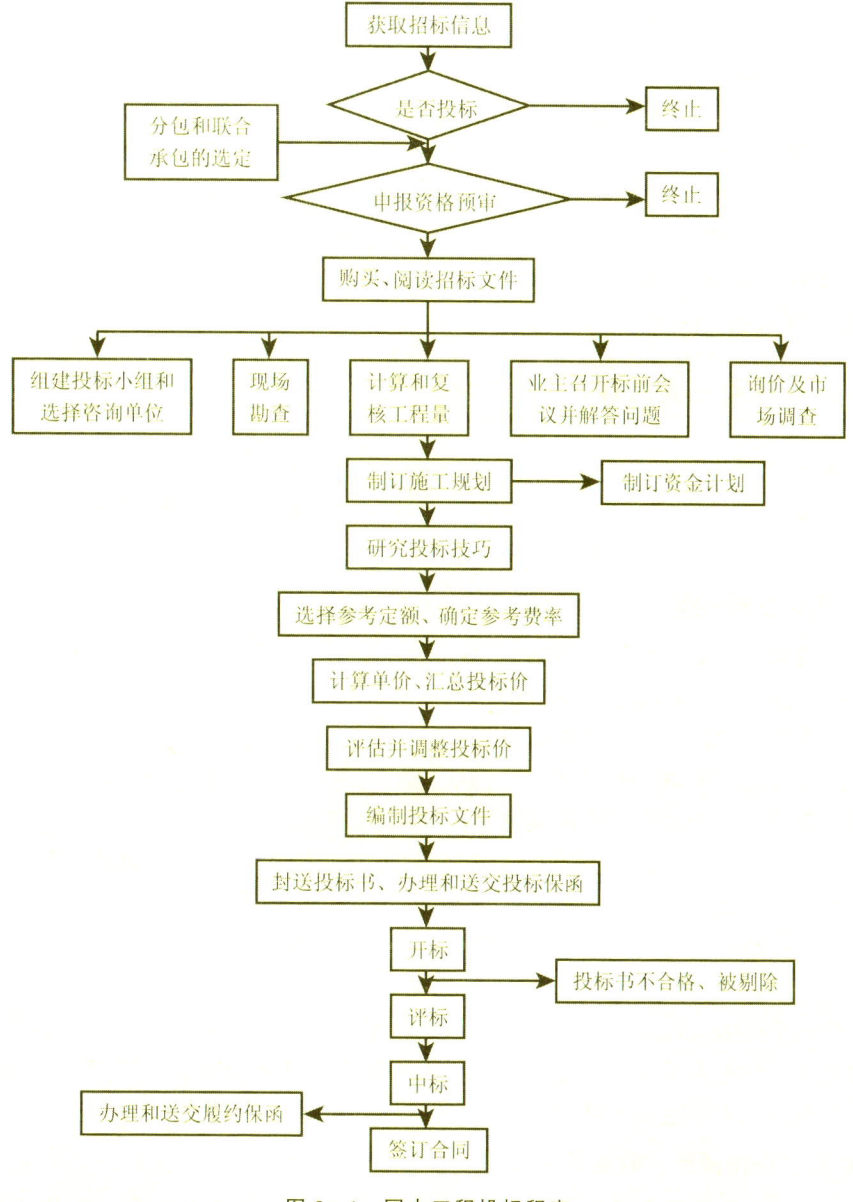

图 3-1 国内工程投标程序

(1) 获取招标信息，决定是否投标。
(2) 选择投标方式，是单独投标还是联合投标。
(3) 购买资格预审文件，准备资格预审申请书，参加资格预审。
(4) 通过资格预审后，购买、阅读招标文件。
(5) 组建投标小组，专门负责本项目的投标工作。
(6) 参加项目踏勘和标前答疑会。
(7) 市场调查及询价，为制作投标书做好准备。
(8) 制订施工规划及资金计划。
(9) 研究投标技巧。
(10) 选定参考定额和费率。
(11) 计算单价，汇总投标价。
(12) 评估并调整投标价。
(13) 编制投标文件。
(14) 办理投标担保。
(15) 密封并投递标书。
(16) 中标后办理履约担保。
(17) 签订承包合同。

三、投标活动主要内容

（一）投标决策

投标人通过分析工程类型、中标概率、盈利情况、本单位承担能力及条件，决定是否参与投标。

（二）组建投标小组

投标的结果决定了工程最终的施工权，所以是一个非常激烈的竞争过程。投标人作出了投标的决策后，为了在激烈的竞争中取得最终的胜利，需要成立一支工作能力较强的投标小组。该小组一般由以下3类人员组成。

(1) 经营管理类人员：专门从事工程承包经营管理、制定和贯彻经营方针与规划、负责工作的全面筹划和安排、具有决策水平的人员。

(2) 专业技术类人员：工程设计及施工中的各类技术人员，诸如建筑师、土木工程师、电气工程师、机械工程师等各类专业技术人员。他们应掌握本学科最新的专业知识，具备熟练的实际操作能力，以便在投标时能从本公司的实际技术水平出发，考虑各项专业实施方案。

(3) 商务金融类人员：具有预算、金融、贸易、税法、保险、采购、保函、索赔等专业知识的人才。财务人员要懂税收、保险、涉外财会、外汇管理和结算等方面的知识。投标报价主要由这类人员进行具体编制。

（三）参加资格预审、购买招标书

投标人按照招标公告或投标邀请书的要求向招标人提交相关资料。资格预审通过后，

购买招标书及工程资料。

（四）参加现场踏勘及投标预备会

现场踏勘是指招标人组织投标人对项目实施现场的地理、地质、气候等客观条件和环境进行现场调查。投标预备会是经过踏勘和熟悉技术资料后，招标人组织所有投标人对发现的问题进行解答和补充的会议，会议记录作为招标文件的一部分。

（五）进行工程所在地环境调查

主要进行自然环境和人文环境调查，了解拟建工程当地的风土人情、经济发展情况以及建筑材料的采购运输等情况。

（六）编制施工组织设计

施工组织设计是针对投标工程具体施工进行的设想和安排，有人员机构、施工机具、安全措施、技术措施、施工方案和节能降耗措施等。

（七）编制施工图预算

根据招标文件规定，翔实认真地作出施工图预算，仔细核对，确保无误，注意保密，供决策层参考。

（八）投标最终决策

企业高层根据收集到的业主情况、竞争环境、主观因素、法律法规及招标条件信息，作出最终投标报价和响应性条件的决策。

（九）投标书成稿

投标团队汇总所有投标文件，按照招标文件规定整理成稿，检查遗漏和瑕疵。

（十）标书装订和密封

已经成稿的投标书要进行美工设计，装订成册，按照商务标和技术标装订。为了保守商业秘密，在商务标密封前应该由企业高层手工填写决策后的最终投标报价。

（十一）递交投标书、保证金、参加开标会

《招标投标法》规定：投标截止时间即开标时间。投标截止前递交投标书和投标保证金，然后准时参加会议。

四、投标行为的限制性规定

工程建设项目涉及国家安全和社会公众利益，工程招投标涉及各方重大利益，必须确保公开、公平、公正和诚实信用。国家除对招标人做了详细规定外，对投标人也作出了明确的规定，防止串通投标的行为。《招标投标法实施条例》规定，禁止投标人相互串通投标，禁止招标人与投标人串通投标。

（1）禁止投标人相互串通投标的情形。

①投标人之间协商投标报价等投标文件的实质性内容。

②投标人之间约定中标人。

③投标人之间约定部分投标人放弃投标或者中标。

④属于同一集团、协会、商会等组织成员的投标人按照该组织要求协同投标。
⑤投标人之间为谋取中标或者排斥特定投标人而采取的其他联合行动。
(2) 视为投标人相互串通投标的情形。
①不同投标人的投标文件由同一单位或者个人编制。
②不同投标人委托同一单位或者个人办理投标事宜。
③不同投标人的投标文件载明的项目管理成员为同一人。
④不同投标人的投标文件异常一致或者投标报价呈规律性差异。
⑤不同投标人的投标文件相互混装。
⑥不同投标人的投标保证金从同一单位或者个人账户转出。
(3) 禁止招标人与投标人串通投标的情形。
①招标人在开标前开启投标文件并将有关信息泄露给其他投标人。
②招标人直接或者间接向投标人泄露标底、评标委员会成员等信息。
③招标人明示或者暗示投标人压低或者抬高投标报价。
④招标人授意投标人撤换、修改投标文件。
⑤招标人明示或者暗示投标人为特定投标人中标提供方便。
⑥招标人与投标人为谋求特定投标人中标而采取的其他串通行为。
(4) 投标人其他方式弄虚作假的行为。
①使用伪造、变造的许可证件。
②提供虚假的财务状况或者业绩。
③提供虚假的项目负责人或者主要技术负责人员简历、劳动关系证明。
④提供虚假的信用状况。
⑤其他弄虚作假的行为。
(5) 禁止投标人低于成本价或以他人名义投标。
①低于成本价是指低于投标人企业的个别成本。是否低于企业个别成本，由评标委员会根据经验判断，并可要求投标人解释说明。
②以他人名义投标，是指投标人挂靠其他施工单位，或从其他单位通过受让或租借的方式获取资格或者资质证书，或者由其他单位及其法定代表人在自己编制的投标文件上加盖印章和签字等行为。

任务二　建设工程投标程序内容

一、投标的前期工作

投标的前期工作包括获取投标信息与前期投标决策，即从众多招标信息中确定选取哪些作为投标对象，这一阶段的工作要注意以下问题。

(一) 获取信息并确定信息的可靠性

投标企业可通过多渠道获得信息，如各级基本建设管理部门、建设单位及主管部门、

项目三　建设工程投标

各地勘察设计单位、各类咨询机构、各种工程承包公司、城市综合开发公司、房地产公司、行业协会等，各类刊物、广播、电视、互联网等多种媒体。目前，国内建设工程招标在信息的真实性、公平性、透明度、业主支付工程价款、承包方履约的诚意、合同的履行等方面存在不少问题，因此要参加投标的企业在决定投标的对象时，必须认真分析所获信息的真实性、可靠性。其实，做到这一点并不困难，最简单的办法就是通过与招标单位直接洽谈，证实招标项目确实已立项批准和资金已落实即可。

（二）对业主进行必要的调查分析

对业主的调查了解是非常重要的，特别是能否得到及时的工程款支付。有些业主单位长期拖欠工程款，致使承包企业不仅不能获取利润，甚至连成本都无法收回，承包商必须对获得项目之后履行合同的各种风险进行认真的评估分析。风险是客观存在的，利用好风险可以为企业带来效益，但不良的业主风险同样也可使承包商陷入泥潭而不能自拔，当然，利润总是与风险并存的。

二、申请投标和递交资格预审书

向招标单位申请投标，可以直接报送，也可以采用信函、电报、电传或传真，其报送方式和所报资料必须满足招标人在招标公告中提出的有关要求，如资质要求、财务要求、业绩要求、信誉要求、项目经理资格等。申请投标和争取获得投标资格的关键是通过资格审查，因此申请投标的承包企业除向招标单位索取和递交资格预审书外，还可以通过其他辅助方式，如发送宣传本企业的印刷品、邀请业主参观本企业承建的工程等，使他们对本企业的实力和情况有更多的了解。

我国建设工程招标中，投标人在获悉招标公告或投标邀请后，应当按照招标公告或投标邀请书中提出的资格审查要求，向招标人申报资格审查。资格审查是投标人投标过程中的第一关。

（一）资格审查的种类

一般来说，资格审查可分为资格预审和资格后审。资格预审是指在投标前对潜在投标人进行的资格审查；资格后审是指在投标后对投标人进行的资格审查。通常公开招标采用资格预审，只有资格预审合格的施工单位才允许参加投标。不采用资格预审的公开招标应进行资格后审，即在开标后进行资格审查。

资格预审主要是审查潜在投标人是否符合下列条件：

（1）具有独立订立合同的权利。

（2）具有圆满履行合同的能力，包括专业、技术资格和能力，资金、设备和其他物质设施状况，管理能力，经验、信誉和相应的工作人员。此外，如果国家对投标人的资格条件另有规定，招标人必须依照其规定，不得与这些规定相冲突或低于这些规定的要求。如国家重大建筑项目的施工招标中，国家要求一级施工企业才能承包，招标人就不能让二级及以下的施工企业参与投标。在不损害商业秘密的前提下，潜在投标人或投标人应向招标人提交能证明上述有关资质和业绩情况的法定证明文件或其他资料，这样就能预先淘汰不合格的投标人，减少评标阶段的工作时间和费用，也使不合格的投标人节约购买招标文件、现场考察和投标的费用。

（二）投标人在资格预审中的主要工作

作为投标人，应熟悉资格预审程序，主要把握好获得资格预审文件、准备资格预审文件、报送资格预审文件等几个环节的工作。

最后招标人以书面形式向所有参加资格预审者通知评审结果，在规定的日期、地点向通过资格预审的投标人出售招标文件。

（三）接受投标邀请和购买招标文件

申请者接到招标单位的招标申请书或资格预审通过通知书，就表明他已具备并获得参加该项目投标的资格，如果他决定参加投标，就应按招标单位规定的日期和地点凭邀请书或通知书及有关证件购买招标文件。

（四）研究招标文件

招标文件是投标和报价的主要依据，也是承包商正确分析判断是否进行投标和获取成功的重要依据，因此，应组织得力的设计、施工、估价等人员对招标文件认真研究。投标人购买了招标文件后，应及时组织有关投标人员阅读和研究投标文件，以便在现场考察、标前会议等业主组织的投标活动中，有重点地考察和明确问题，做到对工程项目充分地理解，领会设计意图及业主建设目标，使投标做到有的放矢。

招标文件包括投标人须知、合同条款、技术规范、设计图纸、工程量清单、地质资料等资料。全面阅读和充分理解招标文件是投标的基础，研究招标文件的目的是为了全面理解招标工程项目的技术特点、业主对该项目的要求，如工期、质量、管理、工程范围、该工程与其他工程的关系、合同规模、施工条件、自然地理位置、气候、地质、地区经济发展、道路运输、原材料供应等。

在投标中为了有效利用时间，提高投标效率，在阅读和研究招标文件时，应该根据项目的具体情况，合理安排时间，有重点、有针对性地阅读和研究其内容。研究重点放在投标人须知、合同条件或条款、设计图纸、工程范围、工程量清单、技术规范和特殊要求等方面。通过对招标文件的认真研究，全面权衡得失，才能据此做出评价和是否投标报价的决策。从取得招标文件到投标截止日期时间有限，工作任务又重，因此在研究招标文件时，如发现疑问应及时向招标单位质询或核实。在研究招标文件的基础上做出投标决策后，要尽快通过调查研究和对问题的质询与澄清，获取投标所需的有关数据和情报，解决在招标文件中存在的问题并进行投标准备。投标者应重视并积极参加由招标单位组织的现场勘察活动，深入调查研究，收集必需的资料，诸如当地材料情况、环境条件、施工场地及内外交通、水电供应、劳动力及物资设备供应条件、爆破时间和道路桥梁通行限制及有关法律法规。现场勘察之前，应仔细研究招标文件，特别是文件中的工作范围、专用条款、设计图纸和说明，然后拟定出调研提纲，确定重点要解决的问题，做到事先有准备。此外，除了及时质询存在的问题外，还应利用招标单位组织的澄清问题和交底的机会进一步明确招标文件的有关内容，同时还应进行某些调查研究和资料收集工作，如材料价格与设备价格、运费标准、保险等，以利于切实做好工程估价和标价编制工作。

(五)编制施工组织设计

编制投标文件的核心工作之一是计算标价,而标价计算又与施工方案及施工组织密切相关,所以在计算标价前必须编制好施工组织设计。

1. 核实工程量

这项工作直接关系到工程计价,必须做好。如发现有漏误或不实之处,应及时提请发包人澄清。一般情况下,如果招标文件中已给定工程量,而且规定对工程量不做增减,在这种情况下,只需复核其工程量即可。而如果招标文件中仅有图纸,而工程量需逐项计算时,则应先搞清招标文件,熟悉图纸和工程量计算规则,合理地划分项目。

2. 编制施工组织设计

在编制投标文件时,必须首先编制施工组织设计。施工组织设计的内容一般包括施工方案和施工方法、施工进度计划、施工机械计划、材料设备计划和劳动力计划以及临时生产、生活设施等。编制施工组织设计的依据是设计图纸,执行的规范,经复核的工程量,招标文件要求的开工、竣工日期以及对市场材料、设备、劳动力价格的调查。编制的原则是在保证工期和工程质量的前提下使成本最低,利润最大。

(1) 选择和确定施工方法。应根据工程类型,研究可以采用的施工方法。对于一般的土石方工程、混凝土工程等比较简单的工程,可结合已有施工机械及工人技术水平来选定实施方法,努力做到节省开支,加快进度。对于大型复杂工程则要考虑几种施工方案,进行综合比较,如水利工程中的施工导流方式,对工程造价及工期均有很大影响,投标人应结合施工进度计划及自身的组织管理能力进行研究确定。又如地下工程,则要进行地质资料分析,确定开挖方法、确定支洞、斜井、竖井数量和位置以及出渣方法、通风方式等。

(2) 选择施工机械和施工设施。此工作一般与研究施工方法同时进行。在工程估价过程中还要不断进行施工机械和施工设施的比较,如考虑利用旧机械设备还是采购新机械设备,在国内采购还是在国外采购,并对机械设备的型号、配套、数量进行比较,还应研究哪些类型的机械可以采用租赁办法,对于特殊的、专用的机械设备折旧率须进行单独考虑。如新购设备,订货清单中应考虑辅助和修配机械及备用零件,尤其是订购外国机械时应特别注意这一点。

(3) 编制施工进度计划。编制施工进度计划应紧密结合施工方法和施工设备考虑。施工进度计划中应提出各时段应完成的工程量及限定日期。施工进度计划所采用的编制技术,应根据招标文件要求而定。

(六)确定投标报价

投标报价是指由投标人计算的完成招标文件规定的全部工作内容所需一切费用的期望值。

为了规范建设工程投标报价的计价行为,统一建设工程工程量清单的编制和计价方法,维护招标人(业主)和投标人(承包商)的合法权益,促进建筑市场的市场化进程,根据《中华人民共和国招标投标法》、建设部颁布的《建筑工程施工发包和承包计价管理办法》《建筑工程工程量清单计价规范》等一系列政策法规规定,从2013年7月1日起,建设工程招标投标中的投标报价活动,全面推行建筑工程工程量清单计价的报价方法。因此，招标人（业主）必须按照计价规范的规定编制建设工程工程量清单，并列入招标文件中提供给投标人（承包商）；投标人（承包商）必须按照规范的要求填报工程量清单计价表，并据此进行投标报价，投标报价文件（即工程量清单计价表）的填报编制，是以招标文件、合同条件、工程量清单、施工设计图纸、国家技术和经济规范及标准，投标人确定的施工组织设计或施工方案为依据，根据省、市、区等现行的建筑工程消耗量定额、企业定额及市场信息价格，并结合企业的技术水平和管理水平等自主确定。

1. 工程量清单及其编制

（1）工程量清单。工程量清单是指表现拟建工程的分部分项工程项目、措施项目、其它项目名称和相应数量的明细清单。由分部分项工程量清单、措施项目清单、其他项目清单等内容组成。工程量清单是反映拟建工程的分部分项工程项目、措施项目、其他项目的名称、单位、数量、单价的明细表格，它是招标人（业主）按其附录规定的格式，根据规范规定提供的各类清单的项目编码、名称、单位、数量，并由投标人（承包商）填报单价，计算合价等内容的工程计价表。工程量清单是招标文件和工程合同的重要组成内容，是编制招标工程标底价、投标报价、签订工程合同、调整工程量、支付工程进度款和办理竣工结算的依据。

（2）工程量清单的编制。按工程量清单计价规范的规定，工程量清单应由具有编制招标文件能力的招标人（业主）或受委托具有相应资质的中介机构进行编制；由于工程量清单各组成部分所含具体内容的不同，按规范的规定，应分别按分部分项工程量清单、措施项目清单、其他项目清单进行编制。

①分部分项工程量清单的编制。分部分项工程量清单表包括项目编码、项目名称、计量单位和工程数量等内容，根据工程量清单计价规范的规定与要求，按附录规定的统一项目编码、项目名称、计量单位和工程量计算规则进行编制。计价规范中的附录A、附录B、附录C、附录D、附录E是编制分部分项工程量清单的依据，它们分别是：

附录A为建筑工程工程量清单项目及计算规则，适用于工业与民用建筑物和构筑物工程。

附录B为装饰装修工程工程量清单项目及计算规则，适用于工业与民用建筑物和构筑物的装饰装修工程。

附录C为安装工程工程量清单项目及计算规则，适用于工业与民用安装工程。

附录D为市政工程工程量清单项目及计算规则，适用于城市市政建设工程。

附录E为园林绿化工程工程量清单项目及计算规则，适用于园林绿化工程。

项目三 建设工程投标

表3-1

序号	项目编码	项目名称	项目特征及主要工程内容	计量单位	工程量	综合单价	合价	其中：材料界估价
	A.1	A.1 土（石）方工程						
1	010101001001	平整场地	1.［项目特征］ 2.1 土石类别：综合 3.2 弃土运距：投标人自行考虑 4.3 取土运距：投标人自行考虑 5.［项目内容］ 6.1 土方挖填 7.2 场地找平 8.3 场内运输	m³				
2	010101003001	人工挖孔桩土石方	1.［项目特征］ 2.1 土石类别：综合 3.2 基础类型：桩基础 5.4 挖土深度：投标人自行考虑 6.5 弃土运距：详施工图 7.［项目内容］ 8.1 排地表水 9.2 土方开挖 10.3 挡土板支拆 11.4 截桩头 12.5 基底钎探 13.6 场内运输 14.7 泥浆池及沟槽砌筑、拆除 15.8 泥浆制作、运输 16.9 清理、运输	m³				
3	010101003002	沟槽土石方	1.［项目特征］ 2.1 土石类别：综合考虑 3.2 垫层底宽：详设计 4.3 挖土石深度：详设计 5.4 开挖方式：投标单位自行考虑 6.［项目内容］	m³				
		本页小计						

②措施项目清单的编制。措施项目清单包括拟建工程在施工期间需要发生的施工技术和施工组织措施等项目内容,由招标人(业主)根据拟建工程的具体情况,结合施工组织和施工方案,并参照措施项目一览表列项进行编制;招标人(业主)列出清单项目,由投标人(承包商)自主填列数量和价格,若出现措施项目一览表未列出项目时,招标人(业主)可根据实际情况做相应补充。

表 3-2

序号	项目名称	综合合价	备注
1	组织措施费		
2	技术措施费		

③其他项目清单的编制。其他项目清单包括暂列金额、材料暂估价、总承包服务费、计日工等内容。暂列金额是招标人为可能发生的工程量变更而预留的金额;材料暂估价是指招标人为材料采购所需支付的费用;总承包服务费是为配合项目投标人进行工程承包等所需的费用;计日工是为完成招标人提出的,工程量暂估的零星工作所需的费用。其他项目清单是由招标人根据拟建工程的具体情况,按上述内容列项进行编制,在编制其他项目清单时,若出现上述内容以外的项目,招标人可自行补充。

表 3-3

序号	项目名称	金额(元)
1	计日工	
2	暂列金额	
3	专业工程暂估价	
4	总承包服务费	

2. 投标报价表的编制

投标报价表的编制是按规范的规定与要求,对拟建工程工程量清单计价表的填报及编制。工程量清单计价是指建设工程在施工发包与承包计价活动中,招标人按规范规定提供拟建招标工程分部分项工程项目、措施项目、其他项目的明细数量,并列成明细清单即工程量清单,作为公平竞争的共同基础,由投标人自主报价的一种计价行为。以下就工程量清单计价表,即投标报价表的编制介绍如下。

(1) 工程量清单计价表的编制依据。工程量清单计价表的填报与编制依据主要包括:招标人提供的招标文件和工程量清单、招标人提供的设计图纸及有关的技术说明书等资料。各省、市、区颁发的现行建筑安装工程消耗量定额及与之相配套执行的各种费用定额及规定,企业内部制订的企业定额及价格标准。

(2) 工程量清单的计价方法。工程量清单的计价采用综合单价计价。所谓综合单价,是指按合同规定完成工程量清单项目工作内容的单位综合费用,包括人工费、材料费、机械费、管理费和利润等,并考虑一定风险因素的费用。上述费用的具体内容可参照各省、市、区的建设工程消耗量定额中的有关说明确定。综合单价计价是将综合单价分别填入相对应的工程量清单计价表中,再将已审定后的分部分项工程量乘以综合单价,累计后即得该工程分部分项工程造价,然后再分别按已确定的措施项目清单计价表、其他项目清单计价表中的项目内容,计算拟建工程的措施项目费用和其他项目费用,汇总后就得到该拟建工程的总造价。

(七) 编制投标文件

编制投标文件,应按招标文件规定的要求进行编制,一般不能带有任何附加条件,否则可能导致废标。

1. 投标文件的内容

投标文件应严格按照招标文件的各项要求来编制,一般来说投标文件的内容主要包括:

(1) 投标函。
(2) 投标函附录。
(3) 投标保证金。
(4) 法定代表人身份证明。
(5) 授权委托书。
(6) 具有标价的工程量清单与报价表。
(7) 施工组织设计。
(8) 辅助资料表。
(9) 资格审查表。
(10) 对招标文件的合同条款内容的确认和响应。
(11) 按招标文件规定提交的其他资料。

2. 投标文件编制的要点

(1) 对招标文件要研究透彻,重点是投标须知、合同条件、技术规范、工程量清单及图纸等。

(2) 为编制好投标文件和投标报价,应收集现行定额标准、取费标准及各类标准图集,收集掌握政策性调价文件及材料和设备价格情况等。

(3) 在投标文件编制中,投标单位应依据招标文件和工程技术规范要求,并根据施工现场情况编制施工方案或施工组织设计。

(4) 按照招标文件中规定的各种因素和依据计算报价,仔细核对,确保准确,在此基础上正确运用报价技巧和策略,并用科学方法做出报价决策。

(5) 填写各种投标表格。招标文件所要求的每一种表格都要认真填写,尤其是需要签章的一定要按要求完成,否则有可能会导致废标。

(6) 投标文件的封装。投标文件编写完成后要按招标文件要求的方式分装、贴封、签章。

(八) 投标文件的投递

投标文件编制完成,经核对无误,由投标人的法定代表人签字盖章后,分类装订成册封入密封袋中,派专人在投标截止日前送到招标人指定地点,投标人应从收件处领取回执作为凭证。投标人在规定的投标截止日前，在递进标书后，可用书面形式向招标人递交补充、修改或撤回其投标文件的通知，除招标文件要求的内容外，投标人还可在标书中写明有关建议和报价依据，并作出报价可以协商或有某种优惠条件等方面的暗示，以吸引招标人。如果投标人在投标截止日后撤回投标文件，投标保证金将得不到退还。

递送投标文件不宜太早，因市场情况在不断变化，投标人需要根据市场行情及自身情况对投标文件进行修改。递送投标文件的时间在招标人接受投标文件截止日前两天为宜。

（九）参加开标会，中标与签约

1. 开标会议

投标人应按规定的日期参加开标会。参加开标会议是获取本次投标招标人及竞争者公开信息的重要途径，以便于比较自身在投标方面的优势和劣势，为后续即将展开的工作方向进行研究，以便于决策。

2. 中标与签约

投标人收到招标单位的中标通知书，即获得工程承建权，表示投标人在投标竞争中获胜。投标人接到中标通知书以后，应在招标单位规定的时间内与招标单位谈判，并签订承包合同，同时还要向业主提交履约保函或保证金。如果投标人在中标后不愿承包该工程而逃避签约，招标单位将按规定没收其投标保证金作为补偿。

任务三　建设工程投标文件的编制

一、编制依据

（1）《招标投标法》《房屋建筑和市政基础设施工程施工招标文件范本》《工程建设施工招标投标管理办法》及相关的政策法规文件。

（2）招标文件中的投标须知、招标书及附表、工程量清单、技术规范等，包括工程范围、质量、工期要求等。

（3）现行定额、工程量计算的规则、综合单价、取费标准、税金、市场价格信息和各类有关标准图集，政策性调价文件。

（4）施工图纸及说明书。

（5）施工现场条件。

二、投标文件的组成

（一）资格预审申请文件的组成

资格预审申请文件由以下内容组成。

（1）投标人组织与机构、营业执照、资质等级证书。

（2）资源方面的情况，包括财务、管理、技术、劳动力、设备等情况。

(3) 近3年完成工程的情况。

(4) 目前正在履行的合同情况。

(5) 本企业各种奖励或者处罚资料。

(6) 与本合同资格预审有关的其他资料。

(二) 投标文件的组成

根据《工程建设项目施工招标投标办法》规定，投标文件由投标函、投标报价、施工组织设计以及商务和技术偏差表组成。

(1) 投标函及投标函附录：投标函的内容主要包括投标项目的投标总报价、总工期、工程质量标准、投标保证金的提交资料、中标后在规定的时间内签订合同以及各种承诺等。

(2) 投标报价主要是由投标总价、投标单价及投标单价分析组成。如果采用工程量清单招标，投标总价由分部分项工程量报价、措施项目清单报价、其他项目费、规费和税金组成。

(3) 施工组织设计主要由施工方案、施工保证措施、施工总平面图、材料计划表等组成。

三、投标文件的编制

投标文件应按招标文件的要求内容编制，由封面、目录和正文3部分组成。

封面应注明项目名称、标段号、日期，投标人应由单位盖章、法定代表人或其委托代理人签字。

目录应按投标文件的内容顺序编写，并注明页次。

正文是投标文件的关键部分，也是投标文件的最主要部分，内容主要包括投标函部分、商务标部分和技术标部分。主要有投标函及投标函附录、法定代表人身份证明、授权委托书、联合体协议书、投标保证金、已标价工程量清单、施工组织设计、项目管理机构、拟分包计划表、资格审查资料、其他资料等。

(一) 投标函及投标函附录

投标函及投标函附录是投标文件的重要组成部分，投标人应按照格式文本如实填写。

投标函是承包商向发包方发出的要约，投标函的格式文本通常对要约人的法律责任已经作出了统一的规定。填写时，投标人应对标价、工期、质量、履约担保等作出具体明确的意思表示，加盖投标人单位公章，并由法定代表人签字或盖章。

(1) 投标报价。投标报价是投标函的核心内容。投标函填写的标价是投标人的正式报价，必须根据投标报价文件中的投标总价，同时填写文字金额和数字金额，并确保两者完全相符。

(2) 工期。投标函的工期内容包括开、竣工日期和总工期日历天数，必须满足招标文件对工期的要求，并与本投标文件技术标中施工进度计划的开、竣工日期和总工期日历天数相符。

(3) 履约担保。按招标文件规定的数额填写。

(4) 投标担保。必须按招标文件规定的担保方式和金额填写，并在递交投标文件时按承诺的方式和金额提供投标保证。

投标函附录是明示投标文件中的重要内容和投标人的承诺的表格，应按招标文件要求和相关法律法规的要求填写。

（二）法定代表人身份证明及授权委托书

法定代表人身份证明是投标单位对法定代表人进行的身份证明，包括投标人名称、单位性质、单位地址、成立时间、经营期限、法定代表人的姓名、性别、年龄、职务等内容。

授权委托书是投标单位法定代表人委托代理人处理有关招标项目事宜的委托书，应注明委托期限，要由投标单位盖章，由法定代表人、委托代理人签字，并写明双方身份证号码。

法定代表人身份证明和授权委托书是证明投标人的合法性及商业资信的文件，必须如实填写。

（三）联合体协议的填写

联合体投标是指多个投标企业联合组成一个整体对招标项目进行投标。如果招标文件允许，且进行联合体投标，应签订联合体协议书。联合体协议书应注明所有联合体成员名称，指定牵头人、各成员单位的内部分工、对外承担连带责任的承诺，要由各成员单位盖章和法定代表人或其委托代理人签字，由委托代理人签字的，应附有法定代表人签字的授权委托书。

（四）投标保证金

投标保证金是由担保人为投标人向招标人提供的担保。如果投标人在规定的投标文件有效期内撤销或修改其投标文件的，或者投标人在收到中标通知书后无正当理由拒签合同或拒交规定履约担保的，担保人承担保证责任。

投标人应当按照招标文件要求的方式和金额将投标保证金随投标文件提交给招标人。投标人不按招标文件要求提交投标保证金的，该投标文件将被拒绝，作废标处理。

（五）已标价工程量清单

已标价工程量清单应按《建设工程工程量清单计价规范》和招标单位编制的招标项目工程量清单进行编制，主要包括以下内容。

(1) 投标总价。投标总价应注明招标人、工程名称、投标总价（含小写、大写）、投标人（单位盖章）、法定代表人或其授权人（签字或盖章）、编制人（造价人员签字盖专用章）和编制时间。投标总价应按工程项目总价表的合计金额填写。

(2) 工程项目投标报价汇总表。工程项目投标报价汇总表是各单项工程的合计。表中单项工程名称应按单项工程费汇总表的工程名称填写，金额应按单项工程费汇总表的合计金额填写，并列出其中的暂估价、安全文明施工费、规费。

(3) 单项工程投标报价汇总表。单项工程投标报价汇总表是各单位工程的合计。表中单位工程名称应按单位工程费汇总表的工程名称填写，金额应按单位工程费汇总表的合计金额填写，并列出其中的暂估价、安全文明施工费、规费。

项目三　建设工程投标

（4）单位工程投标报价汇总表。单位工程投标报价汇总表由分部分项工程量清单计价合计、措施项目清单计价合计、其他项目清单计价合计、规费、税金等几部分组成。金额应分别按分部分项工程量清单计价表、措施项目清单计价表、其他项目清单计价表，以及按有关规定计算的规费、税金的合计金额填写，分部分项工程金额还要列出其中的暂估价。

（5）分部分项工程量清单计价表。分部分项工程量清单计价表是根据招标文件编制的工程量清单进行计价，内容包括序号、项目编码、项目名称、项目特征描述、计量单位、工程量、综合单价、合价、暂估价、本页小计、合计等内容，其序号、项目编码、项目名称、项目特征描述、计量单位、工程量必须按分部分项工程量清单中的相应内容填写。

（6）工程量清单综合单价分析表。工程量清单综合单价分析表包括项目编码、项目名称、计量单位、清单综合单价组成明细（定额编号、定额名称、定额单位、数量、单价、合价）及主要材料费明细，其中单价、合价包括人工费、材料费、机械费、管理费、利润等内容，主要材料费明细包括主要材料名称、规格、型号、单位、数量、单价、合价、暂估单价、暂估合价等内容。工程量清单综合单价分析表应按招标人的要求填写，其项目编码、项目名称、综合单价必须按分部分项工程量清单中的相应内容填写。

（7）措施项目清单计价表。措施项目清单计价表中的序号、项目名称必须按措施项目清单中的相应内容填写，并根据投标工程的具体情况、投标单位的施工能力、技术和管理水平确定。投标人也可根据施工组织设计采取的措施增加项目。

（8）其他项目清单计价汇总表。其他项目清单计价汇总表由暂列金额、暂估价（材料暂估价、专业工程暂估价）、计日工、总承包服务费等组成。其暂列金额、材料暂估价、专业工程暂估价、计日工、总承包服务费分别按暂列金额明细表、材料暂估价格表、专业工程暂估价表、计日工表、总承包服务费计价表填写。暂列金额明细表、材料暂估价格表、专业工程暂估价表、计日工表由招标人填写。总承包服务费主要指由发包人发包专业工程和发包人供应材料给承包人增加的费用，其计价表由发包人填写，包括项目名称、项目价值、服务内容、费率、金额等内容。

（9）规费、税金项目清单计价表。规费包括工程排污费、工程定额测定费、社会保障费（养老保险费、失业保险费、医疗保险费）、住房公积金、危险作业意外伤害保险等项目，按有关规定计取。税金是指国家税法的规定计入建筑安装工程造价内的营业税、城市维护建设税及教育费附加等项目，按有关规定计取。

（六）施工组织设计

投标文件中的施工组织设计又称标前施工组织设计。标前施工组织设计可以比中标后编制的施工组织设计简略，编制的具体要求如下：

（1）编制标前施工组织设计应采用文字结合图表的形式阐述说明各分部分项工程的施工方法，以及施工机械设备，劳动力和材料采购、运输、使用等的计划安排。

（2）结合招标工程特点，提出切实可行的保证工程质量、安全生产、文明施工、工程进度的技术组织措施。

（3）必须对关键工序、复杂环节等重点提出相应的技术措施。例如，冬雨季施工技术措施、降低噪声和环境污染的技术措施、地下管线及其他相邻设施的保护加固措施等。

（七）项目管理机构

（1）项目管理机构组成表。项目管理机构的配备应根据工程大小和现场管理的需要确定，大中型工程的项目经理部通常配备项目经理、项目副经理、技术负责人、施工员、材料员、质量员、安全员，以及混凝土工、木工和钢筋翻样等技术岗位人员。投标人只要将配备人员的名单及其基本情况按规定表格格式如实填写即可。

（2）项目经理简历表。项目经理人选对投标人能否中标的影响较大，投标人应根据招标工程的特点和投标策略选派得力的项目经理，然后按规定格式如实填写本表。

（3）项目技术负责人简历表。投标人应根据招标工程的技术特征选派合适的技术负责人，并按规定格式如实编写。

（4）项目管理班子配备情况辅助说明资料。本资料由投标人自行设计填报的格式，主要填报下列情况：管理班子的机构设置及职责分工，项目班子主要成员执业资格证书等的复印证明资料，投标人认为有必要提供的其他资料。

（八）拟分包项目情况表

投标决策确定中标后拟将部分工程分包出去的，应按规定格式如实填表。如果不准备分包出去，则在规定表格内填"无"较好。

（九）资格审查资料

资格审查资料包括投标人基本情况表、近年财务状况表、近年完成的类似项目情况表、正在施工和新承接的项目情况表、近年发生的诉讼及仲裁情况等内容。

（十）其他材料

投标人认为有必要附加的材料，如投标人的营业执照、资质证书、近年获得的荣誉与奖励情况以及类似工程合同等。

四、投标文件的编制步骤

投标人在购买了招标文件后，就要进行投标文件的编制工作。编制投标文件的一般步骤如下。

（1）准备工作。首先熟悉招标文件的相关资料，如投标人须知、专用条款、图纸、工程范围以及工程量等，把所有疑问的部分做好书面记录并提交给招标方；参加现场踏勘、招标答疑及投标准备会议；考察人、材、机等的市场行情及价格；了解招标人和竞争对手的相关情况；了解与招标工程有关的其他情况。

（2）复核清单中的工程量，计算施工工程量（依据工程设计图纸、市场价格、相关定额及计价方法进行工程量及相应工程量费用计算）。

（3）根据招标文件的研究情况、图纸的研究情况、现场调查情况来选择施工方案，并编制施工组织设计。

（4）确定投标策略（主要是确定投标报价）。投标报价是投标人采取投标的方式承揽工程项目时，计算和确定承包该工程的投标总价格。报价是进行工程投标的核心环节，投标人要根据工程价格的构成对工程进行合理估价，可采用高价报价、中间价报价或者低价报价等策略,但是不得以低于成本的报价竞标。

(5) 形成、制作投标文件。投标文件应完全按照招标文件的各项要求编制,包括格式、内容、要求的相关资料、顺序、依据等。

(6) 投标文件的复核、成册、签字、盖章、密封。

五、制作投标文件的注意事项

投标文件是评标的主要依据,是投标者能否中标的关键文件。投标文件制作不当,容易引起废标,所以要认真对待招标文件中关于废标的条件,以免被判无效标。同时要注意以下几个问题。

(1) 投标文件正本应用不褪色墨水书写或打印。投标文件要按照招标文件的目录、格式的要求编制,当表格的内容书写不下时,可以按照表格的格式进行扩展。

(2) 招标文件中需要填写、回答的内容及问题,要给出明确的答复,不得有附加条件;投标文件应对招标文件有关工期、投标有效期、质量要求、技术标准和要求、招标范围等实质性内容作出全面具体的响应。

(3) 投标文件装订。投标文件正本与副本应分别装订成册,并编制目录,封面上应标记"正本"或"副本",正本和副本的份数应符合招标文件的规定。投标文件正本与副本都不得采用活页夹,并要求逐页标注连续页码,招标人对由于招标文件装订松散而造成的丢失或其他后果不承担任何责任。如果正、副本内容不一致以正本为准。

(4) 投标文件签署。投标函及投标函附录、已标价工程量清单(或投标报价表、投标报价文件)、调价函及调价后报价明细目录等内容,应由投标人的法定代表人或其委托代理人逐页签署姓名(该页正文内容已由投标人的法定代表人或其委托代理人签署姓名的不签署),并逐页加盖投标人单位印章或按招标文件签署规定执行。以联合体形式参与投标的,投标文件由联合体牵头人的法定代表人或其委托代理人按上述规定签署并加盖联合体牵头人单位印章。

(5) 投标文件当中的计算数据应前后一致,保证分项和汇总计算无错误。

(6) 投标文件中的文字应清晰,尽量不要修改。若修改,在修改处加盖法人单位公章。

(7) 投标文件应严格按照招标文件的要求和规定的格式编写。如有必要,可增加附页作为投标文件组成部分。

(8) 在招标文件规定的投标截止时间前,投标人可以修改或撤回已递交的投标文件,但应以书面形式通知招标人。修改的内容为投标文件的组成部分。修改的投标文件应按照招标文件规定进行编制、密封、标记和递交,并标明"修改"字样。

(9) 避免招标文件中规定的废标条件的情况出现。仔细阅读招标文件,按招标文件的要求逐项填写,需要签字、盖章、提供证明材料的项目不能漏项。

任务四 建设工程投标策略及报价技巧

一、投标策略的含义

投标策略是指承包商在投标竞争中的指导思想与系统工作部署及其参与投标竞争的方式和手段。投标策略作为投标取胜的方式、手段和艺术，贯穿于投标竞争的始终，内容十分丰富。在投标与否、投标项目的选择、投标报价等方面无不包含投标策略。

二、投标策略的内容

（1）以信取胜。这是依靠企业长期形成的良好社会信誉，技术和管理上的优势，优良的工程质量和服务措施，合理的价格和工期等因素争取中标。

（2）以快取胜。即通过采取有效措施缩短施工期，并保证进度计划的合理性和可行性，从而使招标工作早投产、早收益，以吸引业主。

（3）以廉取胜。其前提是保证施工质量，这对业主一般都具有较强的吸引力。从投标单位的角度出发，采取这一策略也可能有长远的考虑，即通过降价扩大任务来源，从而降低固定成本在各个工程上的摊销比例，既降低工程成本，又为降低新投标工程的承包价格创造了条件。

（4）靠改进设计取胜。通过仔细研究原设计图纸。若发现有明显不合理之处，可提出改进设计的建议和能切实降低造价的措施。在这种情况下，一般仍然要按原设计报价，再按建议的方案报价。

（5）采取以退为进的策略。当发现招标文件中有不明确之处并有可能据此索赔时，可报低价先争取中标，再寻求索赔机会。采用这种策略一般要在索赔事务方面具有相当成熟的经验。

（6）采用长远发展的策略。其目的不在于在当前的招标工程中获利，而着眼于发展，争取将来的优势，如为了开辟新市场、掌握某种有发展前途的工程施工技术等，宁可在当前招标工程上以微利甚至无利的价格参与竞争。

对于以上这些策略，投标单位应根据具体情况灵活地加以使用。

三、投标报价的技巧

为保证投标策略的有效实施，在投标报价中我们还需运用一些报价技巧。报价技巧是指在投标报价中采用一定的手法或技巧使业主可以接受，而在中标后又能获得更多利润的方法。其中比较常用的方法是不平衡报价法。

不平衡报价法是指一个工程项目的投标报价，在总价基本确定后，如何调整内部各个项目的报价，以期既不提高总价，不影响中标，又能在结算时得到更理想的经济效益的扣价方法。常见的不平衡报价法见表3-4。

项目三　建设工程投标

表 3-4　常见的不平衡报价法

序号	信息类型	变动趋势	不平衡结果
1	资金收入的时间	早	单价高
		晚	单价低
2	清单工程量不准确	需要增加	单价高
		需要减少	单价低
3	报价图纸不明确	可能增加工程量	单价高
		可能减少工程量	单价低
4	暂定工程	自己承包的可能性高	单价高
		自己承包的可能性低	单价低
5	单价和包干混合制项目	固定包干价格项目	单价高
		单价项目	单价低
6	单价组成分析表	人工费和机械费	单价高
		材料费	单价低
7	议标时招标人要求压低单价	工程量大的项目	单价小幅度降低
		工程量小的项目	单价较大幅度降低
8	没有明确工程是不是且需报单价的项目	没有工程量	单价高
		有假定的工程量	单价适中

四、常见的其他报价技巧

（1）多方案报价法。对于一些招标文件，如果发现工程范围不很明确，条款不清楚或很不公正，或技术规范要求过于苛刻，则要在充分估计投标风险的基础上，按多方案报价法处理。即按原招标文件报一个价，然后再提出，如某某条款作某些变动，报价可降低多少，由此可报出一个较低的价。这样可以降低总价，吸引招标人。

（2）突然袭击法。这是一种迷惑对手的方法，在整个报价过程中，仍按一般情况进行报价，甚至故意表现自己对该工程的兴趣不大，等快到投标截止时，再来一个突然降价（或加价），使竞争对手措手不及。采用这种方法是因为竞争对手们总是随时随地互相侦查着对方的报价情况，绝对保密是很难做到的，如果不搞突然袭击，你的报价被竞争对手知道后，就会根据你的报价修改他们的报价，从而使你的报价失去竞争力。

（3）无利润报价法。这种办法一般是在以下情况时采用，对于分期建设的项目，先以低价获得首期工程，而后赢得机会创造第二期工程中的竞争优势，并在以后的实施中盈利；某些施工企业其投标的目的不在于从当前的工程上获利，而是着眼于长远的发展；较长时期内，投标人没有在建的工程项目，如果再不得标，就难以维持生存，因此，虽然本工程无利可图，但只要能有一定的管理费以维持公司的日常运转，就可设法渡过暂时的困难，再图发展。

练习题

一、单选题

1. 招标文件应当载明投标有效期。投标有效期从（　　）起计算。
   A. 发布招标公告　　　　　　　B. 发售招标文件
   C. 提交投标文件截止日　　　　D. 投标报名

2. 投标人撤回已提交的投标文件，应当在投标截止时间前书面通知招标人。招标人已收取投标保证金的，应当自收到投标人书面撤回通知之日起（　　）日内退还。
   A. 3　　　　　B. 5　　　　　C. 7　　　　　D. 15

3. 一个工程项目的投标报价，在总价基本确定后，如何调整内部各个项目的报价，以期既不提高总价，不影响中标，又能在结算时得到更理想的经济效益的方法，称为（　　）。
   A. 多方案报价法　　　　　　　B. 无利润报价法
   C. 突然袭击法　　　　　　　　D. 不平衡报价法

4. 下列制作投标文件的注意事项，说法错误的是（　　）。
   A. 投标文件正本应用不褪色墨水书写或打印
   B. 投标文件正、副本内容不一致以正本为准
   C. 以联合体形式参与投标的，投标文件可以由联合体任何一方法定代表人或其委托代理人签署并加盖其公司的单位印章
   D. 投标文件当中的计算数据应前后一致，保证分项和汇总计算无错误

5. 投标保证金一般不得超过招标项目估算价的（　　）。
   A. 1%　　　　B. 2%　　　　C. 3%　　　　D. 4%

6. 投标单位在投标报价中，对工程量清单中的每一单项均需计算填写单价和合价，在开标后，发现投标单位没有填写单价和合价的项目，则（　　）。
   A. 允许投标单位补充填写
   B. 视为废标
   C. 退回投标书
   D. 认为此项费用已包括在工程量清单的其他单价和合价中

7. 关于投标保证金，下列说法不正确的是（　　）。
   A. 工程建设项目招标投标中，投标保证金一般不得超过项目估算的 2%，最高不得超过 80 万元人民币
   B. 投标保证金的有效期与投标有效期一致
   C. 投标人的投标保证金需从本单位的唯一基本账户转出，不得从其他账户转出
   D. 招标人应当在与中标人签订合同后 7 日内，向投标人退还投标保证金及银行同期存款利息

二、多选题

1. 综合单价是指按合同规定完成工程量清单项目工作内容的单位综合费用。包括（　　）费用。
   A. 人工费　　　　　　　　　　B. 材料费
   C. 机械费　　　　　　　　　　D. 管理费和利润
   E. 税金

2. 投标小组应由（　　）组成。
   A. 经营管理人员　　　　　　　B. 专业技术人员
   C. 商务金融人员　　　　　　　D. 公关人员
   E. 销售人员

3. 投标报价的编制方法有（　　）。
   A. 估算法　　　　　　　　　　B. 定额计价法
   C. 清单计价法　　　　　　　　D. 头脑风暴法
   E. 企业法

4. 下列属于《招标投标法实施条例》规定的，属于投标人之间相互串标的是（　　）。
   A. 投标人之间协商投标报价等投标文件的实质性内容
   B. 投标人之间约定中标人
   C. 投标人之间约定部分投标人放弃投标或者中标
   D. 投标人以他人名义投标
   E. 属于同一集团、协会、商会等组织成员的投标人按照该组织要求协同投标

5. 下列属于《招标投标法实施条例》规定的，属于招标人和投标人串标的是（　　）。
   A. 招标人直接或间接向投标人泄露评标委员会成员信息
   B. 招标人在开标前开启投标文件并将有关信息泄露给其他投标人
   C. 招标人直接或间接向投标人泄露标底
   D. 招标人授意投标人撤换、修改投标文件
   E. 招标人拒绝投标人的行贿行为

三、思考题

1. 建设工程项目投标程序包括什么？
2. 建筑工程施工投标的主要工作有哪些？
3. 投标文件的内容有哪些？
4. 简述投标报价的编制方法？

项目四 建设工程开标、评标、定标与签订合同

学习目标

(1) 了解开标、评标与定标的组织工作。
(2) 掌握开标、评标与定标各个阶段的主要工作内容与工作步骤。
(3) 掌握评标的常用工作方法。
(4) 掌握签订合同的原则。

任务一 建设工程开标

一、建设工程开标活动

开标,即在招标投标活动中,由招标人主持,在招标文件预先载明的开标时间和开标地点,邀请所有投标人参加,公开宣布全部投标人的名称、投标价格及投标文件中其他重要内容,使招标和投标当事人了解各个投标的关键信息,并且将相关情况记录在案。开标是招标投标活动中公开原则的重要体现。

(一) 开标时间和地点

《招标投标法》第三十四条规定:"开标应当在招标文件确定的提交投标截止时间的同一时间公开进行;开标地点应当为招标文件中预先确定的地点。"

1. 开标时间

开标时间和提交投标文件截止时间应为同一时间,应具体确定到某年某月某日的几时几分,并在招标文件中明示。法律之所以如此规定,是为杜绝发生招标人和个别投标人非法串通,在投标文件截止时间之后,视其他投标人的投标情况修改个别投标人的投标文件,从而损害国家和其他投标人利益的情况。招标人和招标代理机构必须按照招标文件中的规定按时开标,不得擅自提前或拖后开标,更不能不开标就进行评标。

2. 开标地点

开标地点应在招标文件中具体明示。开标地点可以是招标人的办公地点或指定的其他

项目四 建设工程开标、评标、定标与签订合同

地点,但应具体确定到要进行开标活动的房间,以便投标人和有关人员准时参加开标。

3. 开标时间和地点的修改

如果招标人需要修改开标时间和地点,应以书面形式通知所有招标文件的收受人。如果涉及房屋建筑和市政基础设施工程施工项目招标,根据《房屋建筑和市政基础设施工程施工招标投标管理办法》的规定,招标文件的澄清和修改均应在通知招标文件收受人的同时报工程所在地的县级以上地方人民政府建设行政主管部门备案。

(二) 开标参与人

《招标投标法》第三十五条规定:"开标由招标人主持,邀请所有投标人参加。"对于开标参与人,应注意下面几个问题。

(1) 开标由招标人主持,也可以委托招标代理机构主持。在实际招标投标活动中,绝大多数为委托招标项目,开标都是由招标代理机构主持的。

(2) 招标人邀请所有投标人参加开标是法定的义务,投标人自主决定是否参加开标会是法定的权利。但是在实施过程中,要求投标人都必须带授权证明文件参加开标会议,当场确定一些开标的重要内容,比如证件核查的结果、标书密封的检查结果、唱标记录结果等重要文件。

(3) 根据项目的不同情况,招标人可以邀请除投标人以外的其他方面相关人员参加开标。根据《招标投标法》第三十六条的规定,招标人可以委托公证机构对开标情况进行公证。在实际的招标投标活动中,招标人经常邀请行政监督部门、纪检监察部门等参加开标,对开标程序进行监督。

二、建设工程开标程序

开标会议有两项主要内容:一是接受投标文件的投递并检查投标文件的密封情况;二是唱标,即当众公布各投标文件的主要内容。《招标投标法》第三十六条规定:"开标时,由投标人或者其推选的代表检查投标文件的密封情况,也可以由招标人委托的公证机构检查并公证;经确认无误后,由工作人员当众拆封,宣读投标人名称、投标价格和投标文件的其他主要内容。招标人在招标文件要求提交投标文件的截止时间前收到的所有投标文件,开标时都应当当众予以拆封、宣读。开标过程应当记录,并存档备查。"

(一) 招标人签收投标文件

在开标当日,投标文件递交截止时间之前,招标人要留一定的时间给投标人递送投标文件。开标当日之前递交的投标文件招标人也要办理签收手续,由招标人携带到开标现场。递交投标文件的同时,招标人一般要求核查递交文件的人的合法授权身份和投标的一些重要证件,并要求投标代表进行签到。

(二) 开标程序

通常,主持人按下列程序进行开标。

(1) 宣布开标纪律。

(2) 公布在投标截止时间前递交投标文件的投标人名称,并点名确认投标人是否到场。

（3）宣布开标人、唱标人、记录人、监标人等有关人员姓名。

（4）当众检查投标文件密封情况。检查由投标人或者其推选的代表进行，如果招标人委托了公证机构对开标情况进行公证，也可以由公证机构检查并公证，如果投标文件未密封，或者存在拆开过的痕迹，则不能进入后续的程序。

（5）公布投标截止时间前递交投标文件的投标人、投标标段、递交时间，并按招标文件规定宣布开标次序，公布标底或投标控制价。

（6）当众拆封所有的投标文件。招标人或者其委托的招标代理机构的工作人员应当对所有在投标文件截止时间之前收到的合格的投标文件在开标现场当众拆封。

（7）唱标。招标人或者其委托的招标代理机构工作人员应当根据法律规定和招标文件要求进行唱标，即宣读投标人名称、投标价格和投标文件的其他主要内容。

（8）记录并存档。招标人或者其委托的招标代理机构应当场制作开标记录，记载开标时间、地点、参与人、唱标内容等情况，并由参加开标的投标人代表签字确认，开标记录应作为评标报告的组成部分存档备查。

《工程建设项目施工招标投标办法》规定，开标时，发现有下列情形之一的投标文件，招标人不予受理：①逾期送达的或者未送达到指定地点的。②投标文件未按照招标文件的要求予以密封。

如果开标的时候，满足开标要求的投标人少于3个的，招标人应重新招标。如果开标的时候投标人有异议的，应在开标现场提出，招标人应当当场作出答复，并做好记录。

任务二　建设工程评标

一、组建评标委员会

评标就是由招标人依法组建的评标委员会，根据招标文件中规定的评标办法、评标标准对所有的投标文件进行评审和比较，并向招标人书面报告评标结果，推荐中标人。评标工作是招标工作的关键所在。

（一）评标委员会

1. 评标委员会的组织要求

评标委员会由招标人负责依法组建，负责评标活动，向招标人推荐中标候选人，或者根据招标人的授权直接确定中标人。评标委员会由招标人或其委托的招标代理机构熟悉相关业务的代表，以及有关技术、经济方面的专家组成，成员人数为5人以上的单数，其中技术、经济方面的专家不得少于成员总数的2/3。评标委员会设负责人的，负责人由评标委员会成员推举产生或者由招标人确定，评标委员会负责人与评标委员会的其他成员有同等的表决权。

评标委员会的专家成员应当从省级以上人民政府有关部门提供的专家名册或者招标代理机构专家库内的相关专家名单中确定。确定评标专家，可以采取随机抽取或者直接确定的方式。一般项目，可以采取随机抽取的方式；技术特别复杂、专业性要求特别高或者国家有特殊要求的招标项目，采取随机抽取方式确定的专家难以胜任的，可以由招标人直接确定。评标委员会成员名单在开标前确定，在中标结果宣布前应当保密。2001年7月5日，国家发布的《评标委员会和评标方法暂行规定》对评标活动规定得更加具体、规范。

2. 评标委员会的成员条件

（1）从事相关专业领域工作满8年，并具有高级职称或者同等专业水平。

（2）熟悉有关招标投标的法律法规，并具有与招标项目相关的实践经验。

（3）能够认真、公正、诚实、廉洁地履行职责。

3. 评标委员会成员回避制度

有下列情形之一的人员，应当主动提出回避，不得担任评标委员会成员。

（1）招标人或投标人主要负责人的近亲属。

（2）项目主管部门或行政监督部门的人员。

（3）与投标人有经济利益关系，可能影响投标公正评审的人员。

（4）曾因在招标、评标以及其他与招标投标有关活动中从事违法行为而受过行政处罚或刑事处罚的。

评标委员会成员应当客观、公正地履行职责，遵守职业道德，对评审意见承担个人责任。评标委员会成员不得私下接触任何投标人或者与招标结果有利害关系的人，不得收受他们的财物或者其他好处，不得透露与评标有关的情况；不得向招标人征询确定中标人的意见，不得接受任何单位或者个人明示或暗示提出的倾向性要求；不得有其它不客观、不公正的履行职务的行为。

4. 评标委员会成员的抽取时间

按照《招标投标法》和《评标委员会和评标方法暂行规定》，在招标文件中规定评标委员会成员的组成人数、专业构成。

评标委员会成员名单一般在开标的同一天抽取。一般根据专家的居住情况和评标地点的远近来决定提前抽取的时间。为防止串标，一般在开标前2小时以内抽取，抽取后，名单要保密；如果需要提前一天抽取的，抽取后，要集中评标委员会的成员。

（二）评标的原则

评标是招投标的核心环节。投标的目的是中标，而决定目标能否实现的关键是评标。评标的原则是：公开、公平、公正原则，评标合理原则，工期适当原则，尊重业主自主权原则，评标方法科学、合理原则。《招标投标法》对评标有原则性的规定，为了规范评标过程，按照我国《招标投标法》的规定，招标人应当采取必要的措施，保证评标在严格保密的情况下进行。

评标委员会按照招标文件规定的评标标准和方法，客观、公正地对投标文件提出评审意见。招标文件没有规定的评标标准和方法不得作为评标的依据。

二、评标程序

评标由招标人依法组建的评标委员会负责。评标委员会应当充分熟悉、掌握招标项目的主要特点和需求，认真阅读研究招标文件及其评标办法、评审因素和标准、主要合同条款、技术规范等一并按照以下步骤进行评标：评标准备→初步评审→详细评审→澄清→说明或补正→推荐中标候选人或者直接确定中标人及提交评标报告。

（一）评标准备

评标委员会首先推选一名评标委员会主任，或者由招标人直接指定。评标委员会主任负责评标活动的组织领导工作，在与其他评标委员会成员协商的基础上，将评标委员会划分为技术组和商务组，并组织评标委员会成员认真研究招标文件，了解和熟悉招标目的、招标范围、主要合同条件、技术标准和要求、质量标准和工期要求等，掌握评标标准和方法。

招标人或招标代理机构应向评标委员会提供评标所需的信息和数据，主要包括：招标文件，未在开标会上当场拒绝的各投标文件，开标会记录，资格预审文件及各投标人在资格预审阶段递交的资格预审申请文件（适用于已进行资格预审的），招标控制价或标底，有关的法律、法规、规章、国家标准以及招标人或评标委员会认为必要的其他信息和数据。

在不改变投标人投标文件实质性内容的前提下，评标委员会应当对投标文件进行基础性数据分析和整理（简称为"清标"），从而发现并提取其中可能存在的对招标范围理解的偏差，投标报价的算术错误、错漏项，投标报价构成不合理、不平衡报价等存在明显异常的问题，并就这些问题整理形成清标成果。评标委员会对清标成果审议后，决定需要投标人进行书面澄清、说明或补正的问题，形成质疑问卷，向投标人发出问题澄清通知（包括质疑问卷）。投标人接到问题澄清通知后，应按评标委员会的要求提供书面澄清资料并按要求进行密封。在规定的时间递交到指定地点。投标人递交的书面澄清资料由评标委员会开启。

在建设项目施工评标中，如果招标文件没有其他规定，对于实质性响应招标文件要求的投标进行报价评估时，可作如下修正：①用数字表示的数额和用文字表示的数额不一致时，以文字数额为准；②单价与工程量的乘积与总价之间不一致时，以单价为准。若单价有明显的小数点错位，应以总价为准并修改单价。修正调整后的单价经投标人确认后产生约束力。

投标文件不响应招标文件实质性要求的，招标人应当拒绝，不允许投标人通过修正或撤销其不符合要求的差异，使之成为响应性的投标。

（二）初步评审

初步评审是评标委员会按照招标文件确定的评标标准和方法，对投标文件进行形式、资格、响应性评审。经评审认定投标文件没有重大偏离，实质上响应招标文件要求的，才能进入详细评审。

初步评审内容包括形式评审、资格评审、响应性评审。工程施工招标采用经评审的最低投标价法时，还应对施工组织设计和项目管理机构的合格响应进行初步评审。

1. 形式评审

（1）投标文件是否按照招标文件规定的格式和内容填写，字迹是否清晰可辨。

（2）投标文件提交的各种证件或证明材料是否齐全、有效和一致，包括营业执照、资质证书、相关许可证、相关人员证书、各种业绩证明材料等。

（3）投标人的名称、经营范围等与投标文件中的营业执照、资质证书、相关许可证是否一致有效。

（4）投标文件法定代表人身份证明或法定代表人的代理人是否有效，投标文件的签字、盖章是否符合招标文件规定，如有授权委托书，则授权委托书的内容和形式是否符合招标文件规定。

（5）如有联合体投标，应审查联合体投标文件的内容是否符合招标文件的规定，包括联合体协议书、牵头人、联合体成员数量等。

（6）投标报价是否唯一。一份投标文件只能有一个投标报价，在招标文件没有规定情况下，不得提交选择性报价，如果提交有调价函，则应审查调价函是否符合招标文件规定。

2. 资格评审

适用于未进行资格预审程序的评标，即资格后审。

根据招标文件后面所附的资格审查条件，审核投标人的资格是否达到要求。如果达不到要求，不再进行下一步的评审。

3. 响应性评审

（1）投标的内容范围。投标文件是否符合招标范围和内容，有无实质性偏差。

（2）项目完成期限（工期、服务期、供货时间）。投标文件载明的完成项目的时间是否符合招标文件规定的时间，并提供响应时间要求的进度计划安排的图表等。

（3）项目质量要求。投标文件是否符合招标文件提出的工程质量目标、标准要求。

（4）投标有效期。投标文件是否承诺招标文件规定的有效期。

（5）投标保证金。投标人是否按照招标文件规定的时间、方式、金额及有效期递交投标保证金或银行保函。

（6）投标报价。投标人是否按照招标文件规定的内容范围及工程量清单进行报价，是否存在算术错误，并需要按规定修正。招标文件设有招标控制价的，投标报价不能超过招标控制价。

（7）合同权利和义务。投标文件中是否完全接受并遵守招标文件合同条件约定的权利、义务，是否对招标文件合同条款有重大保留、偏离和不响应内容。

（8）技术标准和要求。投标文件的技术标准是否响应招标文件要求。

4. 施工组织设计和项目管理人员

采用经评审的最低投标价法的初步评审因素和标准，还应包括工程施工组织设计和项目管理人员。经评审的最低投标价法的初步评审因素和标准如下。

（1）施工部署的完整性、可行性。

（2）施工方案与方法的针对性、可行性。

（3）工程质量管理体系与措施的可靠性。

（4）工程进度计划与措施的可靠性。

（5）安全管理体系与措施的可靠性。

(6) 环境管理体系与措施的可靠性。
(7) 施工机械设备配置的数量、性能和匹配性。
(8) 劳动力配置的适应性。
(9) 项目管理机构主要负责人员的任职资格与业绩。

上述初步评审的各项评审因素属于定性评审，投标文件的任何一项因素不符合评审标准均构成废标，不能进入详细评审，故其评审因素和标准的设立要非常审慎、严谨。

评标委员会应当审查每份投标文件，有下列情形之一的，经评标委员会评审认定后作废标处理。

(1) 投标文件无单位盖章且无法定代表人或其授权代理人签字或盖章的，或者虽有代理人签字但无法定代表人出具的授权书的。
(2) 没有按照招标文件要求提交投标保证金的。
(3) 联合体投标未附联合体各方共同投标协议书的。
(4) 投标函未按招标文件规定的格式填写，内容不全或关键字迹模糊无法辨认的。
(5) 投标人不符合国家或招标文件规定的资格条件的。
(6) 投标人名称或组织结构与资格预审时不一致且未提供有效证明的。
(7) 投标人提交两份或多份内容不同的投标文件，或在同一份文件中对同一招标项目有两个或多个报价，且未声明哪一个为最终报价的，但按招标文件要求提交备选投标的除外。
(8) 串通投标、以行贿手段谋取中标、以他人名义或者其它弄虚作假方式投标的。
(9) 投标报价低于成本或者高于招标文件设定的最高投标限价的。
(10) 无正当理由不按照要求对投标文件进行澄清、说明或补正的。
(11) 不符合招标文件提出其他商务、技术的实质性要求和条件的。
(12) 招标文件明确规定可以废标的其他情形。

5. 投标偏差

部分投标文件完全响应招标文件的要求，评标委员会可以直接对其进行详细评审。部分投标文件响应招标文件有偏差。投标偏差分为重大偏差和细微偏差。评标委员会应当根据招标文件，审查并逐项列出投标文件全部投标偏差。投标文件存在重大偏差时，按废标处理。

(1) 重大偏差的情况：①没有按照招标文件要求提供投标担保或者所提供的投标担保有瑕疵；②投标文件没有投标人授权代表签字和未加盖公章；③投标文件载明的招标项目完成期限超过招标文件规定的期限；④明显不符合技术规格、技术标准的要求；⑤投标文件载明的货物包装方式、检验标准和方法等不符合招标文件的要求；⑥投标文件附有招标人不能接受的条件；⑦招标文件对重大偏差另有规定的，从其规定。

(2) 一般偏差：是指投标文件在实质上响应招标文件要求，但在个别地方存在漏项或者提供了不完整的技术信息和数据等情况，并且这些遗漏或者不完整不会对其他投标人造成不公平结果的投标偏差。细微偏差不影响投标文件的有效性。

(三) 详细评审

详细评审是评标委员会根据招标文件确定的评标办法、因素和标准，对通过初步评审的投标文件作进一步的评审、比较。详细评审的主要方法有经评审的最低投标价法和综合评估法。

评标委员会经评审，认为所有投标人都不符合招标文件要求的，可以否决所有投标。依法必须进行招标的项目的所有投标被否决的，招标人应当依照《招标投标法》重新招标。重新招标后投标人少于3个的，属于必须审批的工程建设项目，报经原审批部门批准后可以不再进行招标；其他工程建设项目，招标人可自行决定是否不再进行招标。

（四）编写评标报告

评标结果是由评标委员会按照得分由高到低的顺序推荐中标候选人，并在完成评标后向招标人提出书面评标结论性的报告。评标报告的内容如下。

(1) 基本情况和数据表。
(2) 评标委员会成员名单。
(3) 开标记录。
(4) 符合要求的投标一览表。
(5) 废标情况说明。
(6) 评标标准、评标方法或者评审因素一览表。
(7) 经评审的价格或者评分比较一览表。
(8) 经评审的投标人排序。
(9) 推荐的中标候选人名单与签订合同前要处理的事宜。
(10) 澄清、说明、补正事项纪要。

评标委员会推荐的中标候选人应当限定在1~3人，并标明排列顺序。评标报告由评标委员会全体成员签字，对评标结论持有异议的评标委员会成员可以书面阐述其不同意见和理由；拒绝在评标报告上签字且不陈述其不同意见和理由的，视为同意评标结论，评标委员会应当对此作出书面说明并记录在案。

三、工程评标方法

评标方法一般包括经评审的最低投标价法、综合评估法或者法律、行政法规允许的其他评标办法。招标人应选择适宜招标项目特点的评标办法。

（一）经评审的最低投标价法

经评审的最低投标价法，是指对招标文件作出了实质性响应，在技术和商务部分能满足招标文件的前提下，将投标人的报价经过算术错误纠正、折算、为遗漏和偏差进行调整以及其他规定的评比因素修正后得出的最低报价推荐为中标人的方法。

经评审的最低投标价法是以评审价格作为衡量标准，它将一些因素（不含投标文件的技术部分）折算为价格，然后再计算其评标价。

评标价的折算因素主要有：①工程项目工期的提前量；②投标标书中的优惠及其幅度；③合理化建议生成的经济效益。

经评审的最低投标价法强调的是优惠而合理的价格，适用于具有通用技术、性能标准或者招标人对其技术、性能没有特殊要求，工期较短，质量、工期、成本受不同施工方案影响较小，工程管理要求一般的施工招标的评标。

《招标投标法实施条例》规定，标底只能作为评标的参考，不可以投标报价是否接近标底作为中标条件。经评审的最低投标价法对投标报价进行评议的具体方法有：①资格审查是否是合格单位；②初步评审是否满足招标文件的实质性要求；③技术方案能否通过合格性评审；④经评审的投标价格是否是最低的。

采用经评审的最低投标价法评审，一般不事先设定基准价以评审后的价格为准。

（二）综合评估法

1. 常见综合评估法

综合评估法按其具体分析方式的不同，可分为定性综合评估法和定量综合评估法。

(1) 定性综合评估法由评标组织对工程报价、工期、质量、施工组织设计、主要材料消耗、安全保障措施、业绩、信誉等评审指标分项进行定性比较分析，综合考虑，经过评估后，选择其中被大多数评标组织成员认为各项条件都比较优良的投标人为中标人，也可用记名或无记名投票表决的方式确定中标人。

定性综合评估法的特点是不量化各项评审指标，一般按从优到劣的顺序对各投标人排列名次，排序第一名的即为中标人。

(2) 定量综合评估法又称打分法、百分制计分评议法。通常是事先在招标文件或评标定标办法中将内容进行分类，形成若干评审因素，并确定各项评审因素在百分中占的比例和评分标准，开标后由评标组织中的每位成员按评标规则进行打分，最后统计投标人的得分，得分最高者（排序第一名）即为中标人。

2. 综合评估法的评审因素

由于综合评估法不是将价格因素作为评审的唯一指标，因此就有一个评审指标如何设置的问题。综合评估法的评审指标设置见表 4-1。

表 4-1 综合评估法的评审指标

投标报价	评审指标
施工方案	评审施工方案是否齐全、完整、科学合理，包括：①施工方法是否先进，合理；施工进度计划及措施是否科学、合理、可靠，能否满足招标人关于工期或竣工计划的要求。②质量保证措施是否切实可行。③安全保证措施是否可靠。④现场平面布置及文明施工措施是否合理可靠。⑤主要机械设备及投入劳动力是否合理。⑥提供的材料设备能否满足招标文件及设计要求。⑦项目主要管理人员及工程技术人员的数量和资历
质量	评审工程质量是否达到国家施工验收规范合格标准或优良标准。质量是否符合招标文件要求。质量措施是否全面且是否可行
工期	指工程施工期，由工程正式开工之日到施工单位提交竣工报告之日止的期间。评审工期是否满足招标文件的要求
信誉和业绩	包括：①经济、技术实力，项目经理施工经历和正在施工的任务。②近期施工承包合同履约情况。③服务态度。④是否承担过类似工程。⑤近期获得的优良工程及优质以上的工程情况，优良品率。⑥经营作风和施工管理情况。⑦是否获得过省部级、地市级的表彰和奖励。⑧企业的社会整体形象

定量综合评估法主要特点是要量化各评审因素。对各评审指标的量化，也就是评审因

素的分值分配和具体打分标准的确定。

采用打分法时，确定各个单项评审因素分值分配的做法多种多样，一般需要考虑的原则有下列几项：

（1）各评审因素在整个评标指标中的地位和重要性。在所有评审因素中，重要或比较重要的评审因素所占的分值应高些，不重要或不太重要的评审因素所占的分值应低些。

（2）各评审因素对竞争性的体现程度。对竞争性体现程度高的评审因素，即不只是某一投标人的强项，而一般来讲对所有的投标人都具有较强的竞争性的因素，如价格因素等，所占分值应高些；而对竞争性体现程度不高的评审因素，即对所有投标人而言共同的竞争性不太明显的因素，如质量因素等，所占分值应低些。

（3）各评审因素对招标意图的体现程度。单项分值的分配，在坚持公平、公正的前提下，可以根据招标意向的不同侧重点而进行设置。能明显体现出招标意图的评审因素所占的分值可适当高些，不能体现招标意图的评审因素所占的分值可适当低些。如为了突出对工程质量的要求高，可以将施工方案、质量等因素所占的分值适当提高些；为了突出工期紧迫，可以将工期等因素所占的分值适当提高些；为了突出对履约信誉的重视，可以将信誉、业绩等因素所占的分值适当提高些。

（4）各评审因素与资格审查内容的关系。在确定各个单项因素的分值分配时，也应考虑采用资格预审和资格后审的差异性，处理好评审因素与资格审查内容的关系。对某些评审因素，如在资格预审时已作为审查内容审查过了，其所占分值可适当低些；如资格预审未列入审查内容或是采用资格后审的，其所占分值可适当高些。

3. 各评审因素的分值

所有评审因素的总分值一般都是 100 分。其中分配范围是：投标报价 60～80 分，施工组织设计 10～30 分，项目管理机构 0～5 分，其他 0～5 分。评标过程中，评标委员会根据招标项目的特点和招标文件中规定的需要量化的因素及评分标准进行评分。

（1）对投标报价的评分。投标报价所占的分值，可以根据具体情况在 100 分之内设定为 60～80 分。

对投标报价的打分，需要确定评标基准价和计分方式。

①确定评标基准价作为评分参照的价格，即评分时可以得满分的价格。以评标基准价来衡量各投标人的投标报价，达到评标基准价的，给满分；未达到的，即偏离评标基准价的，每偏离一定的幅度或每增减一定的比例，扣除一定的分值，最后得出该投标报价应得的分数。

在打分法中，评标基准价的确定要与计分方式结合起来，才能给各投标报价进行实际打分。最接近这个评标基准价的投标报价得分最高。评标基准价的确定方法一般有三种：各投标人的投标报价的算术平均值为 A，控制价为 B，取 A 和 B 的不同权重值之和为评标基准价；以低于控制价一定幅度以内的各投标报价的平均值为 A，控制价为 B，然后取 A 和 B 不同的权重值之和为评标基准价；不设控制价的，以投标报价的平均值为界限，低于平均值的有效报价的平均值为评标基准价。

②确定计分方式，即确定对各投标报价进行评分时所采用的具体计分规则。计分方式按不同的划分方法可分为以下几种：

a. 限制式和无限制式计分法。限制式计分法即评分时对投标报价设置一定的限制范围，无限制式计分法则对投标报价不设置限制范围。采用限制式计分法，对投标报价限制范围的设置方式多种多样，一般主要是以围绕评标基准价的一定浮动幅度，如$-5\%\sim+3\%$，$-7\%\sim+3\%$，$-10\%\sim+2\%$，$-15\%\sim+2\%$等为限制范围。超出上述限制范围的，不参加评标计分或以0分计算。《招标投标法实施条例》规定，不得以投标报价是否接近标底为中标条件，也不得以投标报价超过标底上下浮动范围为否决投标的条件。所以使用限制式计分法要慎重合理。采用无限制式计分法时，对所有评标报价都要计分，不会出现因超出限制范围而丧失评标计分的机会。

b. 间断式和连续式计分法。间断式计分法即对投标报价采用不同标价幅度的不同分数的跳跃式分值设定，连续式计分法则对投标报价采用内插的方法计分。

c. 对称式和不对称式计分法。对称式计分法是指当有效投标报价偏离评标基准价时，每增加一个百分点或减少一个百分点相应扣除同样的分数的方法。不对称式计分法是指当有效投标报价偏离评标基准价时，每增加一个百分点或减少一个百分点时按不同的幅度给予扣分或加分的方法。通常增加时扣分多，减少时扣分少。也有增加时扣分，减少时加分的情况。还有增加时扣分，减少时先加分，当减少到某个值时再扣分的情况。

上述各种计分方式可以结合起来使用。

（2）对施工方案或施工组织设计的评分。施工方案或施工组织设计所占的分值，可以根据具体情况在100分之内设定为10～30分。

对投标文件中的施工方案可以先将其内容分解为若干个（一般为8～10个）子项，如施工准备及布置，现场总平面布置图，工程总体网络进度计划，主要施工机具配置情况，主要劳动力配置情况，预制构件、半成品及建材进场计划，技术、质量保证措施，安全生产和文明施工保证措施，项目主要管理人员及工程技术人员的数量和资历，主要部位（基础、主体、钢筋混凝土、装饰、水、暖、电、卫、楼地面、屋面防水）施工方法等，并分别对每一子项设定相等或不相等的子分值（如每一子项各占1～2分，或者有的占1分，有的占2分，有的占3分等），然后就每一子项进行打分。

打分的一般标准是：招标文件中有此项内容的，即可得基本分（一般为满分的50％）；内容有欠缺或不科学、不合理的，适当扣分（高于基本分低于满分）；内容科学、合理、可靠，符合招标文件要求，没有欠缺的，得满分。

为了保证对施工方案或施工组织设计的评分做到恰当、公正，减少打分的随意性，必要时也可采用请投标人进行答辩的方式分别进行评分。

除了施工方案或施工组织设计存在严重失误或重大错误，导致投标人不可获得中标机会的以外，对施工方案或施工组织设计的评分一般不能给予低于占该项评审因素总分值60％的分数。

（3）对质量的评分。质量所占的分值，可以根据具体情况在100分之内设定为5～25分。

对投标文件中质量的评分，主要看是否符合招标文件的要求。

招标文件对质量的要求，通常是要达到国家施工验收规范合格标准或优良标准，对质量的评分标准一般是满足招标文件要求，质量措施全面和可行的，得满分；质量措施有欠缺的，适当扣分；未满足招标文件要求的，不参加评标计分。

有时，也将质量这一评审因素分解为招标文件质量要求满足程度、质量创优情况等两三个子项，并分别对每一子项设定一定的子分值，如满足招标文件的，给 10 分；获国家优质工程一次的，给 3 分；获省级优质工程一次的，给 2 分；获市级优质工程一次的，给 1 分；获优质工程一次的，给 0.5 分。

优质工程需以相应的证书原件或复印件为凭，在时间上一般为上一年度获得的，有的也可以是前两三年度获得的。对获奖工程的具体时效性要求，可按有关规定或工程具体情况来定。

（4）对主要材料用量的评分。对主要材料（三大材）用量的打分可以作为比较投标报价的补充手段。

主要材料用量所占的分值，可以根据具体情况在 100 分之内设定为 0~10 分。主要材料用量可以以审定的标底为准。投标文件中主要材料用量在标底主要材料用量的不同幅度内偏差的给不同的分。一般的打分标准是：在±3%以内的给 3 分；在±5%以内的给 1 分；超出此范围的不得分。

（5）对信誉的评分。信誉所占的分值，可以根据具体情况在 100 分之内设定为 5~10 分。

反映投标人信誉的具体因素主要包括：①投标人资质等级情况；②近期施工承包合同履约情况（履约率）；③服务态度和经营作风；④近期有关综合表彰、单项评比的获奖情况；⑤重合同、守信用称号获得情况；⑥优良品率；⑦社会形象等。

对投标人信誉进行评分，可以先将反映其信誉的各个具体因素细分出来，然后在信誉这项评审因素所占的分值内再分别对细化出来的每一子项设定相等或不相等的一定的子分值，最后就每一子项进行评分。打分的一般标准是：投标文件中有此项内容的，即可得基本分；内容有欠缺的适当扣分；内容没有欠缺、证件齐全的，得满分。

例如，对企业资质等级这一子项可设定子分值 5 分（满分），凡具备承担招标工程的资质等级的，可得 3 分（基本分），每提高一个等级的可加 1 分，但最多给 5 分。

再如，对近两年企业合同履约情况可设定子分值 5 分（满分），获省级重合同、守信用称号的，给 3 分；连续两年获市级重合同、守信用称号的，给 2 分；获市级重合同、守信用称号的，给 1 分（有相同项目的可以就高不就低，避免重复计分）；没有获得相应荣誉的，不得分。

任务三　建设工程定标

一、定标的原则

定标的原则如下。

（1）采用综合评估法的，应能够最大限度地满足招标文件中规定的各项综合评价标准。

(2) 采用经评审的最低投标价法的,应能够满足招标文件的实质性要求,并且经评审的投标价格最低。但中标人的投标价格应不低于其成本价。

使用国有资金投资或者国家融资的项目以及其他依法必须招标的施工项目,招标人应当确定排名第一的中标候选人为中标人。招标人可以确定排名第二的中标候选人为中标人的情况如下。

(1) 排名第一的中标候选人放弃中标。

(2) 中标人因不可抗力提出不能履行合同。

(3) 招标文件规定应当提交履约保证金而中标人在规定期限内未能提交的。

(4) 中标人被查实存在影响中标结果的违法行为的。

(5) 中标人的经营、财务状况发生较大变化或者存在违法行为,招标人认为可能影响履约能力的。

(6) 招标人在投标文件中发现有与招标文件要求的重大实质性偏差的。

以上如果出现(5)和(6)两种情况的,应当在发出中标通知书前由原评标委员会按照招标文件规定的标准和方法审查确定。中标通知书发出后,中标人放弃中标的,要承担缔约过失责任一般是不退回投标保证金的。当然招标人改变中标结果的,也要承担法律责任。

招标人可以授权评标委员会确定中标人,也可以直接确定中标人。

二、相关要求

相关法律法规中有关中标的规定如下。

(1) 依法进行招标的项目,招标人应当自收到评标报告之日起 3 日内公示中标候选人,公示期不得少于 3 日,以供投标利害关系人监督和提出异议。

(2) 招标人应当在评标委员会提出评标报告后 15 日内确定中标人,最迟不得超过投标有效期结束日前 30 日确定中标人。

(3) 招标人应当接受评标委员会推荐的中标候选人,不得在评标委员会推荐的中标候选人之外确定中标人。

(4) 在确定中标人前,招标人不得与投标人就投标价格、投标方案等实质性内容进行谈判。

(5) 确定中标人后,招标人应当向中标人发出中标通知书,并同时将中标结果通知所有未中标的投标人。中标通知书对招标人和中标人具有法律效力。中标通知书发出后,招标人改变中标结果的,或者中标人放弃中标项目的,应当依法承担法律责任。

(6) 招标人和中标人应当自中标通知书发出之日起 30 日内,按照招标文件和中标人的投标文件订立书面合同。招标人和中标人不得再另行订立背离合同实质性内容的其他协议。招标文件要求中标人提交履约保证金的,中标人应当提交。

(7) 招标人最迟应在书面合同签订后 5 日内向中标人和未中标人退还投标保证金及银行同期存款利息。

(8) 中标人应当按照合同约定履行义务,完成中标项目。中标人不得向他人转让中标项目,也不得将中标项目肢解后分别向他人转让,但中标人按照合同约定或者经招标人同意,可以将中标项目的部分非主体、非关键性工作分包给他人完成。接受分包的人应当具备相应的资格条件,并不得再次分包。

中标人应当就分包项目向招标人负责,接受分包的人就分包项目承担连带责任。

任务四　签订合同

一、签订合同的原则

(1) 平等原则。合同当事人的法律地位平等,即享有民事权利和承担民事义务的资格是平等的,一方不得将自己的意志强加给另一方。

(2) 自愿原则。合同当事人依法享有自愿订立合同的权利,不受任何单位和个人的非法干预。

(3) 公平原则。合同当事人应当遵循公平原则确定各方的权利和义务,在合同的订立和履行中,合同当事人应正当行使合同权利和履行合同义务,兼顾他人利益,使当事人的利益能够均衡。

(4) 诚实信用原则。合同当事人在订立合同、行使权利、履行义务中都应当遵循诚实信用原则。这是市场经济活动中形成的道德规则,它要求人们在交易活动(订立和履行合同)中讲究信用,恪守诺言,诚实不欺。

(5) 合法性原则。合同当事人在订立及履行合同时,合同的形式和内容等各构成要件必须符合法律的要求,不违背社会公共利益,不扰乱社会经济秩序。

二、签订合同的要求

(一) 订立合同的形式要求

按照《招标投标法》的规定,招标人和中标人应当自中标通知书发出之日起 30 日内,按照招标文件和中标人的投标文件订立书面合同。所有的合同内容都应当在招标文件中有所体现,一部分合同内容是确定的,不容投标人变更的,如技术要求等,否则就构成重大偏差;另一部分要求投标人明确的,如报价。由于投标文件只能按照招标文件的要求编制,因此,如果出现合同应当具备的内容在招标文件中没有明确的,也没有要求投标文件明确的,则责任应当由招标人承担。

(二) 订立合同的内容要求

书面合同订立后,招标人和中标人不得再行订立背离合同实质性内容的其他协议。对于建设工程施工合同,最高人民法院的司法解释规定,当事人就同一建设工程另行订立的建设工程施工合同与经过备案的中标合同的实质性内容不一致时,应当以备案的中标合同作为结算工程价款的根据。

(三) 订立合同的时间要求

招标人和中标人应当自中标通知书发出之日 30 日内,按照招标文件和中标人的投标文件订立书面合同。

（四）订立合同接受监督的要求

（1）书面报告的内容。包括招标范围；招标方式和发布招标公告的媒介；招标文件中投标人须知、技术条款、评标标准和方法、合同主要条款等内容；评标委员会的组成和评标报告；中标结果。

（2）合同备案制度。合同备案是指当事人订立书面合同后7日内，将合同送工程所在地的县级以上地方人民政府建设行政主管部门备案。

（五）按照标准文件范本订立合同的要求

招标人与中标人签订的施工合同一般应按照《标准施工招标文件》范本的合同条款及格式执行。

三、履约保证金

（一）提交履约保证金的依据

《招标投标法》中所称的履约保证金实际上是对履约担保的通称，是指中标人或者招标人为保证履行合同而向对方提交的资金担保。在招标投标的实践中，常见的是中标人向招标人提交的履约担保。

（二）提交履约保证金的形式

履约保证金的形式有多种，既可能是中标人向招标人提交的，也可能是招标人向中标人提交的，最主要的方式是履约保证。如果是招标人向中标人保证的，一般是支付担保。

按照习惯，履约保证又可以分为两类，一类是银行出具的履约保函；另一类是银行以外的其他保证人出具的履约保证书。银行以外的其他保证人往往是专业化的担保公司。履约保函又可以分为有条件保函和无条件保函。除了保证以外，中标人以支票、汇票或存款单为质押。

当招标人要求中标人提供履约保证金或其他形式的履约担保时，招标人应当同时向中标人提供工程款支付担保。

履约保证金的金额、担保形式和格式由招标文件规定。对于联合体中标的，其履约担保由牵头人递交。

（三）不提交履约保证金的法律后果

当中标人拒绝提交招标文件中要求中标人提交的履约保证金或者其他形式的履约担保时，视为放弃中标项目。此时，招标人可以选择其他中标候选人作为中标人。原中标人的投标保证金不予退还；当给招标人造成的损失超过投标保证金数额时，原中标人还应当对超过部分予以赔偿。

招标人不履行与中标人订立的合同的，应当双倍返还中标人的履约保证金；给中标人造成的损失超过返还的履约保证金的，还应当对超过部分予以赔偿；没有提交履约保证金的，应当对中标人的损失承担赔偿责任。

项目四　建设工程开标、评标、定标与签订合同

练习题

一、单选题

1. 关于开标时间和地点，不正确的说法是（　　）。
   A. 开标应当在招标文件确定的提交投标文件截止时间的同一时间公开进行
   B. 开标地点应当为招标文件中预先确定的地点
   C. 招标人更改招标时间，应事先口头通知到每一位购买招标文件的投标人
   D. 招标人更改招标地点，应事先书面通知到每一位购买招标文件的投标人

2. 评标委员会由招标人的代表和有关技术、经济等方面的专家组成，成员人数为（　　），其中技术、经济等方面的专家不得少于成员总数的 2/3。
   A. 5 人以上的双数　　　　　　　B. 5 人以上的单数
   C. 7 人以上的双数　　　　　　　D. 7 人以上的单数

3. 开标的时间应当在招标文件确定的提交投标文件截止时间的（　　）公开进行。
   A. 前一时间　　B. 后一时间　　B. 同一时间　　D. 没有规定

4. 中标人应当就分包项目向招标人负责，接受分包的人就分包项目承担（　　）。
   A. 法律责任　　B. 民事责任　　C. 单位责任　　D. 连带责任

5. 依法必须进行招标的项目，招标人应当自确定中标人之日起（　　）日内，向有关行政监督部门提交招标投标情况的书面报告。
   A. 7　　　　　B. 10　　　　　C. 15　　　　　D. 30

6. 合同备案是指当事人订立书面合同后（　　）日内，将合同送工程所在地的县级以上地方人民政府建设行政主管部门备案。
   A. 7　　　　　B. 10　　　　　C. 15　　　　　D. 30

7. 中标通知书由（　　）发出。
   A. 招标代理机构　　　　　　　　B. 招标人
   C. 招标投标管理处　　　　　　　D. 评标委员会

8. 评标委员会在对实质上响应招标文件要求的投标进行报价评估时，除招标文件另有约定外，用数字表示的金额与用文字表示的金额不一致时，以（　　）为准。
   A. 数字金额　　　　　　　　　　B. 文字金额
   C. 数字金额与文字金额中小的　　D. 数字金额与文字金额中大的

9. 依法进行招标的项目，招标人应当自收到评标报告之日起 3 日内公示中标候选人，公示期不得少于（　　）日，以供投标利害关系人监督和提出异议。
   A. 3　　　　　B. 4　　　　　C. 5　　　　　D. 7

10. 招标人可以（　　）评标委员会直接确定中标人。
    A. 委托　　　　B. 指定　　　　C. 授权　　　　D. 批准

二、多选题

1. 参加开标会的有（   ）。
   A. 招标人
   B. 招标代理机构的人员
   C. 监标人
   D. 评标委员会成员
   E. 投标人

2. 评标委员会负责人可以由（   ）。
   A. 政府指定
   B. 评标委员会成员推荐产生
   C. 投标人推举产生
   D. 招标人确定
   E. 中介机构推荐

3. 评标是招投标的核心环节。评标的原则是（   ）。
   A. 公开
   B. 公平
   C. 择优
   E. 评标方法科学合理
   E. 公正

4. 有下列（   ）情形，应当主动提出回避，不得担任评标委员会成员。
   A. 项目主管部门或行政监督部门的人员
   B. 招标人或投标人主要负责人的近亲属
   C. 某位专家是投标人的外聘技术顾问
   D. 曾在评标活动中从事违法行为而受过行政处罚的
   E. 从专家库里随机抽取的，与招标人及投标人无任何关联，且信誉良好的专家

5. 建设工程项目评标方法包括（   ）。
   A. 比价法
   B. 经评审的最低投标价法
   C. 理论分析打分法
   D. 综合评估法
   E. 法律、行政法规允许的其他方法

6. 有下列（   ）情形，经评标委员会评审认定后作为废标处理。
   A. 投标文件无单位盖章且无法定代表人或其授权代理人签字或盖章
   B. 联合体投标没有提交联合体各方共同投标协议书
   C. 投标人符合招标文件规定的资格条件
   D. 投标报价高于招标文件设定的最高投标限价
   E. 没有按照招标文件要求提交投标保证金

7. 开标时，由（   ）检查投标文件密封情况，确认无误后当众拆封。
   A. 招标人
   B. 投标人或者投标人推选的代表
   C. 评标委员会
   D. 地方政府相关行政主管部门
   E. 公证机构

8. 下列关于建设工程定标，正确的是（   ）。
   A. 招标人应当自收到评标报告之日起 3 日内公示中标候选人，公示期不得少于 3 日
   B. 招标人应当在评标委员会提出评标报告后 15 日内确定中标人，最迟不得超过投标有效期结束日前 30 日
   C. 招标人可以在评标委员会推荐的中标候选人之外确定中标人

D. 在确定中标人前，招标人可以与投标人就投标价格进行谈判

E. 招标人最迟应在书面合同签订后 5 日内向中标人和未中标人退还投标保证金及银行同期存款利息

9. 下列关于招投标签订合同的说明，正确的是（　　）。

A. 应当在中标通知书发出之日起 30 日内签订合同

B. 招标人和中标人不得再订立背离合同实质性内容的其他协议

C. 招标人和中标人可以通过合同谈判对原招标文件、投标文件的实质性内容作出修改

D. 招标人在订立书面合同后 7 日内，将合同送工程所在地的县级以上地方人民政府建设行政主管部门备案

E. 中标人不与招标人订立合同的，应取消其中标资格，但投标保证金应予退还

10. 关于细微偏差的说法，正确的选项包括（　　）。

A. 在实质上响应了招标文件要求，但在个别地方存在漏项

B. 在实质上响应了招标文件要求，但提供了不完整的技术信息和数据

C. 补正遗漏会对其他投标人造成不公平的结果

D. 细微偏差不影响投标文件的有效性

E. 细微偏差将导致投标文件成为废标

三、思考题

1. 开标的准备工作有哪些？
2. 工程施工开标的注意事项是什么？
3. 评标专家的条件有哪些？
4. 对评标专家委员会的人员组成有哪些要求？
5. 评标报告的内容有哪些？
6. 招标人应当重新招标的条件有哪些？
7. 签订合同有哪些原则？

项目五 建设工程施工合同

学习目标

(1) 了解与建设工程施工合同有关的法律、法规。
(2) 熟悉建设工程勘察设计合同、委托监理合同的订立程序。
(3) 熟悉合同相关方对建设工程勘察设计合同、委托监理合同的管理。
(4) 了解争议评审制度。
(5) 了解劳务合同的特点及主要内容。

任务一 建设工程施工合同简介

一、建设工程施工合同的基本概念

建设工程施工合同是指发包方（建设单位）和承包方（施工单位）为完成商定的施工工程，明确相互权利、义务的协议。依照施工合同，施工单位应完成建设单位交给的施工任务，建设单位应按照规定提供必要条件并支付工程价款。

施工合同的当事人是发包方和承包方，双方是平等的民事主体。承发包双方签订施工合同必须具备相应的资质条件和履行建设工程施工合同的能力；承包人必须具备有关部门核定的资质等级并持有营业执照等证明文件。

建设工程施工合同是承包人进行工程建设施工，发包人支付价款的合同，是建设工程的主要合同，同时也是工程建设质量控制、进度控制、投资控制的主要依据，因此，在建设领域加强对施工合同的管理具有十分重要的意义。国家立法机关、国务院、国家建设行政主管部门都十分重视施工合同的规范性，《中华人民共和国合同法》《中华人民共和国建筑法》以及《建设工程施工合同管理办法》等法律、法规、部门规章是目前我国建设施工合同管理的依据。

每一种建设项目招投标结束的结果都是订立承包合同，招标的种类也对应着合同的种类。但是在实践中，由于建设工程施工合同内容较多，管理复杂，经验较为丰富，用施工合同管理的知识应用于其它合同的管理，是一种较好的学习思路，所以本书合同管理部分主要以施工合同的学习为主。

二、建设工程施工合同的主要特征

与其他合同相比，施工合同除具备建设工程合同的一般特征以外还具有以下特点。

（一）合同标的物特殊

建设施工合同的标的物是特殊建筑产品，它有产品固定性和施工流动性的特点，不同于其它商品。每个建筑产品都需要单独设计和施工，这就造成了建筑产品的单体性和生产的单次性，决定了每个建筑施工合同之间具有不可替代性。

（二）合同履行期限长

施工是整个建设项目实施的关键阶段，相对于其他阶段而言，周期最长，再加上工程质量保修时间，导致合同的履行期限也最长，而且我国的建筑产品朝着高、大、难、深的方向发展，导致施工的要求也越来越高。

（三）合同涉及的金额大

由于建筑产品体积庞大，消耗的人力、财力、物力多，投资额巨大，因此合同涉及的金额也是巨大的。

（四）合同约定的内容多且复杂

由于建筑产品施工中要与各方打交道，约定的内容很多，涉及的法律关系也很复杂。除承包人与发包人的关系外，还有与政府部门、保险公司、材料设备供应商、监理单位、分包单位等的关系。其内容除具备一般的合同内容外，还对安全施工、分包、不可抗力、工程设计变更等内容作出了规定，因此一般选用合同示范文本。

（五）合同监督严格

由于建设工程施工合同的履行对国民经济发展、社会和谐稳定具有重大影响，因此国家对建设工程施工合同的主体、合同的订立、合同的履行都有严格的监督管理。

任务二 《建设工程施工合同（示范文本）》

一、我国建设工程施工合同示范文本的分布

鉴于施工合同的内容复杂、涉及面宽，为了避免施工合同的编制者遗漏某些方面的重要条款，或条款约定的责任权利不够公平合理，国家有关部门先后颁布了一些施工合同示范文本，作为规范性、指导性的合同文件，在全国或行业范围内推荐使用。1991年，原建设部和工商总局颁布了《建设工程施工合同》（GF－91－0201）。经过几年的实践，根据新颁布实施的工程建设法律、法规，总结推行《建设工程施工合同》的经验，借鉴国际土木工程的成熟经验和有效做法，于1999年12月24日又推出了修改后的《建设工程施工合同（示范文本）》（GF－1999－0201），该示范文本可使用于土木工程，包括各类公

用建筑、民用建筑、工业厂房、交通设施及线路管道的施工和设备安装。2010年发改委等九部委修改《标准施工招标文件》的时候，总结了前面的经验，为了更进一步地适应我国建设工程的需要，更好的与国际接轨，2013年修订了1999年的示范文本，制定了目前最新的《建设工程施工合同（示范文本）》（GF—2013—0201）。

虽然《示范文本》为非强制性使用文本，但施工合同的订立一般都选择国家制定好的示范文本。由于建筑施工合同在建设工程合同中最为复杂，故本教材主要以建筑工程施工合同为例进行相关地讲解。《示范文本》适用于房屋建筑工程、土木工程、线路管道和设备安装工程、装修工程等建设工程的施工承发包活动，合同当事人可结合建设工程具体情况，根据《示范文本》订立合同，并按照法律法规规定和合同约定承担相应的法律责任及合同权利义务。

二、《建设工程施工合同（示范文本）》的组成

（一）示范文本的组成部分

《建设工程施工合同（示范文本）》由协议书、通用合同条款和专用合同条款3部分组成，并同时附具了11个附件。其中协议书共计13条，通用合同条款共计20部分。

协议书是施工合同文件中总纲领性的文件，其主内容包括：工程概况、合同工期、质量标准、签约合同价格和合同价格形式、项目经理、合同文件构成、承诺以及合同生效条件等重要内容。虽然协议书文字量并不大，但它集中约定了合同当事人基本的合同权利义务。经合同当事人在这份文件上签字盖章，就对双方当事人产生法律约束力，而且在所有施工合同文件组成中它具有最优的解释效率。

通用条款是一般土木工程所共同具备的共性条款，具有规范性、可靠性、完备性和实用性等特点，该部分适用于大部分建设工程施工项目，并可作为招标文件的组成部分而直接采用。

专用条款与通用条款序号一致，是合同双方根据企业实际情况和工程项目的具体特点，经过协商达成一致的内容，是对通用条款的补充、修改，使通用条款和专用条款成为双方当事人统一意愿的体现。专用条款为甲乙双方补充协议提供了一个可供参考的提纲和格式。

（二）通用条款的组成内容

通用条款第一部分是一般约定，共13条，主要内容是：词语定义与解释；语言文字；法律；标准和规范；合同文件的优先顺序；图纸和承包人文件；联络；严禁贿赂；化石、文物；交通运输；知识产权；保密；工程量清单错误的修正。

第二部分是发包人，共8条，主要内容是：许可或批准；发包人代表；发包人人员；施工现场、施工条件和基础资料的提供；资金来源证明及支付担保；支付合同价款；组织竣工验收；现场统一管理协议。

第三部分是承包人，共8个条，主要内容是：承包人的一般义务；项目经理；承包人人员；承包人现场查勘；分包；工程照管与成品、半成品保护；履约担保；联合体。

第四部分是监理人．共4条，主要内容是：监理人的一般规定；监理人员；监理人的

指示；商定或确定。

第五部分是工程质量，共 5 条，主要内容是：质量要求；质量保证措施；隐蔽工程检查；不合格工程的处理；质量争议检测。

第六部分是安全文明施工与环境保护，共 3 条，主要内容是：安全文明施工；职业健康；环境保护。

第七部分是工期和进度，共 9 条，主要内容是：施工组织设计；施工进度计划；开工；测量放线；工期延误；不利物质条件；异常恶劣的气候条件；暂停施工；提前竣工。

第八部分是材料与设备，共 9 条，主要内容是：发包人供应材料与工程设备；承包人采购材料与工程设备；材料与工程设备的接收与拒收；材料与工程设备的保管与使用；禁止使用不合格的材料和工程设备；样品；材料与工程设备的替代；施工设备和临时设施；材料与设备专用要求。

第九部分是试验与检验，共 4 条，主要内容是：试验设备与试验人员；取样；材料、工程设备和工程的试验和检验；现场工艺试验。

第十部分是变更，共 9 条，主要内容是：变更的范围；变更权；变更程序；变更估价；承包人的合理化建议；变更引起的工期调整；暂估价；暂列金额；计日工。

第十一部分是价格调整，共 2 条，主要内容是：市场价格波动引起的调整；法律变化引起的调整。

第十二部分是合同价格、计量与支付，共 5 条，主要内容是：合同价格形式；预付款；计量；工程进度款支付；支付账户。

第十三部分是验收和工程试车，共 6 条，主要内容是：分部分项工程验收；竣工验收；工程试车；提前交付单位工程的验收；施工期运行；竣工退场。

第十四部分是竣工结算，共 4 条，主要内容是：竣工结算申请；竣工结算审核；甩项竣工协议；最终结清。

第十五部分是缺陷责任与保修，共 4 条，主要内容是：工程保修的原则；缺陷责任期；质量保证金；保修。

第十六部分是违约，共 3 条，主要内容是：发包人违约；承包人违约；第三人造成的违约。

第十七部分是不可抗力，共 4 条，主要内容是：不可抗力的确认；不可抗力的通知；不可抗力后果的承担；因不可抗力解除合同。

第十八部分是保险，共 7 条，主要内容是：工程保险；工伤保险；其他保险；持续保险；保险凭证；未按约定投保的补救；通知义务。

第十九部分是索赔，共 5 条，主要内容是：承包人的索赔；对承包人索赔的处理；发包人的索赔；对发包人索赔的处理；提出索赔的期限。

第二十条是争议解决，共 5 条，主要内容是：和解；调解；争议评审；仲裁或诉讼；争议解决条款效力。

（三）专用合同条款

专用合同条款是对通用合同条款原则性约定的细化、完善、补充、修改或另行约定的条款。合同当事人可以根据不同建设工程的特点及具体情况，通过双方的谈判、协商对相应的专用合同条款进行修改补充。但原则上,对专用合同条款的使用应当尊重通用合同条款的原则要求和权力义务的基本安排。在使用专用合同条款时,应注意以下事项。

(1) 专用合同条款的编号应与相应的通用合同条款的编号一致;

(2) 合同当事人可以通过对专用条款的修改,满足具体建设工程的特殊要求,避免直接修改通用合同条款;

(3) 在专用合同条款中有横线的地方,合同当事人可针对相应的通用合同条款进行细化、完善、补充、修改或另行约定;如无细化、完善、补充、修改或另行约定,则填写"无"或画"/"。

(四) 附件

《建设工程施工合同(示范文本)》(GF—2013—0201)包括11个附件,其中协议书附件1个,专用合同条款附件10个,具体附件如下:

(1) 协议书附件

附件1:承包人承揽工程项目一览表

(2) 专用合同条款附件

附件2:发包人供应材料设备一览表

附件3:工程质量保修书

附件4:主要建设工程文件目录

附件5:承包人用于本工程施工的机械设备表

附件6:承包人主要施工管理人员表

附件7:分包人主要施工管理人员表

附件8:履约担保格式

附件9:预付款担保格式

附件10:支付担保格式

附件11:暂估价一览表

(五) 建设工程施工合同文件的解释顺序

以下内容都属于建设工程施工合同的文件内容,如果出现解释冲突,按照以下的排列顺序解释。

(1) 合同协议书。

(2) 中标通知书。

(3) 投标书及其附件。

(4) 合同专用条款。

(5) 合同通用条款。

(6) 标准、规范及有关技术文件。

(7) 图纸。

(8) 工程量清单。

(9) 工程报价单或预算书。

上述各项合同文件包括合同当事人就该项合同文件所作出的补充和修改,属于同一类内容的文件，应以最新签署的为准。

在合同订立及履行过程中形成的与合同有关的文件均构成合同文件组成部分，并根据其性质确定优先解释顺序。

三、2013 版《建设工程施工合同（示范文本）》的主要特点

（一）2013 版《示范文本》的主要特点

与 1999 年《示范文本》相比，2013 年的施工合同示范文本具有以下一些特点和新义。

（1）重视示范文本的指引和指导作用，并在合同条款设置上充分尊重发承包双方的意思。

（2）合同结构体系更为完备，权利义务分配具体明确，有利于引导建设工程市场科学有序发展。

（3）增加了防范阴阳合同、非法转包、违法分包和挂靠的内容，促进建设工程市场的健康有序发展。

（4）建立了以监理人为施工管理和文件传递核心的合同体系，提高施工管理的合理性和科学性。

（5）增加了暂估价的规定，并且规定了暂估价项目的操作程序。

（6）细化了暂停施工条款，有利于避免因工程暂停导致发包人和承包人双方权益受损。

（7）增加了发包人付款能力证明条款、支付担保条款和两倍逾期付款违约金条款，促进工程款拖欠问题的解决。

（8）引入了缺陷责任期的规定，与保修期相衔接，便于解决工程质量保证金久拖不退和工程质量保修问题。

（9）完善合同价格类型，适应工程计价模式发展和工程管理实践需要。

（10）在"不可抗力"之外另行增加了"不利物质条件""异常恶劣的气候条件"，平衡发包人和承包人的权利义务。

（11）在争议解决方式上，2013 版引入了和解、调解、争议评审（DAB）、诉讼等多种争议解决机制，提高争议解决的效率和专业性。

（12）保证 2013 版合同适应国内建筑市场实际需求并兼顾国际通行做法，保持适度的前瞻性，力求文本表述简练、通俗易懂、全面系统、有机统一。

（13）2013 版合同较好地考虑了与现行法律和其他文本的衔接问题。

（二）2013 版合同《示范文本》的新内容

2013 版合同借鉴和吸收 FIDIC 合同中的相关制度和条款，可以推动我国建设项目管理模式的变革、发展与完善，有效应对和解决 1999 版合同文本所存在的上述问题。

这些新的合同制度主要是：双方互为担保制度；情势变更调价制度；质量缺陷责任制度；工程系列保险制度；索赔过期作废制度；争议评审解决制度。

1. 双方互为担保制度

1999 版合同示范文本中，虽然规定了发承包双方的履约担保，但实践中基本上均是

发包人要求承包人提供履约担保，发包人基本上不会向承包人提供履约担保。

在 2013 版合同《示范文本》2.6 款中规定了发包人的"付款能力证明及支付担保"："发包人应在收到承包人要求提供资金安排计划及证明的书面通知后 28 天内，向承包人提供能够按照合同约定的时间和支付方式支付合同价款的相应资金安排计划及证明。除专用合同条款另有约定外，发包人要求承包人提供履约担保的，发包人应当向承包人提供支付担保，支付担保可以采用银行保函、担保公司担保及经承包人同意的其它形式。"

2013 版合同《示范文本》3.6 款中规定了承包人的"履约担保"。发包人要求承包人提供履约担保的，发包人应当向承包人提供支付担保"。

与 FIDIC 合同相比，更有利于维护承包人的权益，可以更好地平衡发承包双方之间的权利义务。

2. 情势变更调价制度

1999 版合同示范文本中对变更调价的规定比较简单。FIDIC 合同规定在 12.3 款［估价］和第 13 条［变更和调整］有一些规定，2013 版合同示范文本特别关注以下两个方面的规定。

"除专用合同条款另有约定外，因变更引起的价格调整应计入最近一期的进度款中支付并按照本款约定处理。

（1）已标价工程量清单或预算书有相同项目的，按照相同项目单价认定。但是如果变更导致实际完成的变更工程量与已标价工程量清单或预算书中列明的该项目工程量的变化幅度超过 10%，且根据实际完成的变更工程量计算的价格款超过签约合同价 1% 的，由发包人与承包人协商或按照第 4.4 款［协商和确定］确定变更该项目的相应单价"。可以有效防止和解决投标人不平衡报价问题。

（2）FIDIC 合同 13.8 款［费用变化引起的调整］中规定了合同价款因劳务、货物以及其他投入工程的费用的涨落而调整及具体调整方式，2013 版合同示范文本则在 11.1 款"市场价格波动引起的调整"中规定了因人工、材料、设备和机械台班等价格波动影响合同价格时调整合同价格及具体调整方式（采用价格指数、造价信息或专用合同条款约定的其他方式调整价格差额），并明确规定因承包人/发包人原因造成工期延误期间市场价格上涨或下跌时合同价格的调整方式。

在 2013 版合同示范文本中增加条款规定了"市场价格波动引起的调整"，可以引导发承包双方在合同中约定合理分担市场价格波动的风险，有效平衡发承包双方的权利义务。

3. 质量缺陷责任制度

1999 版合同示范文本中只有质量保修的规定，而并无质量缺陷责任的规定。FIDIC 合同中关于"缺陷责任"的规定在第 11 条；2013 版合同示范文本在 14.1 款规定了"缺陷责任期"。

2013 版合同示范文本其中 14.1 款为"缺陷责任"，14.2 款为"保修"，在 2013 版合同示范文本引入"缺陷责任期"之后，关于工程竣工后质量缺陷或质量问题的修复，就同时存在着"缺陷责任期"和"保修期"，两者之间显然存在重合和冲突之处。为解决该问题，2013 版合同中明确界定缺陷责任期是指"承包人按照合同约定承担缺陷修补义务，且发包人扣留质量保证金的期限，从工程竣工验收合格之日起计算"，即 2013 版合同示范文本中引入"缺陷责任期"的主要目的是为了解决工程质量保证金返还的问题。所以2013版合同示范文本中所使用的"缺陷责任""缺陷责任期"与FIDIC合同中所使用的"缺陷责任""缺陷通知期"存在区别。

4. 工程系列保险制度

1999版合同示范文本第40条中规定了工程保险,但其内容非常简单。

FIDIC合同第18条[保险]中则非常详细地规定了工程保险:"有关保险的总体要求"(18.1款);"工程和承包商的设备的保险"(18.2款);"人员伤亡和财产损害的保险"(18.3款);"承包商的人员的保险"(18.4款)。除专用条款中另有约定外,相关保险均由承包商作为保险方办理并使之保持有效。

2013版合同示范文本中关于工程保险的规定在第17条,与FIDIC合同相比,2013版合同示范文本中关于工程保险的规定仍显得过于简单。

与1999版合同示范文本相比,2013版合同示范文本在17.2款中明确规定了"工伤保险",并借鉴和吸收FIDIC合同18.1款中的有关内容,在17.5款"未按约定投保的补缴"中规定:"发包人未按合同约定办理保险,或未能使保险持续有效的,则承包人可代为办理,所需费用由发包人承担。发包人未按合同约定办理某项保险,导致未能得到足额赔偿的,由发包人负责补足。承包人未按合同约定办理保险,或未能使保险持续有效的,则发包人可代为办理,所需费用由承包人承担。承包人未按合同约定办理某项保险,导致未能得到足额赔偿的,由承包人负责补足。"2013版合同示范文本增加该款规定可以有效促使发承包双方自觉按照合同约定办理相关保险,强化发承包双方通过工程保险来防范和化解工程风险的意识。

5. 索赔过期作废制度

1999版合同示范文本第36条为"索赔",其中规定了索赔程序等内容,但并未明确规定过期索赔的后果。

2013版合同示范文本18.1款"发包人的索赔"第(1)项中规定:"承包人应在知道或应当知道索赔事件发生后28天内,向监理人递交索赔意向通知书,并说明发生索赔事件的事由;承包人未在28天内发出索赔意向通知书的,丧失要求追加付款和(或)延长工期的权利"。18.3款"发包人的索赔"中规定:"发包人应在知道或应当知道索赔事项后28天内通过监理人提出索赔意向通知书,发包人未在28天内发出索赔意向通知书的,丧失要求赔付金额和(或)延长缺陷责任期的权利。"

2013版合同示范文本不仅明确规定了承包人过期索赔作废的后果,还明确规定了发包人过期索赔作废的后果,与FIDIC合同相比,更加对等和合理,可以更好地平衡发承包双方的权利义务。

6. 争议评审解决制度

1999版合同示范文本中规定的争议解决方式包括:和解、调解、仲裁或诉讼,而并不包括争议评审。

2013版合同示范文本中在19.3款中规定了"争议评审"的争议解决方式,包括"争议评审小组的确定""争议评审小组的决定""争议评审小组决定的效力"。

与FIDIC合同中的规定相比,2013版合同示范文本中关于争议评审的规定不仅显得过于简单，而且在争议评审的地位及争议评审小组所作决定的效力上也与FIDIC合同中的相关规定差异较大。

"争议评审"仅为并列的数种争议解决方式之一，而非前置的争议解决方式，当事人可无需经过争议评审而直接通过仲裁或诉讼方式解决争议，而且，争议评审小组所作决定需经双方签字确认才对双方具有合同约束力。产生上述区别的原因可部分地归结于争议评审在我国工程建设领域还属于一个新生事物，需要有一个逐步推广和完善的过程。在适用2013版合同示范文本和解决争议的过程中，应当特别注意上述区别。

任务三　建设工程有关的其他合同

一、建设工程勘察设计合同

建设工程勘察设计合同（简称勘察设计合同），是指建设单位或项目管理部门和勘察、设计单位为完成商定的勘察、设计任务，明确相互权利、义务关系的协议。发包人是建设单位或项目管理部门，承包人是勘察、设计单位。根据勘察、设计合同，承包人完成发包人委托的勘察、设计任务，发包人接受符合约定的勘察、设计成果，并支付报酬。

（一）勘察设计合同的特征

（1）勘察设计合同的发包人应当是法人或自然人，承包人必须具有法人资格。建设单位或项目管理部门作为发包人必须是具体落实国家批准的建设项目计划的企事业单位或社会组织；勘察、设计单位作为承包人应是持有建设行政主管部门颁发的工程勘察设计资质证书、工程勘察设计收费资格证书和工商行政管理部门核发的企业法人营业执照的单位。

（2）勘察设计合同的签订必须以《中华人民共和国合同法》《中华人民共和国建筑法》《建设工程勘察设计市场管理规定》、国家和地方有关建设工程勘察设计管理法规和规章以及建设工程批准文件为基础。

（3）勘察、设计合同属于建设工程合同，应具有建设工程合同的基本特征。

（二）勘察设计合同的内容

建设工程勘察设计合同一般包括：合同依据，发包人的义务，勘察人、设计人的义务。发包人的权利，勘察人、设计人的权利，发包人的责任，勘察人、设计人的责任，合同的生效、变更与终止，勘察、设计取费，争议的解决及其他。

（三）勘察合同示范文本简介

2000年3月，建设部与国家工商行政管理局颁布了《建设工程勘察合同示范文本》，该文本有两种格式：一种格式主要适用于岩土工程勘察，水文地质勘察（含凿井）、工程测量、工程物探等；一种格式主要适用于岩土工程设计、治理、监测等。

1. 建设工程勘察合同的内容

合同主要内容包括：

（1）当事人双方确认的勘察工程概况（包括工程名称、建设地点、规模、特征、工

项目五 建设工程施工合同

勘察任务委托文号日期、工程勘察内容与技术要求、承接方式、预计勘察工作量等)。

(2) 合同签订、生效时间。

(3) 双方愿意履行约定的各项权利义务的承诺。

建设工程勘察合同除"合同"外,还包括在实施过程中经发包人与勘察人协商一致签订的补充协议及其他约定事项。补充协议与勘察合同具有同等效力。

2. 建设工程勘察合同的构成要素

(1) 建设工程勘察合同主体。合同的"主体"是指发包人和勘察人,两者在合同中的法律地位平等。发包人和勘察人经协商一致签订建设工程勘察合同,在履行合同过程中双方都依法享有权利和义务。

由于建设工程勘察合同是双方当事人协商一致后签订的,因此,无论是发包人还是勘察人,未经双方的书面同意,均不得将所签订合同中议定的权利和义务转让给第三方,而单方面变更合同主体。

(2) 建设工程勘察合同客体。建设工程勘察合同客体是一种行为,即勘察人针对具体建设工程的勘察任务所进行的勘察活动。它是建设工程勘察合同当事人的权利和义务所指向的对象,在法律关系中,当事人之间的权利义务总是围绕着勘察活动而展开。

(3) 建设工程勘察合同内容。

①针对建设工程勘察任务,当事人双方有关基础资料、勘察成果方面的权利和义务。

②费用支付及其他。

建设工程勘察收费根据建设项目投资额的不同,分别实行政府指导价和市场调节价。建设项目总投资估算额 500 万元以上的工程勘察和工程设计收费实行政府指导价;建设项目总投资估算额 500 万元以下的工程勘察和工程设计收费实行市场调节价。

实行政府指导价的工程勘察收费,其基准价根据 2002 年国家发展计划委员会与建设部共同发布的《工程勘察收费标准》计算,除另有规定外,浮动幅度为上下 20%。发包人和勘察人应当根据建设项目的实际情况在规定的浮动范围内协商确定收费额。实行市场调节价的,由发包人和勘察人协商确定收费额。

工程勘察费应当体现优质优价的原则。实行政府指导价的,凡在建设工程勘察中采用新技术、新工艺、新设备、新材料,有利于提高建设项目的经济技益、环境效益和社会效益的,发包人和勘察人可以在上浮 25% 的幅度内协商确定收费额。

(四) 建设工程设计合同示范文本简介

2000 年 3 月,建设部与国家工商行政管理局颁布了《建设工程设计合同示范文本》,该文本有两种格式:一种格式适用于民用建筑工程设计;一种格式适用于专业建设工程设计。

1. 建设工程设计合同的组成

建设工程设计合同主要包括以下几方面。

(1) 设计依据。包括发包人给设计人的委托书或设计中标文件、发包人提供的基础资料、设计人采用的主要技术标准。

(2) 合同文件优先次序。构成合同的文件可视为能互相说明的,如果合同文件存在歧义或不一致,则根据如下优先次序来判断:合同书、中标函、发包人要求及委托书、投标书。

(3) 当事人双方确认的设计工程概况。工程名称、规模、阶段、投资及设计内容等。
(4) 合同签订、生效时间。
(5) 双方愿意履行约定的各项权利义务的承诺。

2. 建设工程设计合同主要构成要素

(1) 建设工程设计合同的主体。建设工程设计合同的主体系发包人和设计人。双方在合同中具有平等的法律地位。发包人和设计人经协商一致签订设计合同,在履行合同过程中都依法享有权利和义务。

由于设计合同是双方当事人协商一致后签订的,无论是发包人还是设计人,未经对方的书面同意,均不得将所签订合同中议定的权利和义务转让给第三方,而单方面变更合同主体。

(2) 建设工程设计合同客体。设计合同客体是一种行为,是设计合同当事人的权利和义务所指向的对象,是设计人针对具体建设工程的设计任务所进行的设计活动。在法律关系中,当事人之间的权利义务总是围绕着设计活动而展开。

(3) 建设工程设计合同内容。
①针对工程设计任务,当事人双方有关基础资料、设计成果方面的权利和义务。
②取费及其他。

建设工程设计收费根据建设项目投资额的不同,分别实行政府指导价和市场调节价。建设项目总投资估算额 500 万元以上的工程设计收费实行政府指导价;建设项目总投资额 500 万元以下的工程设计收费实行市场调节价。

实行政府指导价的工程设计收费,其基准价根据 2002 年国家发展计划委员会与建设部共同发布的《工程设计收费标准》计算,除另有规定外,浮动幅度为上下 20%。发包人和设计人应当根据建设项目的实际情况在规定的浮动范围内协商确定收费额。实行市场调节价的,由发包人和设计人协商确定收费额。

工程设计费应当体现优质优价的原则。实行政府指导价的,凡在工程设计中采用新技术、新工艺、新设备、新材料,有利于提高建设项目的经济效益、环境效益和社会效益的,发包人和设计人可以在上浮 25% 的幅度内协商确定收费额。

(五) 建设工程勘察设计合同的订立

1. 签约前对当事人资格和资信的审查

为了保证合同有效并受法律保护,而且保证合同得到有效实施的必不可少的工作,在合同签订前需要对合同双方当事人资格和资信进行审查。

(1) 资格审查。资格审查主要是指审查承包人是否是按法律规定成立的法人组织,有无法人章程和营业执照,承担的勘察设计任务是否在其证书批准的范围之内。同时,还要审查签订合同的有关人员是否是法定代表人或法定代表人的委托代理人,以及代理人的活动是否在代理权限范围内等。

(2) 资信审查。资信审查主要是指审查建设单位的生产经营状况和银行信用情况等。

(3) 履约能力审查。履约能力审查主要是指审查发包人建设资金的到位情况和支付能力。同时,通过审查承包人的勘察、设计许可证,了解其资质等级、业务范围,以此来确定承包人的专业能力。

2. 建设工程勘察设计合同订立的程序

勘察设计单位应该通过招标或设计方案竞赛的方式确定,遵循工程建设的基本建设程序,并与勘察设计单位签订勘察设计合同。

(1) 承包人审查工程项目的批准文件。

承包人需要在接受委托勘察或设计任务前,对发包人所委托的进行全面审查。工程项目的批准文件是工程项目实施的前提条件。

拟委托勘察设计的工程项目必须具有上级机关批准的设计任务书和建设规划管理部门批准的用地范围许可文件。签订勘察合同,由建设单位、勘察设计单位或有关单位提出委托,经双方协商同意后签订。除双方协商确定外,设计合同的签订还必须具有上级部门批准的设计任务书。

勘察设计合同应当采用书面形式,并参照国家推荐使用的示范文本。参照文本的条款,明确约定双方的权利义务。对文本条款以外的其他事项,当事人认为需要约定的,也应采用书面形式。对可能发生的问题,要约定解决办法和处理原则。双方协商同意的合同修改文件、补充协议均为合同文件的组成部分。

(2) 发包人提出勘察、设计的要求。

发包人提出勘察、设计的要求,主要包括勘察设计的期限、进度、质量等方面的要求。勘察工作有效期限以发包人下达的开工通知书或合同规定的时间为准,如遇特殊情况(设计变更、工作量变化、不可抗力影响以及勘察人原因造成的停工、窝工等)时,工期相应顺延。

(3) 承包人确定收费标准和进度。

承包人根据发包人的勘察、设计要求和资料,研究并确定收费标准和金额,提出付费方法和进度。

(4) 合同双方当事人就合同的各项条款协商并取得一致意见。

二、建设工程委托监理合同

(一) 建设工程委托监理合同的概念

建设工程委托监理合同简称监理合同,它是委托合同的一种,是指工程建设单位聘请监理单位对工程建设实施监督管理,明确双方权利、义务的协议。建设单位称为委托人,监理单位称为受托人。

(二) 建设工程委托监理合同的特征

1. 建设工程委托监理合同的当事人

建设工程委托监理合同的当事人双方应当是具有民事权利和民事行为能力、取得法人资格的企事业单位、其它社会组织,个人在法律允许范围内也可以成为合同当事人。委托人必须是具有国家批准的工程项目建设文件,落实投资计划的企事业单位、其他社会组织和个人。受托人必须是依法成立的具有法人资格的监理单位,监理单位所承担的工程监理业务应与其资质等级相适应。

2. 建设工程委托监理合同的标的是服务

工程建设实施阶段所签订的其他合同,如勘察设计合同、施工承包合同、物资采购合同、加工承揽合同的标的物是产生新的物质或信息成果。而建设工程委托监理合同的标的是服务,即监理工程师凭借自己的知识、经验、技能等受建设单位委托为其所签订的其他合同的履行实施监督和管理。因此,我国《合同法》将建设工程委托监理合同划入委托合同的范畴。

我国《合同法》规定,建设工程实施监理的,发包人应当与监理人采用书面形式订立委托建设工程委托监理合同。发包人与监理人的权利和义务以及法律责任,应当依照委托合同以及其它有关法律、行政法规的规定。

(三) 建设工程委托监理合同的一般条款

建设工程委托监理合同是委托任务履行过程中当事人双方的行为准则,因此,其内容要全面、用词要严谨。建设工程委托监理合同一般包括以下几方面内容。

(1) 合同所涉及的词语定义和遵循的法规。

(2) 监理人的义务。

(3) 委托人的义务。

(4) 监理人的权利。

(5) 委托人的权利。

(6) 监理人的责任。

(7) 委托人的责任。

(8) 合同的生效、变更与终止。

(9) 监理报酬。

(10) 争议的解决及其他。

(四) 建设工程委托监理合同示范文本

1995年建设部、国家工商行政管理局联合颁发《工程建设监理合同(示范文本)》。2000年,根据《中华人民共和国建筑法》《中华人民共和国合同法》,建设部、国家工商行政管理局对其联合颁布的《工程建设监理合同》示范文本(GF-95-0202)进行了修订,形成了《建设工程委托监理合同(示范文本)》(GF-2000-0202)。目前,在我国签订建设工程委托监理合同一般采用《建设工程委托监理合同(示范文本)》(GF-2000-0202)。

《建设工程委托监理合同(示范文本)》由建设工程委托监理合同、标准条件和专用条件组成。

1. 建设工程委托监理合同(简称"合同")

建设工程委托监理合同是一个总协议,是纲领性文件。其主要内容包括以下几个方面。

(1) 当事人双方确认的委托监理工程的概况(工程名称、地点、规模及总投资)。

（2）合同签订、生效时间；双方愿意履行约定的各项义务的承诺，以及合同文件的组成。

监理合同除"合同"外还包括：监理投标书或中标通知书、监理委托合同标准条件、监理委托合同专用条件、在实施过程中双方共同签署的补充与修正文件。

"合同"是格式文件，经当事人双方在有限的空格内填写具体规定的内容并签字盖章后，即发生法律效力。

2. 标准条件

标准条件是监理合同的通用文本，适用于各类建设工程监理委托，是所有签约工程都应遵守的基本条件。其内容涵盖了合同中所用词语定义、适用范围和法规，签约双方的责任、权利和义务，合同生效、变更、终止，监理报酬，争议解决以及其他一些需要明确的内容。

3. 专用条件

由于标准条件适用于所有的建设工程监理委托，因此，其中的某些条款规定得比较笼统，需要在签订具体工程项目的委托监理合同时，就地域特点、专业特点和委托监理项目的特点，对标准条件中的某些条款进行补充、修改。"补充"，是指在标准条件中的某些条款明确规定的原则下，在专用条件的条款中进一步明确具体内容，使两个条件中相同序号的条款共同组成一条内容完备的条款。"修改"，是指标准条件中规定的程序方面的内容，如果双方认为不合适，可以协议修改。

（五）建设工程委托监理合同的订立

1. 合同签订前双方的相互考察

签订监理合同是一种法律行为，合同一经签订，则委托关系就形成了，双方的行为将受到合同的约束。为慎重起见，在签订合同前，签约双方应对对方的资格、资信及履行能力等情况进行充分调查和了解。

（1）业主对监理单位的资格考察。对监理单位进行考察，主要考察其是否是经工商行政管理机关审查注册、取得营业执照，具有独立法人资格的正式企业；是否有经建设行政主管部门审查并签发的承担建设工程监理的资质等级证书；是否具有对拟委托的建设工程进行监理的实际能力，包括监理人员的素质、主要检测设备情况；是否承担过类似业务的监理业绩、经历及合同的履行情况是否满足要求；是否具有满足要求的财务情况；社会信誉及已承接的监理任务完成情况等。

（2）监理单位对业主的考察。同样，监理单位也要对业主进行考察，往往在决定是否参加某项业务的竞争并与之签订合同之前，对业主进行考察。首先，考察项目业主是否具有签订合同的合法资格；其次，考察业主是否具有与签订合同相适应的财产和经费，这是履行合同的基础和承担经济责任的前提；最后，考察监理合同的标的是否符合国家政策，是否违反国家的有关法律法规。

（3）监理单位对工程合同的可行性考察。监理单位对工程合同的可行性进行考察，主要应从自身情况出发，考察竞争项目的可能性。首先，从本企业的技术力量、监理工程的经验、装备等条件出发，实事求是，量力而行，考虑承担项目是否一定有利润；其次，考虑是否能发挥本企业的技术优势，做到扬长避短。对实行招标的项目，要考虑竞争对手的实力及投标报价的动向。

通常在下列情况下，监理单位应放弃对项目的竞争：

①本单位主营和兼营能力之外的项目。

②工程规模、技术要求超出本单位资质等级的项目。

③本单位监理任务饱满、而准备竞争的监理项目盈利水平较低或风险较大。

2. 合同的谈判与签订

招标工程中业主应将合同的主要条款（包括在招标文件内）作为要约邀请。监理单位在获得业主的招标或与业主草签协议后，应立即对工程所需费用进行预算，提出一个报价。同时，对招标文件中的合同文本进行分析、审查，为合同的谈判和签订提供决策依据。

（1）合同谈判。无论是直接委托还是通过招标选定监理单位，业主和监理人都要对监理合同的主要条款（如业主对工程的工期、质量的具体要求等）和应负责任进行谈判。在使用《示范文本》时，要依据《合同条件》结合《协议条款》逐条加以谈判，对《合同条件》的哪些条款要进行修改、哪些条款不采用、还要补充哪些条款等都要提出具体的要求或建议。

谈判的顺序通常是先谈工作计划、人员配备、业主的投入等问题，这些问题谈完后再进行价格谈判。

在谈判时，双方应本着诚实信用、公平等原则，内容要具体，责任要明确，对谈判内容双方应达成一致意见，要有准确的文字记录。

（2）合同签订。双方经过谈判就监理合同的各项条款达成一致，即可签订正式的合同文件。签订的合同文件参照《建设工程委托监理合同（示范文本）》。

三、建设工程物资采购合同

（一）建设工程物资采购合同概述

1. 建设工程物资采购合同的概念

建设工程物资采购合同，是指具有平等主体的自然人、法人、其他组织之间为实现建设工程物资买卖，设立、变更、终止相互权利义务关系的协议。按照协议，出卖人（简称卖方）转移建设工程物资的所有权于买受人（简称买方），买方接受该项建设工程物资并支付价款。

2. 建设工程物资采购合同的特征

（1）买卖合同的特征。建设工程物资采购合同属于买卖合同，它具有买卖合同的一般特点。

①买卖合同以转移财产的所有权为目的。

②买卖合同中的买方取得财产所有权，必须支付相应的价款；卖方转移财产所有权，必须以买方支付价款为代价。

③买卖合同是双务、有偿合同。

项目五 建设工程施工合同

④买卖合同是诺成合同,除法律有特别规定外,当事人之间意思表示一致,买卖合同即可成立,并不以实物的交付为成立条件。

⑤买卖合同是不要式合同,当事人对买卖合同的形式享有很大的自由,除法律有特别规定外,买卖合同的成立和生效并不需要具备特别的形式或履行审批手续。

(2) 建设工程物资采购合同的特征。建设工程物资采购合同除了其自身的特点,又具有如下特征。

①建设工程物资采购合同应依据施工合同订立。施工合同中确立了关于物资采购的协商条款,即由发包人供应材料和设备,还是由承包人供应材料和设备;根据施工合同的内容来确定所需物资的数量及质量要求等。

②建设工程物资采购合同以转移财物和支付价款为基本内容。

③建设工程物资采购合同的标的品种繁多,供货条件复杂。建设工程物资采购合同的标的是建筑材料和设备,它包括钢材、木材、水泥及其他辅助材料以及机电成套设备等。其特点在于品种、质量、数量和价格差异较大。因此,在合同中必须对各种所需物资逐一明确,以确保工程施工的需要。

④建设工程物资采购合同应实际履行。由于物资采购合同是根据施工合同订立的,物资采购合同的履行直接影响到施工合同的履行,因此,建设工程物资采购合同一旦订立,卖方义务一般不能解除,不允许卖方以支付违约金和赔偿金的方式代替合同的履行,除非合同的延迟履行对买方成为不必要。

⑤建设工程物资采购合同采用书面形式。

(二) 材料采购合同的订立和履行

1. 材料采购合同的订立方式

材料采购合同的订立可采用以下几种方式。

(1) 公开招标——即由招标单位通过新闻媒介公开发布招标广告,以邀请不特定的法人或组织投标,按照法定程序在所有符合条件的材料供应商、建材厂家或建材经营公司中择优选择中标单位的一种方式。例如,大宗材料采购通常采用公开招标方式。

(2) 邀请招标——即招标人以投标邀请书的方式邀请特定的法人或组织投标,只有接到投标邀请书的法人或组织才能参加投标。一般邀请招标必须向3家以上的潜在投标人发出邀请。

(3) 询价、报价、签订合同——物资买方向若干建材厂商或建材经营公司发出询价函,要求他们在规定的期限内作出报价,在收到厂商的报价后,经过比较,选定报价合理的厂商或公司并与其签订合同。

(4) 直接订购——由材料买方直接向材料生产厂商或材料经营公司采购,双方商谈价格,签订合同。

2. 材料采购合同的履行

材料采购合同订立后,应依据我国《合同法》的规定予以全面、实际地履行。

(1) 按约定的标的履行。卖方交付的货物必须与合同规定的名称、品种、规格、型号相一致,除非买方同意,不允许以其他货物代替合同中规定的货物,也不允许以支付违约金或赔偿金的方式代替履行合同。

(2) 按合同规定的期限、地点交付货物。交付货物的日期应在合同规定的交付期限内，实际交付日期早于或迟于合同规定的交付日期，即视为同意延期交货。提前交付，买方可拒绝接收；逾期交付的，应当承担逾期交付的责任。

交付的地点应在合同指定的地点。合同双方当事人应当约定交付标的物的地点。

(3) 按合同规定的数量和质量交付货物，当事人对于交付货物的数量应当当场检验，清点账目后，由双方当事人签字。对质量的检验，内在质量，需做物理或化学试验的，试验的结果为验收的依据，外在质量可当场检验。卖方在交货时，应将产品合格证随同产品交买方据以验收。

(4) 买方的义务。买方在验收材料后，应按合同规定履行应付义务，否则承担法律责任。

(5) 违约责任。

①买方的违约责任。买方中途退货，应向卖方偿付违约金；逾期付款，应按中国人民银行关于延期付款的规定向卖方偿付逾期付款违约金。

②卖方的违约责任。卖方不能交货的，应向买方支付违约金；卖方所交货物与合同规定不符的，应根据情况由卖方包换、包退、包赔由此造成的买方的损失；卖方承担不能按合同规定期限交货的责任或提前交货的责任。

3. 不当履行合同的处理

卖方多交标的物的，买方可以接收或拒绝接收多交部分。买方接收多交部分的，按照合同的价格支付价款；买方拒绝接收多交部分的，应当及时通知卖方。

因标的物的主物不符合约定而解除合同的，解除合同的效力及于从物。因标的物的从物不符合约定被解除的，解除的效力不及于主物。

(三) 设备采购合同的订立和履行

1. 建设工程中设备的供应方式

建设工程中设备供应方式主要有以下 3 种：

(1) 委托承包——根据发包单位提供的成套设备清单，设备成套公司进行承包供应，并收取一定的成套业务费。双方根据设备供应的时间、供应的难度以及需要进行技术咨询和开展现场服务范围等确定其费率。

(2) 按设备包干——根据发包单位提出的设备清单及双方核定的设备预算总价，由设备成套公司承包供应。

(3) 招标投标——发包单位对需要的成套设备进行招标，设备成套公司参加投标，按照中标结果承包供应。

2. 设备采购合同的内容

设备采购合同通常采用标准合同格式，其内容可分为 3 部分。

(1) 约首——合同的开头部分，包括项目名称、合同号、签约日期、签约地点、双方当事人名称或姓名和地址等条款。

(2) 正文——合同的主要内容，包括合同文件、合同范围和条件、货物及数量、合同金额、付款条件、交货地点和时间、验收方法、现场服务及保修内容及合同生效等条款。

（3）约尾——合同的结尾部分，规定本合同生效条件，具体包括双方的名称、签字盖章及签字时间、地点等。

3. 设备采购合同的履行

（1）交付货物——按合同规定，卖方应按时、按质、按量地履行供货义务，并做好现场服务工作，及时解决有关设备的技术质量、缺损件等问题。

（2）验收交货——对卖方交货，买方应及时进行验收，依据合同规定，对设备的质量及数量进行核实检验，如有异议，应及时与卖方协商解决。

（3）结算——买方对卖方交付的货物检验没有发现问题，应按合同的规定及时付款；如果发现问题，在卖方及时处理达到合同要求后，也应及时履行付款义务。

（4）违约责任——在合同履行过程中，任何一方都不应借故延迟履约或拒绝履行合同义务，否则，应追究违约当事人的法律责任。

四、加工合同

在建设工程中加工合同是很常见的，加工合同的标的，通常被称为定作物，包括建筑构件或建筑施工用的物品。加工合同的委托方（定作方），该方需要定作物；另一方被称为承揽方，该方完成定作物的加工。

1. 加工合同的材料供应方式

加工定作物所需的材料，主要有两种供应方式。

（1）来料加工，即由定作方提供原材料，承揽方仅完成加工工作。

（2）由承揽方提供材料，定作方仅需提出所需定作物的数量、质量要求，双方商定价格，由承揽方全面负责材料供应和加工工作。

在实际工作中，通常对不同的材料采用不同的供应方式。

2. 加工合同的主要内容

（1）定作物的名称或项目。

（2）定作物的数量、质量、包装和加工方法。

（3）检查监督方式。

（4）原材料的提供以及规格、质量和数量。

（5）加工价款或酬金。

（6）履行的期限、地点和方式。

（7）成品的验收标准和方法。

（8）结算方式、开户银行、账号。

（9）违约责任。

（10）双方商定的其他条款，如交货地点和方式等。

3. 加工合同双方的责任

（1）用定作方原材料的加工合同。合同中应当明确规定原材料的消耗定额，定作方应按合同规定的时间、数量、质量和规格提供原材料；承揽方按合同规定及时检测，对不符合要求的材料,应立即通知定作方调换或补充。承揽方对定作方提供的材料不得擅自更换。

(2) 用承揽方原材料的加工合同。承揽方必须依照合同规定选用原材料,并接受定作方的检验。承揽方如隐瞒原材料缺陷,或使用不符合合同规定的原材料而影响定作物的质量,定作方有权要求重作、修理、减少价款或退货。

(3) 定作方提供的技术资料必须合理。在按照定作方的要求进行工作期间,承揽方如果发现定作方提供的图纸或技术要求不合理,应当及时通知定作方。定作方应当在规定时间内答复,提出修改意见。在规定的时间内未得到答复,承揽方有权停止工作,并通知定作方,由此造成的损失由定作方承担。

(4) 质量标准和技术要求。依据合同规定的质量标准和技术要求,承揽方用自己的设备、技术和人力完成工作。未经定作方同意,不得擅自变更,更不得转让给第三方加工承揽。

(5) 检查与验收。定作方在加工期间可以进行必要的检查,但不得妨碍承揽方的正常工作。定作方与承揽方对质量问题发生争议时,由法定质量监督机关检验并提供质量检验证明。

定作方应按合同规定的期限验收。验收前,承揽方应向定作方提交必需的技术资料和有关质量证明,在合同中应明确规定质量保证期限。承揽方应负责修复、退换在保证期限内发生的非定作方使用、保管不当等原因造成的质量问题。

(6) 价款与定金。凡是国家或主管部门有规定的,按规定执行;没有规定的,可由当事人双方协商确定。定作方可向承揽方交付定金,定金数额由双方协商确定。定作方不履行合同,则无权要求返还定金;承揽方不履行合同,应当双倍返还定金。

五、劳务合同

(一) 劳务合同的内容

劳务合同主要包括以下内容。

(1) 签约双方的单位名称、地点、代表姓名。
(2) 劳务工种、人数、年龄、工资、人员条件、服务对象、服务地点。
(3) 合同期限,双方职责。
(4) 合同生效及终止日期。
(5) 劳保、卫生保健,保险。
(6) 劳务人员权利。
(7) 仲裁等条款。

(二) 劳务内容和规模

劳务内容主要包括:劳务种类、规模及技术要求,具体专业、工种、人数、派遣日期和工作期限,各工种的具体工作任务,工长、工程师、技术员的要求和人数。

在合同后应附上施工细则、进度计划表等文件。合同中应明确规定,派遣方是否需派出行政管理人员,以及他们的人数、职责、权限和业主代表的联系制度等。

(三) 业主的义务

(1) 负责办理劳务人员出入工程项目所在国国境的手续以及居住证和工作许可证等。

(2) 办理劳务人员携带工具和个人生活用品出入工程项目所在国国境的报关、免税手续，并做好劳务人员入境到工地和开工之前的一切必要的准备工作，如支付动员费、预付费，准备好住房、办公室以及所需的家具、工具、劳保用品，办理各种保险。

(3) 在工程中，负责向劳务人员提供与其工作有关的计划、图纸，提供准确的工程技术指导。

(四) 派遣方的义务

1. 派遣前的手续

在合同规定的派遣时间前一个月，或按合同规定的时间向业主提交所有派出人员的名单、出生日期、工种、护照号码及其他资料，负责劳务人员离开自己国境和途中过境应办的一切手续。如不能按期派出，必须承担业主蒙受的损失。

2. 派遣前的培训

负责教育劳务人员遵守工程项目所在国或第三国的法律、法令，尊重其宗教和风俗习惯，保证派出人员不在工程项目所在国进行任何政治活动。

3. 派遣前的技术要求

负责教育劳务人员严格执行业主提出的工程技术要求，并接受其施工指导，按时、按质、按量完成商定的任务；派遣方应定期向业主提交工作报告，并做出必要的建议。

(五) 费用和支付

合同中必须明确规定各项费用的范围、标准、承担者、支付期限、支付方法、手续以及派遣方的收款银行、账号等。对于动员、交通、住宿、膳食、工资、加班、医疗、预付款等有关费用要有专门的规定。

(六) 节假日

双方协商劳务人员是同时享受两国法定节日，还是只享受某国法定节日，并在合同中规定。

(七) 病、事假和休假

通常，劳务人员工作期满 11 个月（或 1 年），可以享受带薪回国休假 1 个月。经双方协商决定休假的具体时间。由业主支付休假的往返交通费和出入境手续费。病假的规定在国际上不尽相同。有些合同规定，派遣方劳务人员每年在现场可享受带薪病假 15 天、30 天或 60 天不等。

(八) 人身伤残

一般规定，如遇到意外不幸或工伤事故，在头 3 个月业主照付技术服务费，以后每月支付技术服务费的 $1/3 \sim 1/2$，直至能重新工作。如因此造成派出人员部分或全部失去工作能力，业主应支付一笔抚恤金。

(九) 人员更换

由于各种原因引起派遣人员更换，在合同履行期间，所发生的费用由谁承担，应针对不同情况做出具体规定。

(十) 涉外事宜

派遣方劳务人员因工作需要同当地政府部门交涉事宜。可由双方一起或单独出面，但由此发生的费用应由业主负担；与工程无关的事宜，由派遣方交涉并承担费用。

劳务合同条款要依据劳务的性质、种类、特点、工作条件确定，不可一概而论。

练习题

一、单选题

1.《建设工程施工合同（示范文本）》（GF－2013－0201）由《合同协议书》《通用条款》《专用条款》三部分组成，并附有11个附件，以下哪一项不属于11个附件（   ）。
    A.《承包人承揽工程项目一览表》　　B.《发包人供应材料设备一览表》
    C.《工程量清单》　　D.《工程质量保修书》

2. 下列解释合同文件的优先顺序错误的是（   ）。
    A. 图纸优先于工程量清单　　B. 合同专用条款优先于合同通用条款
    C. 中标通知书优先于合同协议书　　D. 中标通知书优先于投标书及其附件

3. 以下不是建设工程合同的主要特征的是（   ）。
    A. 合同标的物普遍　　B. 合同履行期限长
    C. 合同涉及金额大　　D. 合同监管严格

4. 2013版建设工程施工合同示范文本中，争议解决方式增加了（   ）。
    A. 和解　　B. 调解
    C. 争议评审　　D. 仲裁或诉讼

5. 2013版合同中明确界定（   ），是指承包人按照合同约定承担缺陷修补义务，且发包人扣留质量保证金的期限，从工程竣工验收合格之日起计算。
    A. 履约期　　B. 保修期
    C. 缺陷责任期　　D. 缺陷通知期

6. 在2013版合同示范文本中规定了发包人的"付款能力证明及支付担保"，发包人应在收到承包人要求提供资金安排计划及证明的书面通知后（   ）天内，向承包人提供能够按照合同约定的时间和支付方式支付合同价款的相应资金安排计划及证明。
    A. 7　　B. 14　　C. 21　　D. 28

7. 在哪些情况下，监理单位不应放弃对项目的竞争（   ）。
    A. 本单位的主营和兼营能力之外的项目
    B. 工程规模超出本单位的资质等级的项目
    C. 本单位经营范围内，资质等级达标，并且经验成熟、盈利较高的项目

项目五 建设工程施工合同

D. 本单位监理任务饱满，监理项目盈利水平低或风险大的项目

8. 合同当事人可以根据不同建设工程的特点及具体情况，通过双方的谈判、协商对相应的（　　）进行修改补充。

A. 协议书　　　　　　　　　　B. 通用合同条款
C. 专用合同条款　　　　　　　D. 中标价格

9. 施工合同文本规定，承包人有权（　　）。

A. 分包所承包的部分工程
B. 转包所承担的全部工程
C. 经业主同意转包所承担的全部工程
D. 经业主同意分包所承担的部分工程

10. 已竣工工程交付使用前应由（　　）负责成品保护工作。

A. 建设单位　　　　　　　　　B. 监理单位
C. 施工单位　　　　　　　　　D. 协商解决单位

二、思考题

1. 简述建设工程合同的种类及特征。
2. 简述《建设工程施工合同（示范文本）》的组成及解释顺序。
3. 简述建设工程物资采购合同的概念及特征。
4. 分别阐述材料采购合同、设备采购合同的订立方式。
5. 如何履行材料采购合同？如何履行设备采购合同？
6. 简述劳务合同的主要内容？

项目六 建设工程合同管理

学习目标

(1) 熟悉建设工程合同管理各方的主要工作。
(2) 掌握施工监理合同示范文本内容组成及管理要素。
(3) 掌握勘察设计合同示范文本内容组成及管理要素。
(4) 熟悉 FIDIC 合同范本。

任务一 建设工程合同认知与管理

一、建设工程合同的基本概念

(一) 定义

我国《合同法》分则第十六章以专章规定了建设工程合同的具体内容,其中第 269 条规定:"建设工程合同是承包人进行工程建设,发包人支付价款的合同。"根据法律规定,建设工程合同的主体是发包人和承包人。发包人,一般为建设工程的建设单位,即投资建设该项目的单位,通常也叫做"业主",包括业主委托的管理机构;承包人,是指实施建设工程勘察、设计、施工等业务的单位。这里的建设工程是指土木工程、建筑工程、线路管道和设备安装以及装修工程。

在建设工程合同中,建设工程项目的参与者包括业主、施工承包单位、施工分包单位、设计单位、劳务分包单位、材料设备供应单位、监理单位、咨询服务单位等。参与者之间互相签订合同。在不同的管理模式下,有不同的合同种类和不同的合同内容,合同双方的职责也不同。

业主在建设工程项目管理中处于优势地位,因此,业主一般具有工程项目管理模式的选择权以及发包选择权。建设工程主要合同就是指业主与相关单位之间签订的系列合同,如勘察、设计合同签订的主体即业主与勘察、设计单位,施工合同、机电设备安装合同的签订主体即业主与施工承包单位,监理合同的签订主体即业主与监理单位,材料采购(供应)合同、设备采购(供应)合同的签订主体即业主与材料设备供应单位之间的合同等。

项目六　建设工程合同管理

建设工程合同属于承揽合同的特殊类型,因此,我国《合同法》第287条规定,法律对建设工程合同没有特别规定的,适用法律对承揽合同的相关规定。

(二) 建设工程合同的特征

1. 合同主体资格的合法性

建设工程合同主体就是建设工程合同的当事人,即建设工程合同发包人和承包人。不同种类的建设工程合同具有不同的合同当事人。由于建设工程活动的特殊性,我国建设法律法规对建设工程合同的主体有非常严格的要求:所有建设工程合同主体资格必须合法,必须为法人单位,并且必须具备相应的资质。

2. 合同客体的层次性

合同客体是合同法律关系的标的,是合同当事人权利和义务共同指向的对象,包括物、行为和智力成果。建设工程合同客体就是建设工程合同所指向的内容,如工程的施工、安装、设计、勘察、咨询和管理服务等。

3. 合同的书面性

虽然我国《合同法》规定合法的合同可以是书面形式、口头形式和其他形式,但我国相关法律均规定建设工程合同应当采用书面形式。由于建设工程合同一般具有合同目标的数额大、合同内容复杂、履行期较长等特点,以及在工程建设中经常会发生影响合同履行的纠纷,因此,建设工程合同应当采用书面形式。建设工程合同采用书面形式也是国家工程建设进行监督管理的需要。

4. 合同交易的特殊性

建设工程合同,以施工承包合同为主,在签订合同时确定的价格一般为暂定的合同价格,等合同履行工程全部结束并结掉后才最终确定合同的实际价格。建设工程合同交易具有多次性、渐进性,与其他一次性交易合同有很大不同。即使低于成本价格的合同初始价格,在工程合同履行期间,通过工程变更、索赔和价格调整,承包人仍然可能获得可观利润。

5. 合同的行政监督性

建设合同的行政监督性主要表现在:我国建设工程合同的订立、履行和结束等全过程都必须符合基本建设程序,接受国家相关行政主管部门的监督和管理。行政监督既涉及工程项目建设的全过程,如工程建设立项、规划设计、初步设计、施工图纸、土地使用、招标投标、施工、竣工验收等,也涉及工程项目的参与者,如参与者的资质等级、分包和转包、市场准入等。

6. 合同履行的地域性

由于建设工程具有产品的固定性,工程合同履行需围绕固定的工程展开,同时工程咨询服务合同也应尽可能在工程所在地履行。因此,建设工程合同履行具有明显的地域性,这一特性影响合同履行效果、合同纠纷的解决方式。

(三) 建设工程合同的类型

根据不同的分类条件,建设工程合同可以分为不同的合同。建设工程合同类型见表 6-1。

表 6-1 建设工程合同分类表

序号	分类条件	合同名称	
1	根据承包的内容不同	工程勘察合同	
		工程设计合同	
		工程施工合同	
2	根据合同联系结构不同	总承包合同与分别承包合同	
		总承包合同与分包合同	
3	根据项目管理模式与参与者关系不同	传统模式条件下的合同	
		设计建造/EPC/交钥匙模式条件下的合同	
		施工管理模式条件下的合同	
		BPT 模式条件下的合同	

1. 根据承包的内容不同分类

根据承包的内容不同，建设工程合同可分为建设工程勘察合同、建设工程设计合同和建设工程施工合同。

（1）建设工程勘察合同，是指勘察人（承包人）根据发包人的委托，完成对建设工程项目的勘察工作，发包人负责支付报酬的合同。

（2）建设工程设计合同，是指设计人（承包人）根据发包人的委托，完成对建设工程项目的设计工作，发包人负责支付报酬的合同。

建设工程勘察合同、建设工程设计合同的内容包括提交有关基础资料和文件（包括概预算）的期限、质量要求、费用以及其他协作条件等条款。

（3）建设工程施工合同，是指施工人（承包人）根据发包人的委托，完成建设工程项目的施工工作，发包人接受工作成果并支付报酬的合同。

建设工程施工合同的内容包括工程范围、建设工期、中间交工工程的开工和竣工时间、工程质量、工程造价、技术资料交付时间、材料和设备供应责任、拨款和结算、竣工验收、质量保修范围和质量保证期、双方相互协作等条款。

2. 根据合同联系结构不同分类

根据合同联系结构不同，建设工程合同可分为总包合同与分包合同，还可分为总承包合同与分别承包合同。

（1）总包合同与分包合同。总包合同，是指发包人与总承包人或者勘察人、设计人、施工工人就整个建设工程或者建设工程的勘察、设计、施工工作所订立的承包合同。总包合同包括总承包合同与分别承包合同，总承包人和承包人都直接对发包人负责。分包合同，是指总承包人或者勘察人、设计人、施工人经发包人同意，将其承包的部分工作承包给第三人所订立的合同。分包合同与总包合同是不可分离的。分包合同的发包人就是总包合同的总承包人或者承包人（勘察人、设计人、施工人）。分包合同的承包人即分包人，就其承包的部分工作与总承包人或者勘察、设计、施工承包人向总包合同的发包人承担连

项目六 建设工程合同管理

带责任。

(2) 总承包合同与分别承包合同。总承包合同，是指发包人将整个建设工程承包给一个总承包人而订立的建设工程合同。总承包人就整个工程对发包人负责。分别承包合同，是指发包人将建设工程的勘察、设计、施工工作分别承包给勘察人、设计人、施工人而订立的勘察合同、设计合同、施工合同。勘察人、设计人、施工作为承包人，就其各自承包的工程勘察、设计、施工部分，分别对发包人负责。

上述几种承包方式，均为我国法律所承认和保护。但对于建设工程的肢解承包、转包以及再分包这几种承包方式，均为我国法律所禁止。

3. 根据项目管理模式与参与者关系分类

根据项目管理模式与参与者关系，建设工程合同分为传统模式、设计—建造/EPC/交钥匙模式、施工管理模式、BPT模式等不同模式条件下的合同。

(1) 建设工程传统模式的合同：在建设工程传统模式下，业主与不同承包人之间的主要合同包括咨询服务合同、勘察合同、设计合同、施工承包合同、设备安装合同、材料设备供应合同、监理合同、造价咨询合同、保险合同等。此外，还包括各承包人与分包人之间签订的大量的分包合同。

(2) 建设工程项目设计—建造/EPC/交钥匙模式的合同：在建设工程项目设计—建造/EPC/交钥匙模式下，业主与不同承包人之间的主要合同包括咨询服务合同、设计—建造合同、EPC（设计—采购—施工）合同、交钥匙合同、监理合同、保险合同等。此外，还包括工程项目承包人与其他分包人之间的签订的大量的分包合同。

(3) 建设工程项目施工管理模式的合同：在建设工程项目施工管理模式下，施工管理人作为独立的第四方（除业主、设计人、施工承包人外）参与工程管理。业主与不同承包人之间的主要合同包括咨询服务合同、勘察合同、设计合同、施工管理合同、施工承包合同、设备安装合同、材料设备供应合同、保险合同等。此外，还包括各承包人与分包人之间签订的大量分包合同。

(4) 建设工程其他模式下的合同：在建设工程项目中还存在许多其他模式，如PFI/PPP模式、BOT模式、简单模式等，业主与不同参与者之间签订不同的合同。

（四）建设工程合同的基本原则

建设工程合同的基本原则是签订和执行建设工程合同的指导思想，与《合同法》的基本原则一致，建设工程合同的基本原则都是《合同法》的基本原则在建设工程合同领域的具体体现。根据《合同法》等相关的规定，在订立和履行建设工程合同时应遵循以下原则。

1. 平等原则

建设工程合同的平等原则，是指当事人的民事法律地位平等，一方不得将自己的意志强加给另一方，贯穿合同的订立、履行、变更、转让、解除、承担违约责任等各个环节。

2. 自愿原则

建设工程合同的自愿原则，是指当事人依法享有自由缔结合同、选择交易伙伴、决定合同内容以及在变更和解除合同、选择合同补救方式等方面的权利。建设工程合同的自愿原则表现在两个方面，一方面，既表现在当事人之间，因一方欺诈、胁迫订立的合同无效或者可撤销；另一方面，也表现在合同当事人与其他人之间，任何单位和个人不得非法干预。

3. 公平原则

建设工程合同的公平原则，是指当事人确定各方的权利和义务应当遵循公平原则。公平原则既表现在订立合同时，丧失公平的合同可以撤销，又可以表现在发生合同纠纷时的公平处理；既要保护守约方的合法利益，也不能使违约方因较小的过失承担过重的责任；还表现在当因客观情况发生异常变化，履行合同使当事人之间的利益产生重大失衡时，需要公平地调整当事人之间的利益。

4. 诚实信用原则

建设工程合同的诚实信用原则，是指民事主体在从事民事活动时，应诚实守信，以善意的方式履行其义务，不得滥用权利，规避法律规定的或合同约定的义务。诚实信用主要包括三方面：一是诚实，表里如一，因欺诈订立的合同。无效或可以撤销；二是守信，言行一致；三是从当事人协商合同条款时起，就处于特殊的合作关系中，当事人应当恪守商业道德，履行相互协助、通知、保密等义务。

以上原则体现了合同的基本原则，充分体现出建设工程合同作为合同的一种类型，在建设工程合同订立和管理过程中，遵循着《合同法》规定的基本原则。

二、合同在建筑工程中的作用

在现代建筑工程中，建设工程合同发挥着越来越重要的作用，主要体现在以下几个方面。

（1）合同确定了工程实施和工程管理的主要目标，是合同双方在工程中进行各种经济行为的依据。

当事人双方在工程实施前签订合同，确定工程所要达到的目标以及与目标相关的所有主要的和细节的问题。合同确定的工程目标主要包括三个方面。

①工期：包括工程的总工期、工程开始、工程结束的具体日期以及工程中的一些主要活动的持续时间，由合同协议书、总工期计划、双方一致同意的详细进度计划确定。

②工程质量、工程规模和范围：详细而具体的质量、技术和功能等方面的要求，由合同条件、图纸、规范、工程量表等定义。例如，建筑面积、建筑材料、设计、施工等质量标准和技术规范等。

③价格：包括工程总价格，各分项工程的单价和总价等，由中标函、合同协议书或工程量报价单等定义。即承包商按合同要求完成工程所获得的报酬。

以上是工程施工和管理的目标和依据。

（2）合同规定了双方在合同实施过程中的经济责任、利益和权利。

签订合同，有利于建设工程的双方处于一个统一体中，共同完成项目任务，双方的总目标是一致的。但从另一个角度看，合同双方的利益又是不一致的。承包商的目标是尽可能多地取得工程利润，增加收益，降低成本；业主的目标是以尽可能少的费用完成尽可能

项目六 建设工程合同管理

多的、质量尽可能高的工程。

工程过程中发生的利益冲突以及在施工和管理过程中双方行为的不一致、不协调大多是由于双方的利益不一致导致的。双方当事人往往都从各自利益的角度出发考虑和分析问题，采用一些策略、手段和措施达到自己的目的。但合同双方的权利和义务是互为条件的，这一切又必然影响和损害对方利益，妨碍工程的顺利实施。

合同是调节双方利益不一致关系的主要手段，双方可以利用合同保护自己的权益，限制和制约对方。

（3）合同是工程项目组织的纽带。

合同将工程所涉及的生产、材料和设备供应、运输、各专业设计和施工的分工协作关系联系起来，协调并统一项目各参加者的行为。一个参加单位与项目的关系，它在项目中承担的角色，它的任务和责任，就是由与它相关的合同定义的。

（4）合同是工程过程中双方的最高行为准则。

工程过程中的一切活动都是为了履行合同，合同双方当事人都必须按合同办事，双方的行为主要靠合同来约束。所以，工程管理以合同为核心。

由于社会化大生产和专业化分工，一个工程必须有几个、十几个，甚至几十个参加单位。在工程实施中，由于合同方违约，不能履行合同责任，不仅会造成自己的损失，而且会殃及合同伙伴和其他工程参与者，甚至会影响整个工程的工期。如果没有合同的法律约束力，就不能保证工程的各参加者在工程的各个方面、工程实施的各个环节上都按时、按质、按量地完成自己的义务，就不会有正常的施工秩序，就不可能顺利实现工程总目标。

（5）合同是工程过程中双方解决争执的依据。

在工程过程中，由于双方经济利益的不一致，争执是难免的。由于双方对合同理解的不一致、合同实施环境的变化、有一方未履行或未正确地履行合同等，合同争执是经济利益冲突的表现。

解决争执，合同有以下两个决定性作用。

①争执的判定以合同作为法律依据，即以合同条文判定争执的性质，谁对争执负责，应负什么样的责任等。

②争执的解决方法和解决程序由合同规定。

三、建设工程中的主要合同关系

1. 建设工程中的主要合同关系

一般工程项目的建设程序主要包括：项目建议书阶段、可行性研究阶段、设计阶段、建设准备阶段、建设实施阶段、竣工验收阶段和后评价阶段，而相关的合同可能有几份、几十份、几百份，甚至上千份。它们之间有非常复杂的内部联系，形成了一个复杂的合同网络。其中，业主和承包商是两个最主要的节点。

（1）业主的主要合同关系。业主作为工程、货物或服务的买方，可能是政府、国营或民营企业、其他投资者。业主根据对工程的需求，确定工程项目的总体目标——所有相关合同的核心。

要实现项目目标，业主必须将工程项目的咨询、勘察、设计、施工、设备和材料供应等工作委托出去，必须与有关单位签订合同，其主要合同关系如图6-1所示。

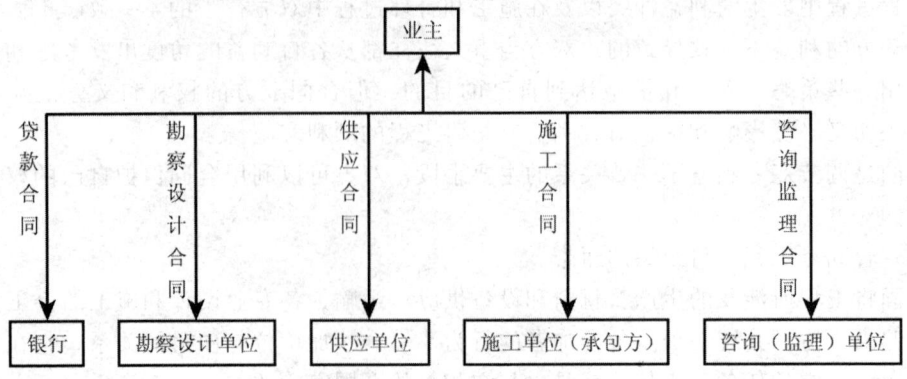

图6-1 业主的主要合同关系

(2) 承包商的主要合同关系。承包商是工程施工的具体实施者。承包商通过投标接受业主的委托，签订工程施工承包合同。承包商要履行合同义务（由工程量表所确定的工程范围的施工、竣工和保修，为完成工程提供劳动力、施工设备、材料，有时也包括设计）。往往任何一个承包商都不可能、也不必具备所有专业工程的施工能力、材料和设备的生产和供应能力，他必然会将许多专业工作委托出去，因此，承包商又有自己复杂的合同关系，如图6-2所示。

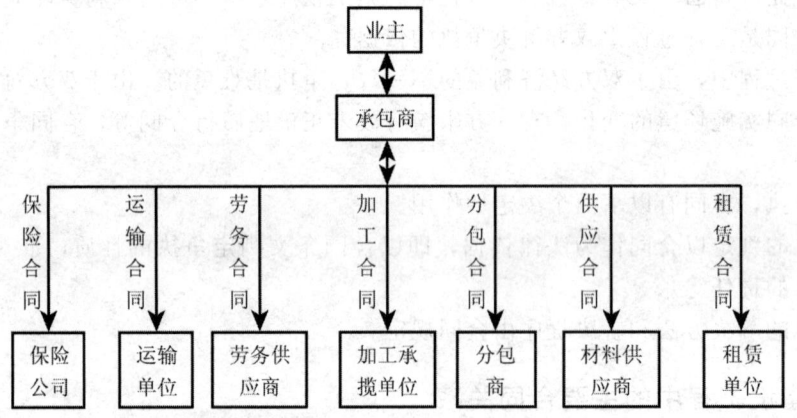

图6-2 承包商的主要合同关系

2. 工程项目合同体系

业主为了实现工程项目总目标，按照项目任务的结构分解，签订不同层次、不同种类的合同，共同构成该项目的合同体系，如图6-3所示。

从宏观上讲，项目的合同体系（或称为合同网络）就是由这些合同构成的；从微观上讲，每个合同都定义并安排了一些项目活动，这些项目活动共同构成项目的实施过程。在相关的同级合同之间，以及主合同与分合同之间存在着复杂的联系。

在合同网络中，最具代表性的合同是施工承包合同，它在工程项目合同体系中处于主导地位，是整个项目合同管理的重点。无论是业主、监理工程师，还是承包商，都将它作

项目六 建设工程合同管理

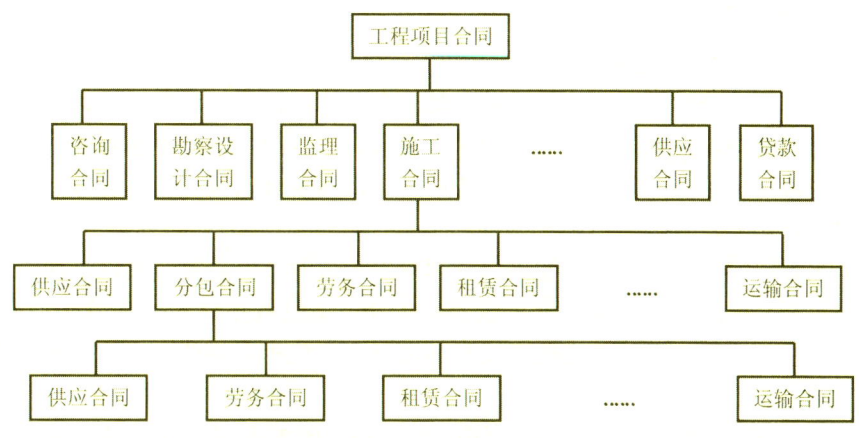

图 6-3 工程项目合同体系

为合同管理的主要对象。因此,要了解整个项目合同体系或者加深对其他合同的理解,则必须深刻了解施工承包合同。

工程项目合同体系在项目管理中是一个非常重要的概念。首先,它反映了项目任务的范围和划分方式;其次,反映了项目所采用的管理模式,如监理制度,总承包方式或平行承包方式;再次,它在很大程度上决定了项目的组织形式。因为不同层次的合同常常决定了该合同实施者在项目组织结构中的地位。

三、建设工程施工合同的认知与管理

建设工程施工合同是工程建设中最重要,也是最复杂的合同。它在工程项目中的持续时间长、标的物复杂、价格高,在整个建设工程合同体系中,起主干合同的作用。

(一)建设工程施工合同的认知

1. 承包合同的种类

一份承包合同所包括的工程,或工作范围会有很大的差异,通常承包合同的种类包括以下内容。

(1)设计—建造及交钥匙承包合同,即总承包合同。业主将工程的设计、施工、采购、管理等工作全部委托给一个承包商,即业主仅面对一个承包商。

(2)施工总承包。即承包商承担一个工程的全部施工任务,包括土建、水电安装、设备安装等。

(3)单位工程施工承包。这是最常见的工程承包合同,包括土木工程施工合同、电气与机械工程承包合同等。在工程中,业主可以将专业性很强的单位工程分别委托给不同的承包商。这些承包商之间为平行关系。

(4)分包合同。它是承包合同的分合同。承包商将承包合同范围内的一些工程或工作通过分包合同形式委托给另外的承包商来完成。

(5)其他承包形式。如管理承包方式。

2. 工程承包合同文件的范围

(1) 合同文件范围确定的重要性。

工程承包合同，是由许多文件组成的，是一个整体的概念，应整体地理解和把握。很长一段时期，合同协议书就是人们理解的通常意义上的合同。许多承包商在承包合同谈判中只注重合同协议书和合同条件的分析和协商，忽视属于合同范围的其他文件，最终导致工程施工和管理的失误。

确定承包合同的范围对合同的实施和管理有着重大意义，主要解决以下两个问题：

①工程承包合同的构成内容。即承包商在工程实施过程中进行工程施工、合同监督、合同控制、索赔的依据，合同确定的工程目标和双方责权利包括的内容以及承包合同的文件组成。

②承包合同范围中所包括的各个文件在执行上的优先次序。各文件之间应该有一致性，即不能出现解释上的矛盾。但是这种矛盾性很难避免，主要原因在于合同条件非常复杂，合同文件面广量大，在工程中又经常有合同变更。例如 FIDIC 合同规定，构成合同的各文件之间应能互相说明，如果出现含糊或不一致，则应由监理工程师对此做出解释或校正。

(2) 工程承包合同的范围。

从合同的内涵、合同所起的作用和要达到的目的来说，合同范围不仅包括合同协议书和合同条件，而且包括其他许多文件。合同所包括的文件通常由本合同的条款专门定义，例如，FIDIC 合同和我国施工合同文本。但在实际工程中，有许多变更文件。通常工程承包合同所包括的内容和执行上的优先次序为：

①承包合同签订后双方达成一致的补充协议、备忘录、修正案和其他协议文件。

②合同协议书——双方签署的合同协议书。

③中标通知书。

④投标书。

⑤合同条件。

⑥合同签订前双方达成一致的书信、会谈纪要、备忘录、附加协议和其他文件。

⑦合同的技术文件和其他附件。

承包合同的总体由以上的内容构成。在执行中，双方理解不一致的，以法律效力优先的文件为准。

3. 工程承包合同文本的结构

(1) 合同结构的基本概念。

合同文本（包括合同条件、协议书）是合同的核心部分，规定工程施工中双方的责权利关系，合同价格、工期、合同违约责任和争执的解决等一系列重大问题，是合同管理的核心文件。现代工程中，合同文本十分复杂，不同的合同文本形式、表达方式差别很大，因此，阅读、理解和分析合同文本具有很强的专业性。

任何合同文本都有自身的结构，有一些必要的条款，应说明的问题，条款之间有一定的内在联系。对工程合同文本的结构进行分析，即是指将合同的条款按内容、性质和说明的对象进行分解和归纳整理，找出内在联系。这样可以对合同的组成和各详细的条款进行

项目六 建设工程合同管理

进一步分析研究。

（2）工程承包合同文本结构。

合同的类型、工程的复杂程度、合同关系的复杂程度不同，合同文本的内容和结构，合同条款的简繁程度会有很大不同，语言表达形式更是丰富多彩。通常，国内工程承包合同文本比较简单，而国际工程承包合同文本比较复杂。工程合同可以分为以下五大类条款。

①合同前言，对合同双方及工程项目作简要介绍，说明该合同要达到的目标。

②词语定义，主要对合同文本中用到的一些名词和概念进行解释和定义，以达到双方理解的一致。

③技术方面的规定，主要为合同所规定的供应和工程的技术方面的要求、说明和规范，合同双方在合同实施过程中对各种工程活动的责任等。

④商务和组织方面的规定。

⑤法律方面的规定，是合同的技术、商务和组织等方面的法律影响，未履行合同责任的法律后果。

以上每一类条款可分为许多项，每一项又可分为许多子项，最终可以得到多级的树形结构图，如图 6-4 所示。

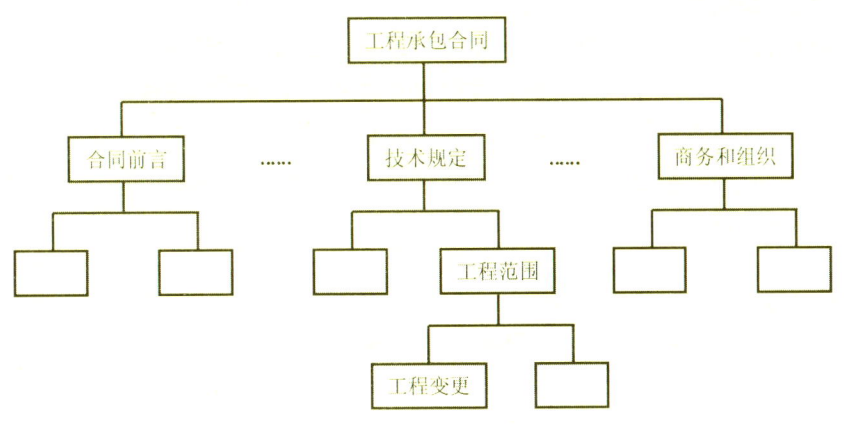

图 6-4 工程承包合同结构图

4. 建设工程施工合同内容

我国《合同法》第 270 条明确规定：建设工程合同应当采用书面形式。因此，建设工程施工合同也要采用书面形式。建设工程合同是要式合同，主要是针对与土木工程相关的建筑与安装活动，而建设工程施工合同是指施工承包人完成工程的建筑安装工作，发包人验收后，接受该工程并支付价款的合同。

我国《合同法》第 275 条对施工合同的内容进行了明确规定，包括工程范围、建设工期、中间交工工程的开发和竣工时间、工程质量、工程造价、技术资料交付时间、材料和设备供应责任、拨款和结算、竣工验收、质量保修范围和质量保证期、双方相互协作等条款。除以上内容外，对材料设备采购、检验、施工现场安全管理、违约责任等内容在签订合同时也应充分重视，做出具体明确的约定。任何一份施工合同都难以做到十全十美，合同履行中还应根据实际情况需要及时签订补充协议、变更协议，调整各方的权利和义务。

（二）建设工程施工合同的管理

为了规范和指导合同当事人双方的行为，完善合同管理制度，解决施工合同中存在的合同文本不规范、条款不完备、合同纠纷多等问题，结合我同工程建设的实际情况，并借鉴国际上广泛使用的土木工程施工合同，建设部和国家工商行政管理局颁发了《建设工程施工合同（示范文本）》（GF—99—0201）以加以管理。

1. 《建设工程施工合同（示范文本）》的组成

《建设工程施工合同（示范文本）》由协议书、通用条款、专用条款三部分组成，并附有三个附件。

（1）协议书。协议书的内容包括工程概况、工程承包范围、合同工期、质量标准、合同价款、组成合同的文件及双方的承诺等，是《建设工程施工合同（示范文本）》中的总纲性文件。虽然文字量并不大，但它规定了合同当事人双方最主要的权利义务，规定了组成合同的文件及合同当事人对履行合同义务的承诺，合同当事人要在这份文件上签字盖章，因此具有很强的法律效力。

（2）通用条款。通用条款共由 11 部分 47 条组成，其内容包括：词语定义及合同条件、双方一般的权利和义务、施工组织设计和工期、质量与检验、安全施工、合同价款与支付、材料设备供应、工程变更、竣工验收与结算、违约、索赔和争议、其他等，是根据《合同法》《建筑法》等法律对承发包双方的权利义务作出规定的文件，除双方协商一致对其中的某些条款作修改、补充或取消外，双方都必须履行；它是将建设工程施工合同中一些具有共性的内容抽出来编写的一份完整的合同文件。通用条款具有很强的通用性，基本适用于各类建设工程。

（3）专用条款。专用条款的条款号与通用条款相一致，但主要内容大多为空格，由当事人根据工程的具体情况予以明确或对通用条款进行修改、补充。考虑到建设工程的内容各不相同，工期、造价也随之变动，承包人、发包人各自的能力、施工现场的环境和条件也各不相同，通用条款不能完全适用于各个具体工程，因此，配之以专用条款对其做必要的修改和补充，使通用条款和专用条款成为双方统一意愿的体现。

（4）附件。《建设工程施工合同（示范文本）》包括 3 个附件：《承包人承揽工程项目一览表》《发包方供应材料设备一览表》《房屋建筑工程质量保修书》。《建设工程施工合同（示范文本）》的附件，是对施工合同当事人权利义务的进一步明确，并且使得施工合同当事人对有关工作一目了然，便于执行和管理。

2. 词语定义

下列词语除专用条款另有约定外，应具有《建设工程施工合同（示范文本）》所赋予的定义。

通用条款：是根据法律、行政法规规定及建设工程施工的需要订立，通用于建设工程施工的条款。

专用条款：是发包人与承包人根据法律、行政法规规定，结合具体工程实际，经协商达成一致意见的条款，是对通用条款的具体化、补充或修改。

项目六 建设工程合同管理

发包人：指在协议书中约定，具有工程发包主体资格和支付工程价款能力的当事人以及取得该当事人资格的合法继承人。

承包人：指在协议书中约定，被发包人接受的具有工程施工承包主体资格的当事人以及取得该当事人资格的合法继承人。

项目经理：指承包人在专用条款中指定的负责施工管理和合同履行的代表。

设计单位：指发包人委托的负责本工程设计并取得相应工程设计资质等级证书的单位。

监理单位：指发包人委托的负责本工程监理并取得相应工程监理资质等级证书的单位。

工程师：指本工程监理单位委派的总监理工程师或发包人指定的履行本合同的代表，其具体身份和职权由发包人承包人在专用条款中约定。

工程造价管理部门：指国务院有关部门、县级以上人民政府建设行政主管部门或其委托的工程造价管理机构。

工程：指发包人承包人在协议书中约定的承包范围内的工程。

合同价款：指发包人承包人在协议书中约定，发包人用以支付承包人按照合同约定完成承包范围内全部工程并承担质量保修责任的款项。

追加合同价款：指在合同履行中发生需要增加合同价款的情况，经发包人确认后按计算合同价款的方法增加的合同价款。

费用：指不包含在合同价款之内的应当由发包人或承包人承担的经济支出。

工期：指发包人承包人在协议书中约定，按总日历天数（包括法定节假日）计算的承包天数。

开工日期：指发包人承包人在协议书中约定，承包人开始施工的绝对或相对的日期。

竣工日期：指发包人承包人在协议书约定，承包人完成承包范围内工程的绝对或相对的日期。

图纸：指由发包人提供或由承包人提供并经发包人批准，满足承包人施工需要的所有图纸（包括配套说明和有关资料）。

施工场地：指由发包人提供的用于工程施工的场所以及发包人在图纸中具体指定的供施工使用的任何其他场所。

书面形式：指合同书，信件和数据电文（包括电报、电传、传真、电子数据交换和电子邮件）等可以有形地表现所载内容的形式。

违约责任：指合同一方不履行合同义务或履行合同义务不符合约定所应承担的责任。

索赔：指在合同履行过程中，对于并非自己的过错，而是应由对方承担责任的情况造成的实际损失，向对方提出经济补偿和（或）工期顺延的要求。

不可抗力：指不能预见、不能避免并不能克服的客观情况。

小时或天：本合同中规定按小时计算时间的，从事件有效开始时计算（不扣除休息时间）；规定按天计算时间的，开始当天不计入，从次日开始计算。时限的最后一天是休息日或者其他法定节假日的，以节假日次日为时限的最后一天，但竣工日期除外。时限的最后一天的截止时间为当日 24 时。

3. 施工合同文件的组成及解释顺序

合同文件应能相互解释，互为说明。除专用条款另有约定外，组成本合同的文件及优先解释顺序如下：

（1）合同协议书。
（2）中标通知书。
（3）投标书及其附件。
（4）合同专用条款。
（5）合同通用条款。
（6）标准、规范及有关技术文件。
（7）图纸。
（8）工程量清单。
（9）工程报价单或预算书。

合同履行中，发包人承包人有关工程的洽商、变更等书面协议或文件视为合同的组成部分。

当合同文件内容含糊不清或不相一致时，在不影响工程正常进行的情况下，由发包人承包人协商解决。双方也可以提请负责监理的工程师作出解释。双方协商不成或不同意负责监理的工程师的解释时，按通用条款第37条关于争议的约定处理。即，发包人承包人在履行合同时发生争议，可以和解或者要求有关主管部门调解。当事人不愿和解、调解或者和解、调解不成的，双方可以在专用条款内约定以下一种方式解决争议：第一种解决方式：双方达成仲裁协议，向约定的仲裁委员会申请仲裁；第二种解决方式：向有管辖权的人民法院起诉。

发生争议后，除非出现下列情况的，双方都应继续履行合同，保持施工连续，保护好已完工程。

①单方违约导致合同确已无法履行，双方协议停止施工。
②调解要求停止施工，且为双方接受。
③仲裁机构要求停止施工。
④法院要求停止施工。

任务二　建设工程监理合同认知与管理

一、建设工程监理合同

建设工程监理合同的认知包括其概念、特征、示范文本和订立。

（一）建设工程监理合同的概念

建设工程监理合同简称监理合同，是指委托人与监理人就委托的工程项目管理内容签订的明确双方权利、义务的协议。

项目六　建设工程合同管理

(二) 监理合同的特征

监理合同是委托合同的一种，除具有委托合同的共同特点外，还具有以下特点：

(1) 监理合同的当事人双方应当是具有民事权力能力和民事行为能力、取得法人资格的企事业单位、其它社会组织、个人在法律允许的范围内也可以成为合同当事人。委托人必须具有国家批准的建设项目，落实投资计划的企事业单位、其它社会组织及个人，作为受托人必须是依法成立具有法人资格的监理企业，并且所承担的工程监理业务应与企业资质等级和业务范围相符合。

(2) 监理合同委托的工作内容必须符合工程项目建设程序，遵守有关法律、行政法规。监理合同是以对建设工程项目实施控制和管理为主要内容，因此监理合同必须符合建设工程项目的程序，符合国家和建设行政主管部门颁发的有关建设工程的法律、行政法规、部门规章和各种标准、规范要求。

(3) 委托监理合同的标的是服务，建设工程实施阶段所签订的其他合同，如勘察设计合同、施工承包合同、物资采购合同、加工承揽合同的标的物是产生新的物质成果或信息成果，而监理合同的标的是服务，即监理工程师凭据自己的知识、经验、技能，受业主委托为其签订其他合同的履行实施监督和管理。

(三) 建设工程监理合同的示范文本

《建设工程监理合同示范文本（GF—2012—0202）》（以下称"示范文本"）由"协议书""通用条件""专用条件"组成，并附有两个附件，即"附录A 相关服务的范围和内容""附录B 委托人派遣的人员和提供的房屋、资料、设备"组成。

1. 协议书

《协议书》是一个总的协议，是纲领性的法律文件。虽然其文字量并不大，但它规定了合同当事人双方最主要的权利义务，规定了组成合同的文档及合同当事人对履行合同义务的承诺，合同当事人要在这份文档上签字盖章，因此具有很强的法律效力。《协议书》的内容包括工程概况、词语限定、组成本合同的文件、总监理工程师、签约酬金、期限、双方承诺、合同订立。

2. 通用条件

建设工程监理合同通用条件，其内容涵盖了合同中所用定义与解释、监理人的义务、委托人的义务、违约责任、支付、合同生效、变更、暂停、解除与终止、争议解决以及其它一些情况。适用于各类建设工程项目监理。各个委托人、监理人都应遵守。

3. 专用条件

由于通用条件适用于各种行业和专业项目的建设工程监理，因此其中的某些条款规定得比较笼统，需要在签订具体工程项目监理合同时，结合地域特点、专业特点和委托监理项目的工程特点，对通用条件中的某些条款进行补充、修止。

所谓"补充"是指通用条件中的条款明确规定，在该条款确定的原则下，专用条件的条款中进一步明确具体内容，使两个条件中相同序号的条款共同组成一条内容完备的条款。

所谓"修改"是指通用条件中规定的程序方面的内容，如果双方认为不合适，可以协议修改。

（四）监理合同的订立

1. 委托的监理工作范围

监理合同的范围是监理工程师为委托人提供服务的范围和工作量。委托人委托监理业务的范围非常广泛，其中施工阶段监理工作可包括：

（1）协助委托人选择承包人，组织设计、施工、设备采购等招标。

（2）技术监督和检查。检查工程设计、材料和设备质量；对操作或施工质量的监理和检查。

（3）施工管理。包括质量控制、成本控制、计划和进度控制等。通常施工监理合同中"监理工作范围"条款，一般应与工程项目中概算、单位工程概算所涵盖的工程范围相一致，或与工程总承包合同、单项工程承包所涵盖的范围相一致。

2. 监理合同的履行期限、地点和方式

订立监理合同时约定的履行期限、地点和方式是指合同中规定的当事人履行自己的义务完成工作的时间、地点以及结算酬金。在签订《建设工程监理合同》时双方必须商定监理期限，标明何时开始，何时完成。合同中注明的监理工作开始实施和完成日期是根据工程情况估算的时间，合同约定的监理酬金是根据这个时间估算的。如果委托人根据实际需要增加委托工作范围或内容，导致需要延长合同期限，双方可以通过协商，另行签订补充协议。

监理酬金支付方式也必须明确：首期支付多少，是每月等额支付还是根据工程形象进度支付，支付货币的币种等。

3. 双方的权利

委托人与监理人签订合同，其根本目的就是为实现合同的标的，明确双方的权利和义务；在合同中的每条款当中，都反映了这种关系。

（1）委托人权利。

①授予监理人权限的权利。监理合同要求监理人对委托人与第三方签订的各种承包合同的履行实施监理，监理人在委托人授权范围内对其他合同进行监理管理，因此在监理合同内除需明确委托的监理任务外，还应规定监理人的权限在委托人授权范围内，监理人可对所监理的合同自主地采取各种措施进行监督、管理和协调，如果超越权限时，应首先征得委托人同意后方可发布有关指令。委托人授予监理人权限的大小，要根据自身的管理能力、建设工程项目的特点及需要等因素考虑。监理合同内授予监理人的权限，在执行过程中可随时通过书面附件协议予以扩大或减少。

②对其他合同承包人的选定权。委托人是建设资金的持有者和建筑产品的所有人，因此对设计合同、施工合同、加工制造合同等的承包单位有选定权和订立合同的签字权。监理人在选定其他合同承包人过程中仅有建议权而无决定权。监理人协助委托人选择承包人的工作包括：邀请招标时提供有资格和能力的承包人名录；帮助起草招标文件；组织现场考察；参与评标，以及接受委托代理招标等。但标准条件中规定，监理人对设计和施工等总包单位所选定的分包单位，拥有批准权或否决权。

项目六　建设工程合同管理

③委托监理工程重大事项的决定权。委托人有对工程规模、规划设计、生产工艺设计、设计标准和使用功能等要求的认定权；工程设计变更审批权。

④对监理人履行合同的监督控制权。委托人对监理人履行合同的监督权体现在以下三个方面：

a. 对监理合同转让和分包的监督。除了支付款的转让外，监理人不得将所涉及到的利益或规定义务转让给第三方，监理人所选择的监理工作分包单位必须事先征得委托人的认可。在没有取得委托人的书面同意前，监理人不得开始实行、更改或终止全部或部分服务的任何分包合同。

b. 对监理人员的控制监督。合同专用条款或监理人的投标书内，应明确总监理工程师人选、监理机构派驻人员计划。合同开始履行时，监理人应向委托人报送委派的总监理工程师及其监理机构主要成员名单，以保证完成监理合同专用条件中约定监理工作范围的任务。当监理人调换总监理工程师时，须经委托人同意。

c. 对合同履行的监督权。监理人有义务按期提交月、季、年度的监理报告，委托人也可以随时要求其对重大问题提交专项报告，这些内容应在专用条款中明确约定。委托人按照合同约定检查监理工作的执行情况，如果发现监理人员不按监理合同履行职责或与承包方串通，给委托人或工程造成损失，有权要求更换监理人员，直至终止合同，并承担相应赔偿责任。

(2) 监理人权利。监理合同中涉及监理人权利的条款可分为两大类，一类是监理人在委托合同中应享有的权利，另一类是监理人履行委托人与第三方签订的承包合同的监理任务时可行使的权利。

①委托监理合同中赋予监理人的权利包括：

a. 完成监理任务后获得酬金的权利。监理人不仅可获得完成合同内规定的正常监理任务酬金，如果合同履行过程中因主、客观条件的变化，完成附加工作和额外工作后，也有权按照专用条件中约定的计算方法，得到额外工作的酬金。正常酬金的支付程序和金额，以及附加与额外工作酬金的计算办法，应在专用条款内写明获得奖励的权利。监理人在工作过程中作出了显著成绩，如由于监理人提出的合理化建议，使委托人获得实际经济利益，则应按照合同中规定的奖励办法，得到委托人给予的适当物质奖励。奖励办法通常参照国家颁布的合理化建议奖励办法，写明在专用条件相应的条款内。

b. 终止合同的权利。如果由于委托人违约严重拖欠应付监理人的酬金，或由于非监理人责任而使监理暂停的期限超过半年以上，监理人可按照终止合同规定程序，单方面提出终止合同，以保护自己的合法权益。

②监理人执行监理业务可以行使的权力按照范本通用条件的规定，监理委托人和第三方签订承包合同时可行使的权利包括：

a. 建设工程有关事项和工程设计的建议权。建设工程有关事项包括工程规模、设计标准、规划设计、生产工艺设计和使用功能要求。

设计标准和使用功能等方面，向委托人和设计单位的建议权。工程设计是指按照安全和优化方面的要求，就某些技术问题自主向设计单位提出建议。但如果由于提出的建议提高了工程造价，或延长工期，应事先征得委托人的同意，如果发现工程设计不符合建筑工程质量标准或约定的要求，应当报告委托人要求设计单位更改，并向委托人提出书面报告。

b. 对实施项目的质量、工期和费用的监督控制权。主要表现为：对承包人报的工程施工组织设计和技术方案，按照保质量、保工期和降低成本要求，自主进行审批和向承包人提出建议；征得委托人同意，发布开工令、停工令、复工令；对工程上使用的材料和施工质量进行检验；对施工进度进行检查、监督，未经监理工程师签字，建筑材料、建筑构配件和设备不得在工地上使用，施工单位不得进行下一道工序的施工；工程实施竣工日期提前或延误期限的鉴定；在工程承包合同认定的工程范围内，工程款支付的审核和签认权，以及结算工程款的复核与否定权。未经监理人签字确认，委托人不支付工程款，不进行竣工验收。

c. 工程建设有关协作单位组织协调的主持权。

d. 在业务紧急情况下，为了工程和人身安全，尽管变更指令已超越了委托人授权而又不能事先得到批准时，也有权发布变更指令，但应尽快通知委托人。

e. 审核承包人索赔的权利。

二、监理合同管理

建设监理合同的订立只是监理工作的开端，合同双方，特别是受托人一方必须实施有效管理，监理合同才能得以顺利履行，在监理合同履行过程中应注意以下几个方面。

（一）监理人应完成的监理工作

虽然监理合同的专用条款注明了委托监理工作的范围和内容，但从工作性质而言属于正常的监理工作。作为监理人必须履行的合同义务，除了正常监理工作之外，还应包括附加监理工作。附加监理工作属于订立合同时未能或不能合理预见，而合同履行过程中发生需要监理人完成的工作。

（1）"正常工作"指本合同订立时通用条件和专用条件中约定的监理人的工作。

（2）"附加工作"是指本合同约定的正常工作以外监理人的工作。附加工作可能包括：

①由于委托人、第三方原因，使监理工作受到阻碍或延误，以致增加了工作量或延续时间。

②增加监理工作的范围和内容等。如由于委托人或承包人的原因，承包合同不能按期竣工而必须延长的监理工作时间。又如委托人要求监理人就施工中采用新工艺施工部分编制质量检测合格标准等都属于附加监理工作。

③合同生效后，如果实际情况发生变化使得监理人不能完成全部或部分工作时，监理人应立即通知委托人。除不可抗力外，其善后工作以及恢复服务的准备工作应为附加工作，附加工作酬金的确定方法在专用条件中约定。监理人用于恢复服务的准备时间不应超过28天。

（二）合同有效期

尽管双方签订《建设工程监理合同》中注明监理期限"自×年×月×日始，至×年×月×日止。"但此期限仅指完成监理工作预定的时间，并不一定是监理合同的有效期。监

项目六 建设工程合同管理

理合同的有效期即监理人的责任期,不是用约定的日历天数为准,而是以监理人是否完成包括附加和额外工作的义务来判定。因此通用条款规定,监理合同的有效期为双方签订合同后,工程准备工作开始,到监理人向委托人办理完竣工验收或工程移交手续,承包人和委托人已签订工程保修责任书,监理收到监理报酬尾款,监理合同才终止。如果保修期间仍需监理人执行相位的监理工作,双方应在专用条款中另行约定。

(三) 双方的义务

双方的义务包括监理人的义务和委托人的义务两部分。

1. 监理人的义务

(1) 关于监理的范围和工作内容方面。

①收到工程设计文件后编制监理规划,并在第一次工地会议7天前报委托人。根据有关规定和监理工作需要,编制监理实施细则。

②熟悉工程设计文件,并参加由委托人主持的图纸会审和设计交底会议。

③参加由委托人主持的第一次工地会议;主持监理例会并根据工程需要主持或参加专题会议。

④审查施工承包人提交的施工组织设计,重点审查其中的质量安全技术措施、专项施工方案与工程建设强制性标准的符合性。

⑤检查施工承包人工程质量、安全生产管理制度及组织机构和人员资格。

⑥检查施工承包人专职安全生产管理人员的配备情况。

⑦审查施工承包人提交的施工进度计划,核查承包人对施工进度计划的调整。

⑧检查施工承包人的试验室。

⑨审核施工分包人资质条件。

⑩查验施工承包人的施工测量放线成果。

⑪审查工程开工条件,对条件具备的签发开工令。

⑫审查施工承包人报送的工程材料、构配件、设备质量证明文件的有效性和符合性,并按规定对用于工程的材料采取平行检验或见证取样方式进行抽检。

⑬审核施工承包人提交的工程款支付申请,签发或出具工程款支付证书,并报委托人审核、批准。

⑭在巡视、旁站和平行检验过程中,发现工程质量施工安全存在事故隐患的,要求施工承包人整改并报委托人。

⑮经委托人同意,签发工程暂停令和复工令。

⑯审查施工承包人提交的采用新材料、新工艺、新技术、新设备的论证材料及相关验收标准。

⑰验收隐蔽工程、分部分项工程。

⑱审查施工承包人提交的工程变更申请,协调处理施工进度调整、费用索赔、合同争议等事项。

⑲审查施工承包人提交的竣工验收申请,编写工程质量评估报告。

⑳参加工程竣工验收,签署竣工验收意见。

㉑审查施工承包人提交的竣工结算申请并报委托人。

㉒编制、整理工程监理归档文件并报委托人。

(2) 关于项目监理机构和人员方面。

①监理人应组建满足工作需要的项目监理机构,配备必要的检测设备。项目监理机构的主要人员应具有相应的资格条件。

②本合同履行过程中,总监理工程师及重要岗位监理人员应保持相对稳定,以保证监理工作正常进行。

③监理人可根据工程进展和工作需要调整项目监理机构人员。监理人更换总监理工程师时,应提前7天向委托人书面报告,经委托人同意后方可更换;监理人更换项目监理机构其他监理人员,应以相当资格与能力的人员替换,并通知委托人。

④监理人应及时更换有下列情形之一的监理人员:

a. 严重过失行为的。

b. 有违法行为不能履行职责的。

c. 涉嫌犯罪的。

d. 不能胜任岗位职责的。

e. 严重违反职业道德的。

f. 专用条件约定的其他情形。

⑤委托人可要求监理人更换不能胜任本职工作的项目监理机构人员。

(3) 关于履行职责方面。监理人应遵循职业道德准则和行为规范,严格按照法律法规、工程建设有关标准及本合同履行职责。

①在监理与相关服务范围内,委托人和承包人提出的意见和要求,监理人应及时提出处置意见。当委托人与承包人之间发生合同争议时,监理人应协助委托人、承包人协商解决。

②当委托人与承包人之间的合同争议提交仲裁机构仲裁或人民法院审理时,监理人应提供必要的证明资料。

③监理人应在专用条件约定的授权范围内,处理委托人与承包人所签订合同的变更事宜。如果变更超过授权范围,应以书面形式报委托人批准。在紧急情况下,为了保护财产和人身安全,监理人所发出的指令未能事先报委托人批准时,应在发出指令后的24小时内以书面形式报委托人。

④除专用条件另有约定外,监理人发现承包人的人员不能胜任本职工作的,有权要求承包人予以调换。

(4) 关于提交报告方面。监理人应按专用条件约定的种类、时间和份数向委托人提交监理与相关服务的报告。

(5) 关于文件资料方面。在本合同履行期内,监理人应在现场保留工作所用的图纸、报告及记录监理工作的相关文件。工程竣工后,应当按照档案管理规定将监理有关文件归档。

(6) 关于使用委托人的财产方面。监理人无偿使用《示范文本》附录B中由委托人派遣的人员和提供的房屋、资料、设备。除专用条件另有约定外,委托人提供的房屋、设备属于委托人的财产,监理人应妥善使用和保管,在本合同终止时将这些房屋、设备的清单提交委托人,并按专用条件约定的时间和方式移交。

2. 委托人的义务

(1) 关于告知方面。委托人应在委托人与承包人签订的合同中明确监理人、总监理工程师和授予项目监理机构的权限。如有变更,应及时通知承包人。

(2) 关于提供资料方面。委托人应按照《示范文本》附录B约定,无偿向监理人提供工程有关的资料。在本合同履行过程中,委托人应及时向监理人提供最新的与工程有关的资料。

(3) 关于提供工作条件方面。委托人应为监理人完成监理与相关服务提供必要的条件。

①委托人应按照《示范文本》附录B约定,派遣相应的人员,提供房屋、设备,供监理人无偿使用。

②委托人应负责协调工程建设中所有外部关系,为监理人履行本合同提供必要的外部条件。

(4) 关于委托人代表方面。委托人应授权一名熟悉工程情况的代表,负责与监理人联系。委托人应在双方签订本合同后7天内,将委托人代表的姓名和职责书面告知监理人。当委托人更换委托人代表时,应提前7天通知监理人。

(5) 关于委托人意见或要求方面。在本合同约定的监理与相关服务工作范围内,委托人对承包人的任何意见或要求应通知监理人,由监理人向承包人发出相应指令。

(6) 关于答复方面。委托人应在专用条件约定的时间内,对监理人以书面形式提交并要求作出决定的事宜,给予书面答复。逾期未答复的,视为委托人认可。

(7) 关于支付方面。委托人应按本合同约定,向监理人支付酬金。

(四) 违约责任

1. 监理人的违约责任

(1) 因监理人违反本合同约定给委托人造成损失的,监理人应当赔偿委托人损失。赔偿金额的确定方法在专用条件中约定。监理人承担部分赔偿责任的,其承担赔偿金额由双方协商确定。

(2) 监理人向委托人的索赔不成立时,临理人应赔偿委托人由此发生的费用。

2. 委托人的违约责任

(1) 委托人违反本合同约定造成监理人损失的,委托人应予以赔偿。

(2) 委托人向监理人的索赔不成立时,应赔偿监理人由此引起的费用。

(3) 委托人未能按期支付酬金超过28天,应按专用条件约定支付逾期付款利息。

3. 除外责任

因非监理人的原因,且监理人无过错,发生工程质量事故、安全事故、工期延误等造成的损失,监理人不承担赔偿责任。

因不可抗力导致本合同全部或部分不能履行时,双方各自承担其因此而造成的损失、损害。

（五）支付

1. 支付货币

除专用条件另有约定外，酬金均以人民币支付。涉及外币支付的，所采用的货币种类、比例和汇率在专用条件中约定。

2. 支付申请

监理人应在本合同约定的每次应付款时间的7天前，向委托人提交支付申请书。支付申请书应当说明当期应付款总额，并列出当期应支付的款项及其金额。

3. 支付酬金

支付的酬金包括正常工作酬金、附加工作酬金、合理化建议奖励金额及费用。

4. 有争议部分的付款

委托人对监理人提交的支付申请书有异议时，应当在收到监理人提交的支付申请书后7天内，以书面形式向监理人发出异议通知。无异议部分的款项应按期支付，有异议部分的款项按双方约定办理。

（六）合同生效、变更、暂停与解除、终止

1. 生效

除法律另有规定或者专用条件另有约定外，委托人和监理人的法定代表人或其授权代理人在协议书上签字并盖单位章后本合同生效。

2. 变更

任何一方提出变更请求时，双方经协商一致后可进行变更。

除不可抗力外，因非监理人原因导致监理人履行合同期限延长、内容增加时，监理人应当将此情况与可能产生的影响及时通知委托人。增加的监理工作时间、工作内容应视为附加工作。附加工作酬金的确定方法在专用条件中约定。

合同生效后，如果实际情况发生变化使得监理人不能完成全部或部分工作时，监理人应立即通知委托人。除不可抗力外，其善后工作以及恢复服务的准备工作应为附加工作，附加工作酬金的确定方法在专用条件中约定。监理人用于恢复服务的准备时间不应超过28天。

合同签订后，遇有与工程相关的法律法规、标准颁布或修订的，双方应遵照执行。由此引起监理与相关服务的范围、时间、酬金变化的，双方应通过协商进行相应调整。

因非监理人原因造成工程概算投资额或建筑安装工程费增加时，正常工作酬金应作相应调整。调整方法在专用条件中约定。

因工程规模、监理范围的变化导致监理人的正常工作量减少时，正常工作酬金应作相应调整。调整方法在专用条件中约定。

3. 暂停与解除

除双方协商一致可以解除本合同外，当一方无正当理由未履行本合同约定的义务时，另一方可以根据本合同约定，暂停履行本合同直至解除本合同。

（1）在本合同有效期内，由于双方无法预见和控制的原因导致本合同全部或部分无法

项目六　建设工程合同管理

继续履行或继续履行已无意义，经双方协商一致，可以解除本合同或监理人的部分义务。在解除之前，监理人应作出合理安排，使开支减至最小。

因解除本合同或解除监理人的部分义务导致监理人遭受的损失，除依法可以免除责任的情况外，应由委托人予以补偿，补偿金额由双方协商确定。

解除本合同的协议必须采取书面形式，协议未达成之前，本合同仍然有效。

（2）在本合同有效期内，因非监理人的原因导致工程施工全部或部分暂停，委托人可通知监理人要求暂停全部或部分工作。监理人应立即安排停止工作，并将开支减至最小。除不可抗力外，由此导致监理人遭受的损失应由委托人予以补偿。

暂停部分监理与相关服务时间超过182天，监理人可发出解除本合同约定的该部分义务的通知；暂停全部工作时间超过182天，监理人可发出解除本合同的通知，本合同自通知到达委托人时解除。委托人应将监理与相关服务的酬金支付至本合同解除日，且应承担第4.2款约定的责任。

（3）当监理人无正当理由未履行本合同约定的义务时，委托人应通知监理人限期改正。若委托人在监理人接到通知后的7天内来收到监理人书面形式的合理解释，则可在7天内发出解除本合同的通知，自通知到达监理人时本合同解除。委托人应将监理与相关服务的酬金支付至限期改正通知到达监理人之日，但监理人应承担第4.1款约定的责任。

（4）监理人在专用条件5.3中约定的支付之日起28天后仍未收到委托人按本合同约定应付的款项，可向委托人发出催付通知。委托人接到通知14天后仍未支付或未提出监理人可以接受的延期支付安排，监理人可向委托人发出暂停工作的通知并可自行暂停全部或部分工作。暂停工作后14天内监理人仍未获得委托人应付酬金或委托人的合理答复，监理人可向委托人发出解除本合同的通知，自通知到达委托人时本合同解除。委托人应承担第4.2.3款约定的责任。

（5）因不可抗力致使本合同部分或全部不能履行时，一方应立即通知另一方，可暂停或解除本合同。

（6）本合同解除后，本合同约定的有关结算、清理、争议解决方式的条件仍然有效。

4．终止

以下条件全部满足时，本合同即告终止。

（1）监理人完成本合同约定的全部工作。

（2）委托人与监理人结清并支付全部酬金。

（七）争议解决

（1）协商。双方应本着诚信原则协商解决彼此间的争议。

（2）调解。如果双方不能在14天内或双方商定的其他时间内解决本合同争议，可以将其提交给专用条件约定的或事后达成协议的调解人进行调解。

（3）仲裁或诉讼。双方均有权不经调解直接向专用条件约定的仲裁机构申请仲裁，或向有管辖权的人民法院提起诉讼。

（八）其他

（1）外出考察费用。经委托人同意，监理人员外出考察发生的费用由委托人审核后支付。

(2) 检测费用。委托人要求监理人进行的材料和设备检测所发生的费用，由委托人支付，支付时间在专用条件中约定。

(3) 咨询费用。经委托人同意，根据工程需要由监理人组织的相关咨询论证会以及聘请相关专家等发生的费用由委托人支付。支付时间在专用条件中约定。

(4) 奖励。监理人在服务过程中提出的合理化建议，使委托人获得经济效益的，双方在专用条件中约定奖励金额的确定方法。奖励金额在合理化建议被采纳后，与最近一期的正常工作酬金同期支付。

(5) 守法诚信。监理人及其工作人员不得从与实施工程有关的第三方处获得任何经济利益。

(6) 保密。双方不得泄露对方申明的保密资料，亦不得泄露与实施工程有关的第三方所提供的保密资料，保密事项在专用条件中约定。

(7) 通知。本合同涉及的通知均应当采用书面形式，并在送达对方时生效。收件人应书面签收。

(8) 著作权。监理人对其编制的文件拥有著作权。监理人可单独或与他人联合出版有关监理与相关服务的资料。除专用条件另有约定外，如果监理人在本合同履行期间及本合同终止后两年内出版涉及本工程的有关监理与相关服务的资料，应当征得委托人的同意。

任务三　建设工程勘察设计合同认知与管理

一、勘察设计合同

对于勘察设计合同的认知包括其概念、示范文本和订立。

(一) 建设工程勘察设计合同的概念

建设工程勘察设计合同是委托人与承包人为完成一定的勘察、设计任务，明确双方权利义务关系的协议。承包人应当完成委托人委托的勘察、设计任务，委托人则应接受符合约定要求的勘察、设计成果并支付报酬。

(二) 勘察设计合同示范文本

1. 勘察合同示范文本

勘察合同示范文本按照委托勘察任务的不同分为两个版本，见表6-2。

表6-2　勘察合同两个版本比较表

	建设工程勘察合同（一）[GF—2000—0203]	建设工程勘察合同（二）[GF—2000—0204]
适用范围	适用于为设计提供勘察工作的委托任务，包括岩土工程勘察、水文地质勘察（含凿井）、工程测量、工程物探等勘察	该范本的委托工作内容仅涉及岩土工程，包括取得岩土工程的勘察资料、对项目的岩土工程进行设计、治理和监测工作

续表

	建设工程勘察合同（一）[GF—2000—0203]	建设工程勘察合同（二）[GF—2000—0204]
合同条款主要内容	1）工程概况。 2）发包人向勘察人提供文件资料，并对其准确性、可靠性负责。 3）勘察人向发包人提交勘察成果资料并对其质量负责。 4）开工及提交勘察成果资料的时间和收费标准及付费方式。 5）发包人、勘察人责任。 6）违约责任。 7）未尽事宜的约定。 8）其他约定事项。 9）争议解决办法。 10）合同生效与终止。	1）工程概况。 2）发包人向承包人提供的有关资料文件。 3）承包人应向发包人交付的报告、成果文件。 4）工期。 5）收费标准及支付方式。 6）变更及工程费的调整。 7）发包人、承包人责任。 8）违约责任。 9）材料设备供应。 10）报告、成果、文件检查验收。 11）未尽事宜的约定。 12）其他约定事项： 13）争议解决办法。 14）合同生效与终止。

2. 设计合同示范文本

设计合同示范文本按照委托设计任务的不同分为两个版本，见表6-3。

表6-3 设计合同两个版本比较表

	建设工程勘察合同（一）[GF—2000—0209]	建设工程勘察合同（二）[GF—2000—0210]
适用范围	适用于民用建设工程设计合同	适用于专业建设工程设计合同
合同条款主要内容	1）签订依据。 2）委托设计任务的范围与内容。 3）发包人应向设计人提交的有关资料及文件。 4）设计人应向发包人交付的设计资料及文件。 5）设计费的支付。 6）双方责任。 7）违约责任。 8）其他。	1）签订依据。 2）设计依据。 3）合同文件的优先次序： 4）合同项目的名称、规模、阶段、投资及设计内容（根据行业特点填写）。 5）发包人向设计人提交的有关资料、文件及时间。 6）设计人向发包人交付的设计文件、份数、地点及时间。 7）费用。 8）支付方式。 9）双方责任。 10）保密。 11）仲裁。 12）合同生效及其他。

（三）建设工程勘察设计合同的订立

1. 建设工程勘察合同的订立

依据示范文本订立勘察合同时，双方通过协商，应根据工程项目的特点，在相应条款内明确以下方面的具体内容。

(1) 发包人向勘察人提供文件资料,并对其准确性、可靠性负责。

①提供本工程批准文件(复印件),以及用地(附红线范围)、施工、勘察许可等批件(复印件)。

②提供工程勘察任务委托书、技术要求和工作范围的地形图、建筑总平面布置图。

③提供勘察工作范围已有的技术资料及工程所需的坐标与标高资料。

④提供勘察工作范围地下已有埋藏物的资料(如电力、电讯电缆、各种管道、人防设施、洞室等)及具体位置分布图。

⑤发包人不能提供上述资料,由勘察人收集的,发包人需向勘察人支付相应费用。

(2) 委托任务的工作范围。

①工程勘察任务(内容)。可能包括自然条件观测;地形图测绘;资源探测;岩土工程勘察;地震安全性评价;工程水文地质勘察;环境评价;模型试验等。

②技术要求。

③预计的勘察工作量。

④勘察成果资料提交的份数。

(3) 合同工期。合同约定的勘察工作开始与终止时间。

(4) 勘察费用。

①勘察费用的预算金额。

②勘察费用的支付程序和每次支付的百分比。

(5) 发包人应为勘察人提供的现场工作条件。根据项目的具体情况,双方可以在合同内约定由发包人负责保证勘察工作顺利开展应提供的条件,可能包括:

①落实土地征用、青苗树木赔偿。

②拆除地上地下障碍物。

③处理施工扰民及影响施工正常进行的有关问题。

④平整施工现场。

⑤修好通行道路、接通电源水源、挖好排水沟渠以及水上作业用船等。

(6) 违约责任。

①承担违约责任的条件。

②违约金的计算方法等。

(7) 合同争议的最终解决方式、约定仲裁委员会的名称。

2. 建设工程设计合同的订立

依据示范文本订立民用建筑设计合同时,双方通过协商,应根据工程项目的特点,在相应条款内明确以下方面的具体内容。

(1) 发包人应提供的文件和资料

①设计依据文件和资料。

a. 经批准的项目可行性研究报告或项目建议书。

b. 城市规划许可文件。

c. 工程勘察资料等。

发包人应向设计人提交的有关资料和文件在合同内需约定资料和文件的名称、份数、提交的时间和有关事宜。

②项目设计要求。

a. 工程的范围和规模。

b. 限额设计的要求。

c. 设计依据的标准。

d. 法律、法规规定应满足的其他条件。

（2）委托任务的工作范围。

①设计范围。合同内应明确建设规模，详细列出工程分项的名称、层数和建筑面积。

②建筑物的合理使用年限设计要求。

③委托的设计阶段和内容。可能包括方案设计、初步设计和施工图设计的全过程，也可以是其中的某几个阶段。

④设计深度要求。设计标准可以高于国家规范的强制性规定，发包人不得要求设计人违反国家有关标准进行设计。方案设计文件应当满足编制初步设计文件和控制概算的需要；初步设计文件应当满足编制施工招标文件、主要设备材料订货和编制施工图设计文件的需要；施工图设计文件应当满足设备材料采购、非标准设备制作和施工的需要，并注明建设工程合理使用年限。具体内容要根据项目的特点在合同内约定。

⑤设计人配合施工工作的要求包括向发包人和施工承包人进行设计交底；处理有关设计问题；参加重要隐蔽工程部位验收和竣工验收等事项。

（3）设计人交付设计资料的时间。

（4）设计费用。合同双方不得违反国家有关最低收费标准的规定，任意压低设计费用。合同内除了写明双方约定的总设计费外，还需列明分阶段支付进度款的条件、占总设计费的百分比及金额。

（5）发包人应为设计人提供的现场服务可能包括施工现场的工作条件、生活条件及交通等方面的具体内容。

（6）违约责任。需要约定的内容，包括承担违约责任的条件和违约金的计算方法等。

（7）合同争议的最终解决方式。明确约定解决合同争议的最终方式是采用仲裁或诉讼。采用仲裁时，需注明仲裁委员会的名称。

二、勘察设计合同管理

建设工程勘察设计合同的管理直接影响着勘察设计合同委托方与承包方之间的权益和经济效益能否实现，按照示范文本条款的规定，合同履行的管理工作应重点把握以下几个方面：

（一）勘察合同履行管理

1. 发包人责任

（1）发包人委托任务时，必须以书面形式向勘察人明确勘察任务及技术要求，并按有关规定提供文件资料。

(2) 在勘察工作范围内，没有资料、图纸的地区（段），发包人应负责查清地下埋藏物，若因未提供上述资料、图纸，或提供的资料图纸不可靠、地下埋藏物不清，致使勘察人在勘察工作过程中发生人身伤害或造成经济损失时，由发包人承担民事责任。

(3) 发包人应及时为勘察人提供并解决勘察现场的工作条件和出现的问题（如落实土地征用、青苗树木赔偿、拆除地上地下障碍物、处理施工扰民及影响施工正常进行的有关问题、平整施工现场、修好通行道路、接通电源水源、挖好排水沟渠以及水上作业用船等），并承担其费用。

(4) 若勘察现场需要看守，特别是在有毒、有害等危险现场作业时，发包人应派人负责安全保卫工作，按国家有关规定，对从事危险作业的现场人员进行保健防护，并承担费用。

(5) 工程勘察前，若发包人负责提供材料的，应根据勘察人提出的工程用料计划，按时提供各种材料及其产品合格证明，并承担费用和运到现场，派人与勘察人员一起验收。

(6) 勘察过程中的任何变更，经办理正式变更手续后，发包人应按实际发生的工作量支付勘察费。

(7) 为勘察人的工作人员提供必要的生产、生活条件，并承担费用；如不能提供时，应一次性付给勘察人临时设施费。

(8) 由于发包人原因造成勘察人停、窝工，除工期顺延外，发包人应支付停、窝工费；发包人若要求在合同规定时间内提前完工（或提交勘察成果资料）时，发包人应按每提前一天向勘察人支付计算加班费。

(9) 发包人应保护勘察人的投标书、勘察方案、报告书、文件、资料图纸、数据、特殊工艺（方法）、专利技术和合理化建议，未经勘察人同意，发包人不得复制、不得泄露、不得擅自修改、传送或向第三人转让或用于本合同外的项目；如发生上述情况，发包人应负法律责任，勘察人有权索赔。

(10) 合同有关条款规定和补充协议中发包人应负的其他责任。

2. 勘察人责任

(1) 勘察人应按国家技术规范、标准、规程和发包人的任务委托书及技术要求进行工程勘察，按合同规定的时间提交质量合格的勘察成果资料，并对其负责。

(2) 由于勘察人提供的勘察成果资料质量不合格，勘察人应负责无偿给予补充完善使其达到质量合格；若勘察人无力补充完善，需另委托其他单位时，勘察人应承担全部勘察费用；或因勘察质量造成重大经济损失或工程事故时，勘察人除应负法律责任和免收直接受损失部分的勘察费外，并根据损失程度向发包人支付赔偿金，赔偿金由发包人、勘察人商定为实际损失的某一百分比。

(3) 在工程勘察前，提出勘察纲要或勘察组织设计，派人与发包人的人员一起验收发包人提供的材料。

(4) 勘察过程中，根据工程的岩土工程条件（或工作现场地形地貌、地质和水文地质条件）及技术规范要求，向发包人提出增减工作量或修改勘察工作的意见，并办理正式变更手续。

(5) 在现场工作的勘察人的人员，应遵守发包人的安全保卫及其他有关的规章制度，承担其有关资料保密义务。

(6) 合同有关条款规定和补充协议中勘察人应负的其他责任。

3. 勘察工作有效期

勘察工作有效期限以发包人下达的开工通知书或合同规定的时间为准，如遇特殊情况（设计变更、工作量变化、不可抗力影响以及非勘察人原因造成的停、窝工等）时，工期顺延。

4. 勘察收费标准及付费方式

(1) 收费标准。合同中约定的勘察费用计价方式，可以采用以下方式中的一种：

①按国家规定的现行收费标准计取费用。

②预算包干。

③中标价加签证。

④实际完成工作量结算。

⑤国家规定的收费标准中没有规定的收费项目，由发包人、勘察人另行议定。

(2) 付费方式。

①工程勘察费在合同生效后3天内，发包人应向勘察人支付预算勘察费的20%作为定金，合同履行后，定金抵作勘察费。

②勘察工作外业结束后，发包人向勘察人支付预算勘察费的某一百分比。对于勘察规模大、工期长的大型勘察工程，发包人还可将这笔费用按实际完成的勘察进度分解，向勘察人分阶段支付工程进度款。

③提交勘察成果资料后10天内，发包人应一次付清全部工程费用。

5. 违约责任

(1) 发包人的违约责任。

①由于发包人未给勘察人提供必要的工作生活条件而造成停、窝工或来回进出场地，发包人除应付给勘察人停、窝工费（金额按预算的平均工日产值计算），工期按实际工日顺延外，还应付给勘察人来回进出场费和调遣费。

②合同履行期间，由于工程停建而终止合同或发包人要求解除合同时，勘察人未进行勘察工作的，不退还发包人已付定金；已进行勘察工作的完成的工作量在50%以内时，发包人应向勘察人支付预算额50%的勘察费；完成的工作量超过50%时，则应向勘察人支付预算额100%的勘察费。

③发包人未按合同规定时间（日期）拨付勘察费，每超过1日，应偿付未支付勘察费的1‰逾期违约金。

④合同签订后，发包人不履行合同时，无权要求退还定金。

(2) 勘察人的违约责任。

①由于勘察人的原因造成勘察成果资料质量不合格，不能满足技术要求时，其返工勘察费用由勘察人承担。交付的报告、成果、文件达不到合同约定条件的部分，发包人可要求承包人返工，承包人按发包人要求的时间返工，直到符合约定条件。返工后仍不能达到约定条件的，承包人应承担违约责任，并根据因此造成的损失程度向发包人支付赔偿金，赔偿金额最高不超过返工项目的收费。

②由于勘察人的原因未按合同规定时间（日期）提交勘察成果资料，每超过1日，应减收勘察费1‰。

③勘察人不履行合同时，双倍返还定金。

（二）设计合同履行管理

1. 设计合同生效与设计期限

（1）合同生效。设计合同采用定金担保，定金一般为合同总价的20%，设计合同经双方当事人签字盖章并在发包人向设计人支付定金后生效。发包人应在合同签字后的3日内支付该笔款项，设计人收到定金为设计开工的标志。如果发包人未能按时支付，设计人有权推迟开工时间，且交付设计文件的时间相应顺延。

（2）设计期限。设计期限是判定设计人是否按期履行合同义务的标准，除了合同约定的交付设计文件（包括约定分次移交的设计文件）的时间外，还可能包括由于非设计人应承担责任和风险的原因，经过双方补充协议确定应顺延的时间之和，如设计过程中发生影响设计进展的不可抗力事件；非设计人原因的设计变更；发包人应承担责任的事件对设计进度的干扰等。

（3）合同终止。在合同正常履行的情况下，工程施工完成竣工验收工作，或委托专业建设工程设计完成施工安装验收，设计人为合同项目的服务结束。

2. 发包人的责任

（1）提供设计依据资料。发包人应在合同约定的时间内向设计人提交设计依据文件和基础资料，并对其完整性、正确性及时限负责，发包人不得要求设计人违反国家有关标准进行设计。

发包人提交上述资料及文件超过规定期限15天以内，设计人按合同规定交付设计文件时间顺延；超过规定期限15天以上时，设计人员有权重新确定提交设计文件的时间。进行专业工程设计时，如果设计文件中需选用国家标准图、部标准图及地方标准图，应由发包人负责解决。

（2）提供必要的现场工作条件。由于设计人完成设计工作的主要地点不是施工现场，因此，发包人应为派赴现场处理有关设计问题的工作人员，提供必要的工作生活及交通等方便条件。

（3）外部协调工作。设计的阶段成果（初步设计、技术设计、施工图设计）完成后，应由发包人组织鉴定和验收，并负责向发包人的上级或有管理资质的设计审批部门完成报批手续。

施工图设计完成后，发包人应将施工图报送建设行政主管部门，由建设行政主管部门委托的审查机构进行结构安全和强制性标准、规范执行情况等内容的审查。发包人和设计人必须共同保证施工图设计满足以下条件：

①建筑物（包括地基基础、主体结构体系）的设计稳定、安全、可靠。

②设计符合消费、节能、环保、抗震、卫生、人防等有关强制性标准、规范。

③设计的施工图达到规定的设计深度。

④不存在有可能损害公共利益的其他影响。

项目六　建设工程合同管理

(4) 其他相关工作。

①发包人委托设计配合引进项目的设计任务，从询价、对外谈判、国内外技术考察直至建成投产的各个阶段，应吸收承担有关设计任务的设计人参加，出国费用，除制装费外，其他费用由发包人支付。

②发包人委托设计人承担合同内容之外的工作服务，另行支付费用。

③发包人要求设计人派专人留驻施工现场进行配合与解决有关问题时，双方应另行签订补充协议或技术咨询服务合同。

(5) 保护发包人的知识产权。发包人应保护设计人的投标书、设计方案、文件、资料图纸、数据、计算软件和专利技术。未经设计人同意，发包人对设计人交付的设计资料及文件不得擅自修改、复制、或向第三人转让，或用于合同外的项目，如发生以上情况，发包人应负法律责任，设计人有权向发包人提出索赔。

(6) 遵循合同设计周期的规律。发包人要求设计人比合同规定时间提前交付设计资料及文件时，如果设计人能够做到，发包人应根据设计人提前投入的工作量，向设计人支付赶工费。

(三) 设计人责任

1. 保证设计质量

保证工程设计质量是设计人的基本责任。设计人应依据批准的可行性研究报告、勘察资料，在满足国家规定的设计规范、规程、技术标准的基础上，按合同规定的标准完成各阶段的设计任务，并对提交的设计文件质量负责。在投资限额内，鼓励设计人采用先进的设计思想和方案。但若设计文件中采用的新技术、新材料可能影响工程的质量或安全，而又没有国家标准时，应当由国家认可的检测机构进行试验、论证，并经国务院有关部门或省、直辖市、自治区有关部门组织的建设工程技术专家委员会审定后方可使用。

负责设计的建（构）筑物需注明设计的合理使用年限。设计文件中选用的材料、构配件、设备等，应当注明规格、型号、性能等技术指标，其质量要求必须符合国家规定的标准。

对于各设计阶段设计文件审查会提出的修改意见，设计人应负责修正和完善。

设计人交付设计资料及文件后，需按规定参加有关的设计审查，并根据审查结论负责对不超出原定范围的内容做必要的调整补充。

2. 各设计阶段的工作任务

(1) 初步设计。包括：①总体设计（大型工程）；②方案设计，主要包括建筑设计、工艺设计、进行方案比选等工作；③编制初步设计文件，主要包括完善选定的方案，分专业设计并汇总，编制说明与概算和参加初步设计审查会议，修正初步设计。

(2) 技术设计。包括：①提出技术设计计划，可能包括工艺流程试验研究，特殊设备的研制，大型建（构）筑物关键部位的试验、研究；②编制技术设计文件；③参加初步审查，并做必要修正。

(3) 施工图设计。包括：①建筑设计；②结构设计；③设备设计；④专业设计的协调；⑤编制施工图设计文件。

3. 对外商的设计资料进行审查

委托设计的工程中，如果有部分属于外商提供的设计，如大型设备采用外商供应的设备，则需使用外商提供的制造图纸，设计人应负责对外商的设计资料进行审查，并负责该合同项目的设计联络工作。

4. 配合施工的义务

设计人交付设计资料及文件后，按规定参加有关的设计审查，并根据审查结论负责对不超出原定范围的内容做必要调整补充。设计人按合同规定时限交付设计资料及文件，本年内项目开始施工，负责向发包人及施工单位进行设计交底、处理有关设计问题和参加竣工验收。在一年内项目尚未开始施工，设计人仍负责上述工作，但应按所需工作量向发包人适当收取咨询服务费，收费额由双方商定。

5. 保护发包人的知识产权

设计人应保护发包人的知识产权，不得向第三人泄露、转让发包人提交的产品图纸等技术经济资料。如发生以上情况并给发包人造成经济损失，发包人有权向设计人索赔。

6. 其他相关工作

（1）设计人为合同项目所采用的国家或地方标准图，由发包人自费向有关出版部门购买。设计人交付的设计资料及文件份数超过《工程设计收费标准》规定的份数，设计人另收工本费。

（2）工程设计资料及文件中，建筑材料、建筑构配件和设备，应当注明其规格、型号、性能等技术指标，设计人不得指定生产厂、供应商。发包人需要设计人的设计人员配合加工定货时，所需要费用由发包人承担。

（四）支付管理

1. 定金的支付

设计合同由于采用定金担保，因此合同内无预付款。发包人应在合同签订后3天内，支付设计费总额的20%作为定金。在合同履行过程中的中期支付中，定金不参与结算，双方的合同义务全部完成进行合同结算时，定金可以抵作设计费或收回。

2. 合同价格

在现行体制下，建设工程设计发包人与承包人应当执行国家有关建设工程设计费的管理规定。签订合同时，双方商定合同的设计费，收费依据和计算方法按国家和地方有关规定执行。国家和地方没有规定的，由双方商定。

如果合同约定的费用为估算设计费，则双方在初步设计审批后，需按批准的初步设计概算核算设计费。工程建设期间如遇概算调整，则设计费也应做相应调整。

3. 设计费的支付与结算

（1）支付管理原则。

①设计人按合同约定提交相应报告、成果或阶段的设计文件后，发包人应及时支付约定的各阶段设计费。

②设计人提交最后部分施工图的同时，发包人应结清全部设计费，不留尾款。

③实际设计费按初步设计概算核定，多退少补。实际设计费与估算设计费出现差额

时，双方需另行签订补充协议。

④发包人委托设计人承担本合同内容之外的工作服务，另行支付费用。

（2）按设计阶段支付费用的百分比。

①合同签订后3天内，发包人支付设计费总额的20%作为定金。此笔费用支付后，设计人可以自主使用。

②设计人提交初步设计文件后3天内，发包人应支付设计费总额的30%。

③施工图阶段，当设计人按合同约定提交阶段性设计成果后，发包人应依据约定的支付条件、所完成的施工图工作量比例和时间，分期分批向设计人支付剩余总设计费的50%。施工图完成后，发包人结清设计费，不留尾款。

（五）设计工作内容的变更

设计合同的变更，通常指设计人承接工作范围和内容的改变。按照发生原因的不同，一般可能涉及以下几个方面的原因。

1. 设计人的工作

设计人交付设计资料及文件后，按规定参加有关的设计审查。并根据审查结论负责对不超出原定范围的内容做必要的调整补充。

2. 委托任务范围内的设计变更

为了维护设计文件的严肃性，经过批准的设计文件不应随意变更。发包人、施工承包人、监理人均不得修改建设工程设计文件。如果发包人根据工程的实际需要，确需修改建设工程设计文件时，应当首先报经原审批机关批准，然后由原建设工程设计单位修改，经过修改的设计文件仍需按设计管理程序经有关部门审批后使用。

3. 委托其他设计单位完成的变更

在某些特殊情况下，发包人需要委托其他设计单位完成设计变更工作，如变更增加的设计内容专业性特点较强；超过了设计人资质条件允许承接的工作范围；或施工期间发生的设计变更，设计人由于资源能力所限，不能在要求的时间内完成等原因。在此情况下，发包人经原建设工程设计人书面同意后，也可以委托其它具有相应资质的建设工程设计单位修改。修改单位对修改的设计文件承担相应责任，设计人不再对修改的部分负责。

4. 发包人原因的重大设计变更

发包人变更委托设计项目、规模、条件或因提交的资料错误，或所提交资料作较大修改，以致造成设计人设计需返工时，双方除需另行协商签订补充协议（或另订合同）、重新明确有关条款外，发包人应按设计人所耗工作量向设计人增付设计费。

在未签合同前发包人已同意，设计人为发包人所做的各项设计工作，应按收费标准，相应支付设计费。

（六）违约责任

1. 发包人的违约责任

在合同履行期间，发包人要求终止或解除合同，设计人未开始设计工作的，不退还发包人已付的定金；已开始设计工作的，发包人应根据设计人已进行的实际工作量，不足一半时，按该阶段设计费的一半支付；超过一半时，按该阶段设计费的全部支付。

发包人应按合同规定的金额和时间向设计人支付设计费，每逾期支付 1 天，应承担支付金额 2‰ 的逾期违约金，且设计人提交设计文件的时间顺延。逾期超过 30 天以上时，设计人有权暂停履行下阶段工作，并书面通知发包人。发包人的上级或设计审批部门对设计文件不审批或本合同项目停缓建，发包人均按上条规定支付设计费。

2. 设计人的违约责任

设计人对设计资料及文件出现的遗漏或错误负责修改或补充。由于设计人员的错误造成工程质量事故损失，设计人除负责采取补救措施外，应免收直接受损失部分的设计费。损失严重的根据损失的程度和设计人责任大小向发包人支付赔偿金，赔偿金由双方商定为实际损失的某一百分比。

由于设计人自身原因，延误了按合同规定的设计资料及设计文件的交付时间，每延误 1 天，应减收该项目应收设计费的 2‰。

合同生效后，设计人要求终止或解除合同，设计人应双倍返还定金。

3. 不可抗力事件的影响

由于不可抗力因素致使合同无法履行时，双方应及时协商解决。

任务四 FIDIC《土木工程施工条件》简介

合同条件是合同文件最为重要的组成部分。在国际工程承发包中，业主和承包商在订立工程合同时，常参考一些国际性的知名专业组织编制的标准合同条件，本任务主要介绍国际咨询工程师联合会（FIDIC）编制的合同施工条件。

一、FIDIC 合同条件概述

（一）FIDIC 简介

FIDIC 是国际咨询工程师联合会（Fédération Internationale Des Ingénieurs Conseils）的法文缩写，在国内一般译为"菲迪克"。该联合会是被世界银行认可的咨询服务机构，是国际上具有权威性的咨询工程师组织，总部设在瑞士洛桑。联合会成员在每个国家只有一个，我国在 1996 年 10 月正式加入。

FIDIC 下设五个长期性的专业委员会：业主咨询工程师关系委员会（CCRC）、土木工程合同委员会（CECC）、风险管理委员会（RMC）、质量管理委员会（QMC）和环境委员会（ENVC）。FIDIC 的各专业委员会编制了许多规范性的文件，这些文件不仅被 FIDIC 成员国广泛采用，而且世界银行、亚洲开发银行、非洲开发银行等金融机构也要求在其贷款建设的土木工程项目中使用以该文本为基础编制的合同条件。目前作为惯例已成为国际工程界公认的标准化合同格式。

（二）FIDIC 合同条件

FIDIC 专业委员会编制了一系列规范性的合同文件，构成了 FIDIC 合同条件体系。在合同体系中，最著名的有以下几种：

(1) 土木工程施工合同条件（又称红皮书）。《土木工程施工合同条件》是 FIDIC 最早编制的合同文本（1957 年第一版），也是其它几个合同条件的基础。该文本适用于业主（或业主委托第三人）提供设计的工程施工承包，是基于单价合同的标准化合同格式。土木工程施工合同条件的主要特点为：条款中责任的约定以招标选择承包商为前提，在合同履行的过程中建立以工程师为核心的管理模式。

(2) 电气与机械工程合同条件（又称黄皮书）。

(3) 业主/咨询工程师标准服务协议书（又称白皮书）。

(4) 设计—建造与交钥匙工程合同条件（又称橙皮书）。

(5) 土木工程分包合同条件。

FIDIC 编制的《土木工程施工分包合同条件》是与《土木工程施工合同条件》配套使用的分包合同文本。分包合同条件可用于承包商与其选定的分包商，或与业主选择的指定分包商的权利义务约定一致，又要区分负责实施分包工作的当事人发生改变后，两个合同之间的差异。

(三) 新版《FIDIC 合同条件》

1999 年 9 月，FIDIC 又出版了新的《施工合同条件》（又称新红皮书）、《工程设备与设计—建造合同条件》（又称新黄皮书）、《EPC 交钥匙合同条件》（又称银皮书）及《简明合同格式》（又称绿皮书）。

二、FIDIC 合同条件的构成

FIDIC 合同条件由通用合同条件和专用合同条件两部分构成，且附有合同协议书、投标函和争端仲裁协议书。

(一) FIDIC 通用合同条件

所谓"通用"的含义是，FIDIC 通用条件是固定不变的，工程建设项目只要是属于土木工程施工的，如工业与民用建筑工程、水电工程、路桥工程和港口工程等建设项目均可适用。通用条件共分 20 条，分别是：一般规定，雇主，工程师，承包商，指定的分包商，员工，工程设备、材料和工艺，开工、延误和新停，竣工检验，雇主接收，缺陷责任，测量和估价，变更和调整，合同价款和支付，由雇主终止，由承包商暂停和终止，风险与职责，保险，不可抗力，索赔、争端和仲裁。在通用条件中还有附录及程序规则。

通用条件是可以适用于所有土木工程的，条款也非常具体而明确，但不少条款还需要前后串联、对照才能最终明确其全部含义，或与其专用条件相应序号的条款联系起来，才能构成一条完整的内容。FIDIC 条款属于双方合同，即施工合同的签约双方（业主和承包商）既要共同承担风险，又能各自分享一定的权益。因此，其大量的条款明确地规定了在工程实施某一具体问题上双方的权利和义务。

(二) FIDIC 专用合同条件

基于不同地区、不同行业的土建类工程施工的共性条件而编制的通用条件已是分门别类、内容详尽的合同文件范本。但仅有这些还是不够的，因为具体到某一工程项目，有些条款应做进一步的明确，有些条款还必须考虑工程的具体特点和所在地区情况予以必要的变动，而 FIDIC 专用合同条件就可实现这一目的。

三、FIDIC 合同条件下合同文件的组成及优先次序

在 FIDIC 合同条件下，合同文件中除有合同条件外，还包括其它对业主、承包商都有约束力的文件，如中标函、投标书、各种规范、施工图纸和标准图集、资料表和构成合同组成部分的其他文件。构成合同的这些文件应该是互相补充、互相说明的，但是这些文件有时会产生冲突或含义不清。此时，应由工程师进行解释，其解释应根据合同文件的内容按以下顺序进行：合同协议书→中标函→投标书→专用合同条件→通用合同条件→各种规范→施工图纸及标准图集→资料表和构成合同组成部分的其他文件。

（1）合同协议书。合同协议书有业主和承包商的签字，有对合同文件组成的约定，是使合同文件对业主和承包商产生约束力的法律形式和手续。

（2）中标函。中标函是由业主签署的正式接受投标函的文件，即业主向中标的承包商发出的中标通知书。它的内容很简单，除明确中标的承包商外，还明确项目名称、中标标价、工期和质量等事项。

（3）投标书。投标书是由承包商填写的、提交给业主的对其具有法律约束力的文件。其主要内容是工程报价，同时保证按合同条件、规范、图纸、工程量表、其他资料表、所附的附录及补充文件的要求，实施并完成招标工程并修补其任何缺陷。保证中标后，在规定的开工日期开工，并在规定的竣工日期内完成合同中规定的全部工作。

（4）专用合同条件。这部分的效力高于通用合同条件。

（5）通用合同条件。这部分内容若与专用合同条件冲突时，应以专用合同条件为准。

（6）规范。规范包括强制性标准和一般性规范。指对工程范围、特征、功能和质量的要求以及对施工方法、技术要求的说明，对承包商提供的材料的质量和工艺标准、样品和试验、施工顺序和时间安排等做出的明确规定。一般技术规范还包括对计量、支付方法的规定。规范是招标文件中的重要组成部分。编写规范时可引用某一通用外国规范，但一定要结合本工程的具体环境和要求来选用，同时还包括按照合同根据具体工程的要求对选用规范补充和修改。

（7）图纸。图纸是指合同中规定的工程图纸、标准图集，也包括在工程实施过程中对图纸进行的修改和补充。这些修改和补充的图纸均须经工程师签字后正式下达，才能作为施工及结算的依据。另外，招标时提供的地质钻孔柱状图、探坑展示图等地质、水文图纸也是投标人的参考资料。

（8）资料表。资料表包括工程量表、数据、表册、费率或价格表等。标价的工程量表是由招标人和投标人共同完成的。作为招标文件的工程量表中有工程的每一类目或分项工程的名称、估计数量以及计量单位，但需留出单价和合价的空格，这些空格由投标人填写。投标人填入单价和合价后的工程量表称为标价的工程量表，它是投标文件的重要组成部分。

思考题

1. 试述施工合同管理的概念和特点。
2. 建设工程监理合同的特征?
3. 简述建设工程监理合同管理中监理人和委托人双方的义务。
4. 简述建设工程勘察合同订立的具体内容。
5. 建设工程勘察设计合同管理中勘察工作的有效期限?
6. 国际项目有哪些采购方式?各自适用于什么条件?
7. FIDIC《施工合同条件》有什么特点?

项目七

建设工程施工索赔

学习目标

（1）能按工程实际情况进行合理施工索赔。
（2）能运用索赔知识判断索赔问题，进行分析与计算、并能编制施工索赔报告。
（3）掌握施工索赔的程序、策略、计算技巧。
（4）熟悉施工索赔的发生、分类及索赔证据的收集。

任务一　施工索赔的概念与发生

一、施工索赔的概念

索赔是当事人在合同实施过程中，根据法律、合同规定及惯例，对不应由自己承担责任的情况造成的损失，向合同的另一方当事人提出给予赔偿或补偿要求的行为。在工程建设的各个阶段，都有可能发生索赔，但在施工阶段索赔发生最多。

对施工合同的双方来说，索赔是维护双方合法利益的权利。它同合同条件中双方的合同责任一样，构成严密的合同制约关系。承包商可以向业主提出索赔；业主也可以向承包商提出索赔。

二、索赔的作用

索赔与工程承包合同同时存在。它的主要作用如下：

（1）保证合同的实施。合同一经签订，合同双方即产生权利和义务关系。这种权益受法律保护，这种义务受法律制约。索赔是合同法律效力的具体体现，并且由合同的性质决定。如果没有索赔和关于索赔的法律规定，则合同形同虚设，对双方都难以形成约束，这样合同的实施得不到保证，不会有正常的社会经济秩序。索赔能对违约者起警戒作用：使他考虑到违约的后果，以尽力避免违约事件发生。所以索赔有助于工程双方更紧密的合作，有助于合同目标的实现。

（2）落实和调整合同双方经济责任关系。有权利，有利益，同时又应承担相应的经济

项目七 建设工程施工索赔

责任。谁未履行责任，构成违约行为，造成对方损失，侵害对方权利，则应承担相应的合同处罚，予以赔偿。离开索赔，合同的责任就不能体现，合同双方的责权利关系就不平衡。

（3）维护合同当事人正当权益。索赔是一种保护自己，维护自己正当利益，避免损失，增加利润的手段。在现代承包工程中，如果承包商不能进行有效的索赔，不精通索赔业务，往往使损失得不到合理的、及时的补偿，不能进行正常的生产经营，甚至要倒闭。

（4）促使工程造价更合理。施工索赔的正常开展，把原来打入工程报价的一些不可预见费用，改为按实际发生的损失支付，有助于降低工程报价，使工程造价更合理。

三、施工索赔的发生

（一）索赔的必然性

合同履行过程中，承包人向业主提出索赔要求是不可避免的。几乎任何详细的施工合同都无法避免索赔事件的发生，其主要原因如下：

（1）业主负责起草合同。每个合同专用条件内的具体条款，是由业主自己或委托工程师、咨询单位编写后列入招标文件，编制过程中承包人没有发言权，虽然承包人在投标书的致函内和与业主进行谈判过程中，可以要求修改某些对它风险较大的条款的内容，但不能要求修改的条款数目过多，否则就构成对招标文件有实质上的背离而被业主拒绝。

（2）投标的竞争性。承包人在投标阶段是以具有竞争性的报价取得合同。为了降低报价，一个有经验的承包人对招标文件进行认真分析后，对实施阶段有可能通过索赔获得补偿的风险部分，往往不预留风险基金，待施工阶段发生这部分损害事件时，通过索赔获得补偿。

此外，由于通过索赔而获得的费用属于合同价格之外的支付，这就必然促使他寻找一切索赔的机会，来减轻自己所承担的风险。

（3）不可预见事件的影响。土木工程项目在施工阶段，由于工期长、技术复杂、大型化，必然存在众多签约阶段不可能合理预见的事件发生。尽管合同准备工作非常细致，合同条款内容严谨、全面，业主和承包人在合同履行过程中也非常守信誉，但由于工程项目施工的复杂性和人的预见能力有限，仍然或多或少地会发生索赔。

从以上的分析中可以看出，签订一个好的合同，只能做到尽量减少索赔和有利于索赔事件发生后的处理工作，而不可能杜绝索赔。索赔属于合同履行过程中正常的风险管理。

（二）施工索赔的原因

引起索赔的原因是多种多样的，以下是一些主要原因。

1. 业主违约

业主违约常常表现为业主或其委托人未能按合同规定为承包人提供应由其提供的、使承包人得以施工的必要条件，或未能在规定的时间内付款。比如业主未能按规定时间向承包人提供场地使用权，工程师未能在规定时间内发出有关图纸、指示、指令或批复，工程师拖延发布各种证书（如进度付款签证、移交证书等），业主提供材料等的延误或不符合合同标准，还有工程师的不适当决定和苛刻检查等。

2. 合同缺陷

合同缺陷常常表现为合同文件规定不严谨甚至矛盾、合同中的遗漏或错误。这不仅包括商务条款中的缺陷，也包括技术规范和图纸中的缺陷。在这种情况下，工程师有权作出解释。但如果承包人执行工程师的解释后引起成本增加或工期延长，则承包人可以为此提出索赔，工程师应给予证明，业主应给予补偿。一般情况下，业主作为合同起草人，他要对合同中的缺陷负责，除非其中有非常明显的含糊或其他缺陷，根据法律可以推定承包商有义务在投标前发现并及时向业主指出。

3. 施工条件变化

在土木建筑工程施工中，施工现场条件的变化对工期和造价的影响很大。由于不利的自然条件及障碍，常常导致设计变更，工期延长或成本大幅度增加。

土建工程对基础地质条件要求很高，而这些土壤地质条件，如地下水、地质断层、熔岩孔洞、地下文物遗址等等，根据业主在招标文件中所提供的材料，以及承包人在招标前的现场勘察，都不可能准确无误地发现，即使是有经验的承包人也无法事前预料。因此，基础地质方面出现的异常变化必然会引起施工索赔。

4. 工程变更

土建工程施工中，工程量的变化是不可避免的，施工时实际完成的工程量超过或小于工程量表中所列的预计工程量。在施工过程中，工程师发现设计、质量标准和施工顺序等问题时，往往会指令增加新的工作，改换建筑材料，暂停施工或加速施工，等等。这些变更指令必然引起新的施工费用，或需要延长工期。所有这些情况，都迫使承包人提出索赔要求，以弥补自己所不应承担的经济损失。

5. 工期拖延

大型土建工程施工中，由于受天气、水文地质等因素的影响，常常出现工期拖延。分析拖期原因、明确拖期责任时，合同双方往往产生分歧，使承包商实际支出的计划外施工费用得不到补偿，势必引起索赔要求。

如果工期拖延的责任在承包商方面，则承包商无权提出索赔。他应该以自费采取赶工的措施，抢回延误的工期；如果到合同规定的完工日期时，仍然做不到按期建成，则应承担误期损害赔偿费。

6. 工程师指令

工程师指令通常表现为工程师指令承包商加速施工、进行某项工作、更换某些材料、采取某种措施或停工等。工程师是受业主委托来进行工程建设监理的，其在工程中的作用是监督所有工作都按合同规定进行，督促承包商和业主完全合理地履行合同、保证合同顺利实施。为了保证合同工程达到既定目标，工程师可以发布各种必要的现场指令。相应地，因这种指令（包括指令错误）而造成的成本增加和（或）工期延误，承包商当然可以索赔。

7. 国家政策及法律、法令变更

国家政策及法律、法令变更，通常是指直接影响到工程造价的某些政策及法律、法令的变更，比如限制进口、外汇管制或税收及其它收费标准的提高。无疑，工程所在国的政策及法律、法令是承包商投标时编制报价的重要依据之一。就国际工程而言，合同通常都规定，从投标截止日期之前的第 28 天开始，如果工程所在国法律和政策的变更导致承包商施工费用增加，则业主应该向承包商补偿其增加值；相反，如果导致费用减少，则也应由业主受益。作出这种规定的理由是很明显的，因为承包商根本无法在投标阶段预测这种变更。就国内工程而言，因国务院各有关部门、各级建设行政管理部门或其授权的工程造价管理部门公布的价格调整，比如定额、取费标准、税收、上缴的各种费用等，可以调整合同价款。如未予调整，承包商可以要求索赔。

8. 其他承包商干扰

其他承包商干扰通常是指其他承包商未能按时、按序进行并完成某项工作、各承包商之间配合协调不好等而给本承包商的工作带来的干扰。大中型土木工程，往往会有几个承包商在现场施工。由于各承包商之间没有合同关系，工程师作为业主委托人有责任组织协调好各个承包商之间的工作；否则，将会给整个工程和各承包商的工作带来严重影响，引起承包商索赔。比如，某承包商不能按期完成他那部分工作，其他承包商的相应工作也会因此延误。在这种情况下，被迫延迟的承包商就有权向业主提出索赔。在其它方面，如场地使用、现场交通等等，各承包商之间也都有可能发生相互干扰的问题。

9. 其他第三方原因

其他第三方原因通常表现为因与工程有关的其他第三方的问题而引起的对本工程的不利影响。比如，银行付款延误，邮路延误，港口压港等。由于这种原因引起的索赔往往比较难以处理。比如，业主在规定时间内依规定方式向银行寄出了要求向承包商支付款项的付款申请，但由于邮路延误，银行迟迟没有收到该付款申请，因而造成承包商没有在合同规定的期限内收到工程款。在这种情况下，由于最终表现出来的结果是承包商没有在规定时间内收到款项，所以承包商往往会向业主索赔。对于第三方原因造成的索赔，业主给予补偿后，业主应该根据其与第三方签订的合同规定或有关法律规定再向第三方追偿。

任务二　施工索赔的分类与施工索赔的文件

一、施工索赔的分类

（一）按施工索赔的目的分类

按施工索赔的目的分类，可分为工期索赔和费用索赔。

（二）按施工索赔的处理方式分类

按施工索赔的处理方式分类，可分为单项索赔和一揽子索赔，一揽子索赔也称综合索赔。

（三）按施工索赔发生的原因分类

按施工索赔发生的原因分类，可分为如下几种类型。

(1) 工程延误索赔。是指由于业主的原因使承包商不能按原定计划进行施工所引起的索赔,例如业主不按时供应材料、图纸和规范有错误或遗漏、建筑法规的改变、业主不能按时提交图纸或各种批准等情况时,承包商向业主提出的索赔。

(2) 工程范围变更索赔。是指因合同中规定的工作范围的变化而引起的索赔。发生工程变更索赔的主要情况有:由于业主和设计者主观意志的改变而引起的设计变更、设计的错误;遗漏引起的设计变更等。

(3) 施工加速索赔。是指由于业主要求工程提前竣工或提出其它赶工要求而引起的索赔。施工加速往往使承包商的劳动生产率降低,因此施工加速索赔又称劳动生产率损失索赔。

(4) 不利现场条件索赔。是指合同的图纸和技术规范中所描述的现场条件与实际情况有实质性的不同,或者虽然合同中未作描述,但是一个有经验的承包商无法预料的情况。例如,出现不可预见的外部障碍或条件、不可抗力事件。

(四) 按施工索赔合同依据分类

按施工索赔合同依据分类,可分为如下几种。

(1) 合同内索赔。指可以直接引用合同条款作为索赔依据的施工索赔,分为合同明示的索赔和合同默示的索赔两种。

合同明示的索赔。是指承包商的索赔要求在合同中有文字依据,承包商可据此取得经济或工期的补偿。合同文件中有索赔文字规定的条款称为明示条款。

合同默示的索赔。承包商提出的索赔要求,在合同中虽然无明示条款,但可根据合同某些条款的含义推断出承包商有索赔权利。这种索赔请求同样具有法律效力,有补偿含义的条款,在合同管理中称为"默示条款"或"隐含条款"。

(2) 合同外索赔。是指索赔内容虽在合同条款中找不到依据,但可从有关法律法规中找到依据的索赔。合同外的索赔通常表现为对违约造成的间接损害和违规担保造成的损害索赔,可在民事侵权行为的法律规范中找到依据。

(3) 道义索赔。是指承包商既在合同中找不到索赔依据,业主也未违约或触犯民法,但因损失确实太大,自己无法承担而向业主提出的给予优惠性补偿的请求。例如,承包商投标时对标价估计不足投低标,工程施工中发现比原先预计的困难大得多,有可能无法完成合同,某些业主为使工程顺利进行,会同意根据实际情况给予一定的补偿。

(五) 按索赔当事人分类

按索赔当事人分类,可分为承包商与发包人间索赔、承包商与分包商间索赔、承包商与供货商间索赔。

二、施工索赔文件组成

索赔文件包括索赔信(意向通知书)、索赔报告和附件。其中,索赔报告包括总论、根据部分、计算部分、证据部分。

索赔报告书的具体内容,随该索赔事项的性质和特点而有所不同。但一份完整的索赔报告书的必要内容和文字结构方面,必须包括以下几个组成部分。至于每个部分的文字长

项目七　建设工程施工索赔

短,则根据每一索赔事项的具体情况和需要来决定。

(一) 总论部分

设索赔事项的一个综述。它概要地叙述发生索赔事项的日期和过程;说明承包商为了减轻该索赔事项造成的损失而做过的努力;索赔事项给承包商的施工增加的额外费用或工期延长的天数;以及自己的索赔要求。并在上述论述之后附上索赔报告书编写人、审核人的名单,注明各人的职称、职务及施工索赔经验,以表示该索赔报告书的权威性和可信性。

总论部分应简明扼要。对于较大的索赔事项,一般应以 3~5 页篇幅为限。

(二) 合同引证部分

合同引证部分是索赔报告关键部分之一,它的目的是承包商论述自己有索赔权,这是索赔成立的基础。合同引证的主要内容,是工程项目的合同条件以及有关此项索赔的法律规定,说明自己理应得到费用补偿或工期延长,或二者均应获得。因此,工程索赔人员应通晓合同文件,善于在合同条件、技术规程、工程量表以及合同函件中寻找索赔的法律依据,使自己的索赔要求建立在合同、法律的基础上。

对于重要的条款引证,如不利的自然条件或人为障碍(施工条件变化)、合同范围以外的额外工程、特殊风险等,应在索赔报告书中作详细的论证叙述,并引用有说服力的证据资料。因为在这些方面经常会有不同的观点,对合同条款的含义有不同的解释,所以往往是工程索赔争议的焦点。

在论述索赔事项的发生、发展、处理和最终解决的过程中,承包商应客观地描述事实,避免采用抱怨或夸张的用词,以免使工程师和业主方面产生反感或怀疑。而且,这样的措辞,往往会使索赔工作复杂化。

综上所述,合同引证部分一般包括以下内容:

(1) 概述索赔事项的处理过程。

(2) 发出索赔通知书的时间。

(3) 引证索赔要求的合同条款,如不利的自然条件、合同范围以外的工程、业主风险和特殊风险、工程变更指令、工期延长、合同价调整等。

(4) 指明所附的证据资料。

(三) 索赔款额计算部分

在论证索赔权以后,应接着计算索赔款额,具体分析论证合理的经济补偿款额,这也是索赔报告书的主要部分,是经济索赔报告的第三部分。

款额计算的目的,是以具体的计价方法和计算过程说明承包商应得到的经济补偿款额。如果说合同论证部分的目的是确立索赔权,则款额计算部分的任务是决定应得的索赔款。

在款额计算部分中,索赔工作人员首先应注意采用合适的计价方法。至于采用哪一种计价法,应根据索赔事项的特点及自己掌握的证据资料等因素来确定。其次,应注意每项开支的合理性,并指出相应的证据资料的名称及编号(这些资料均列入索赔报告书中)。只要计价方法合适,各项开支合理,则计算出的索赔总款额就有说服力。

索赔款计价的主要组成部分是：由于索赔事项引起的额外开支的人工费、材料费、设备费、工地管理费、总部管理费、投资利息、税收、利润等。每一项费用开支，应附以相应的证据或单据。

款额计算部分在写法结构上，最好首先写出计价的结果，即列出索赔总款额汇总表。然后，再分项地论述各组成部分的计算过程，并指出所依据的证据资料的名称和编号。

在编写款额计算部分时，切忌采用笼统的计价方法和不实的开支款项。有的承包商对计价采取不严肃的态度，没有根据地扩大索赔款额，采取漫天要价的策略。这种做法是错误的，是不能成功的，有时甚至增加了索赔工作的难度。

款额计算部分的篇幅可能较大。因此，应论述各项计算的合理性，详细写出计算方法，引证相应的证据资料，并在此基础上累计出索赔款总额。通过详细的论证和计算，使业主和工程师对索赔款的合理性有充分的了解，这对索赔工作的顺利完成有很大帮助。

总之，一份成功的索赔报告应注意事实的正确性、论述的逻辑性，善于利用成功的索赔案例来证明此项索赔成立的道理。做到逐项论述，层次分明，文字简练，论理透彻，使阅读者感到清楚明了，合情合理，有根有据。

（四）工期延长论证部分

承包商在施工索赔报告中进行工期论证的目的，首先是为了获得施工期的延长，以免承担因误期损害赔偿费带来的经济损失。其次，承包商可在此基础上，探索获得经济补偿的可能性。因为，如果承包商投入了更多的资源，承包商就有权要求业主对他的附加开支进行补偿。对于工期索赔报告，工期延长论证是它的第三部分。

在索赔报告中论证工期的方法，主要有横道图法、关键线路法、进度评估法、顺序作业法等。

在索赔报告中，应该对工期延长、实际工期、理论工期等工期的长短（天数）进行详细的论述，说明自己要求工期延长（天数）或加速施工费用（款数）的根据。

（五）证据部分

证据部分通常以索赔报告书附件的形式出现，它包括了该索赔事项所涉及的一切有关证据资料以及对这些证据的说明。

证据是索赔文件的必要组成部分，要保证索赔证据的详实可靠，使索赔取得成功。索赔证据资料的范围甚广，它可能包括工程项目施工过程中所涉及的有关政治、经济、技术、财务等许多方面的资料。合同管理人员应该在整个施工过程中持续不断地搜集整理相关资料，分类储存，最好是存入计算机中，以便随时提出查询、整理或补充。

所搜集的诸项证据资料，并不是都要放入索赔报告书的附件中，而是针对索赔文件中提到的开支项目，有选择、有目的地列入，并进行编号，以便审查核对。

在引用每个证据时，要注意该证据的效力或可信程度。为此，对重要的证据资料最好附以文字说明，或附以确认函件。例如，对一项重要的电话记录，仅附上自己的记录是不够有力的，最好附上经对方签字确认过的电话记录，或附上发给对方的要求确认该电话记录的函件，即使对方当时未复函确认或予以修改，亦说明责任在对方，因为未复函确认或修改，按惯例应理解为他已默认。

除文字报表证据资料以外,对于重大的索赔事项,承包商还应提供直观记录资料,如录像、摄影等证据资料。

综合本节的论述:如果把工期索赔和费用索赔分别地编写索赔报告,则它们除包括总论、合同引证和证据三个部分以外,将分别包括工期延长论证或索赔款计算部分。如果把工期索赔和费用索赔合并为一个报告,则应包括上述所有五个部分。

三、施工索赔证据

施工中常见的索赔证据有:
(1) 合同设计文件。
(2) 经工程师批准的承包人施工进度计划、施工方案、施工组织设计和具体的现场实施情况记录。
(3) 施工日志及工长工作日志、备忘录。
(4) 工程有关施工部位的照片及录像等。
(5) 工程各项往来信件。
(6) 工程各项会议纪要、协议、签约、谈话资料等。
(7) 气象报告和资料。
(8) 施工现场记录。
(9) 工程各项经业主或工程师签认的签证。
(10) 工程结算数据和有关财务报告。
(11) 各种检查验收报告和技术鉴定报告。
(12) 其他,包括分包合同、官方物价指数等。

任务三 施工索赔的处理过程

一、承包人的索赔

承包人的索赔程序通常可分为以下几个步骤。

(一) 索赔意向通知

在索赔事件发生后,承包人应抓住索赔机会,迅速作出反应。承包人应在索赔事件发生后的 28 天内向工程师递交索赔意向通知,声明将对此事件提出索赔。该意向通知是承包人就具体的索赔事件向工程师和业主表示的索赔愿望和要求。如果超过这个期限,工程师和业主有权拒绝承包人的索赔要求。

当索赔事件发生,承包人就应该进行索赔处理工作,直到正式向工程师和业主提交索赔报告。这一阶段包括许多具体的复杂的工作,主要有:
(1) 事态调查,即寻找索赔机会。通过对合同实施的跟踪、分析、诊断、发现了索赔机会,则应对它进行详细的调查和跟踪,以了解事件经过、前因后果、掌握事件详细情况。

(2) 损害事件原因分析,即分析这些损害事件是由谁引起的,它的责任应由谁来承担。一般只有非承包人责任的损害事件才有可能提出索赔。在实际工作中,损害事件的责任常常是多方面的,故必须进行责任分解,划分责任范围,按责任大小,承担损失。这里特别容易引起合同双方争执。

(3) 索赔根据,即索赔理由,主要指合同文件。必须按合同判明这些索赔事件是否违反合同,是否在合同规定的赔偿范围之内。只有符合合同规定的索赔要求才有合法性、才能成立。例如,某合同规定,在工程总价15%的范围内的工程变更属于承包人承担的风险。则业主指令增加工程量在这个范围内,承包人不能提出索赔。

(4) 损失调查,即为索赔事件的影响分析。它主要表现为工期的延长和费用的增加。如果索赔事件不造成损失,则无索赔可言。损失调查的重点是收集、分析、对比实际和计划的施工进度,工程成本和费用方面的资料,在此基础计算索赔值。

(5) 收集证据。索赔事件发生,承包人就应抓紧收集证据,并在索赔事件持续期间一直保持有完整的当时记录。同样,这也是索赔要求有效的前提条件。如果在索赔报告中提不出证明其索赔理由,索赔事件的影响,索赔值的计算等方面的详细资料,索赔要求是不能成立的。在实际工程中,许多索赔要求都因没有,或缺少书面证据而得不到合理的解决。所以承包人必须对这个问题有足够的重视。通常,承包人应按工程师的要求做好并保持当时记录,并接受工程师的审查。

(6) 起草索赔报告。索赔报告是上述各项工作的结果和总括。它表达了承包人的索赔要求和支持这个要求的详细依据。它决定了承包人索赔的地位,是索赔要求能否获得有利和合理解决的关键。

(二) 索赔报告递交

索赔意向通知提交后的28天内,或工程师可能同意的其它合理时间内,承包人应递送正式的索赔报告。索赔报告的内容应包括:事件发生的原因,对其权益影响的证据资料,索赔的依据,此项索赔要求补偿的款项和工期展延天数的详细计算等有关材料。如果索赔事件的影响持续存在,28天内还不能算出索赔额和工期展延天数时,承包人应按工程师合理要求的时间间隔(一般为28天),定期陆续报出每一个时间段内的索赔证据资料和索赔要求。在该项索赔事件的影响结束后的28天内,报出最终详细报告,提出索赔论证资料和累计索赔额。

承包人发出索赔意向通知后,可以在工程师指示的其他合理时间内再报送正式索赔报告,也就是说工程师在索赔事件发生后有权不马上处理该项索赔。如果事件发生时,现场施工非常紧张,工程师不希望立即处理索赔而分散各方抓施工管理的精力,可通知承包人将索赔的处理留待施工不太紧张时再去解决。但承包人的索赔意向通知必须在事件发生后的28天内提出,包括因对变更估价双方不能取得一致意见,而先按工程师单方面决定的单价或价格执行时,承包人提出的保留索赔权利的意向通知。如果承包人未能按时间规定提出索赔意向和索赔报告,则他就失去了该项事件请求补偿的索赔权力。此时他所受到损害的补偿,将不超过工程师认为应主动给予的补偿额,或把该事件损害提交仲裁解决时,仲裁机构依据合同和同期记录可以证明的损害补偿额。承包人的索赔权利就受到限制

项目七　建设工程施工索赔

（三）工程师审核索赔报告

1. 工程师审核承包人的索赔申请

接到承包人的索赔意向通知后，工程师应建立自己的索赔档案，密切关注事件的影响，检查承包商的同期记录，随时就记录内容提出他的不同意见之处或他希望应予以增加的记录项目。

在接到正式索赔报告以后，认真研究承包商报送的索赔资料。首先在不确认责任归属的情况下，客观分析事件发生的原因，重温合同的有关条款，研究承包商的索赔证据，并检查他的同期记录；其次通过对事件的分析，工程师再依据合同条款划清责任界限，如果必要时还可以要求承包人进一步提供补充资料。尤其是对承包人与业主或工程师都负有一定责任的事件影响，更应划出各方应该承担合同责任的比例。最后再审查承包人提出的索赔补偿要求，剔除其中的不合理部分，拟定自己计算的合理索赔款额和工期延展天数。

《建设工程施工合同示范文本》规定，工程师收到承包人递交的索赔报告和有关资料后，应在28天内给予答复，或要求承包人进一步补充索赔理由和证据。如果在28天内既未予答复，也未对承包人作进一步要求的话，则视为承包人提出的该项索赔要求已经认可。

2. 索赔成立条件

工程师判定承包人索赔成立的条件为：

（1）与合同相对照，事件已造成了承包人施工成本的额外支出，或直接工期损失。

（2）造成费用增加或工期损失的原因，按合同约定不属于承包人的行为责任或风险责任。

（3）承包人按合同规定的程序提交了索赔意向通知和索赔报告。

上述三个条件没有先后主次之分，应当同时具备。只有工程师认定索赔成立后，才按一定程序处理。

（四）工程师与承包人协商补偿

工程师核查后初步确定应予以补偿的额度，往往与承包人的索赔报告中要求的额度不一致，甚至差额较大。主要原因大多为对承担事件损害责任的界限划分不一致；索赔证据不充分；索赔计算的依据和方法分歧较大等，因此双方应就索赔的处理进行协商。通过协商达不成共识的话，承包商仅有权得到所提供的证据满足工程师认为索赔成立那部分的付款和工期延展。不论工程师通过协商与承包人达到一致，还是他单方面作出的处理决定，批准给予补偿的款额和延展工期的天数如果在授权范围之内，则可将此结果通知承包商，并抄送业主。补偿款将计入下月支付工程进度款的支付证书内，延展的工期加到原合同工期中去。如果批准的额度超过工程师权限，则应报请业主批准。

对于持续影响时间超过28天以上的工期延误事件，当工期索赔条件成立时，对承包人每隔28天报送的阶段索赔临时报告审查后，每次均应作出批准临时延长工期的决定，并于事件影响结束后28天内承包人提出最终的索赔报告后，批准延展工期总天数。应当注意的是，最终批准的总延展天数，不应少于以前各阶段已同意延展天数之和。规定承包人在事件影响期间必须每隔28天提出一次阶段索赔报告，可以使工程师能及时根据同期记录批准该阶段应予延展工期的天数，避免事件影响时间太长而不能准确确定索赔值。

（五）工程师索赔处理决定

在经过认真分析研究与承包人、业主广泛讨论后，工程师应该向业主和承包人提出自己的《索赔处理决定》。工程师收到承包人送交的索赔报告和有关资料后，于28天内给予答复，或要求承包人进一步补充索赔理由和证据。工程师在28天内未予答复或未对承包人作出进一步要求，则视为该项索赔已经认可。

工程师在《索赔处理决定》中应该简明地叙述索赔事项、理由和建议给予补偿的金额及（或）延长的工期。《索赔评价报告》则是作为该决定的附件提供的。它根据工程师所掌握的实际情况详细叙述索赔的事实依据、合同及法律依据，论述承包人索赔的合理方面及不合理方面，详细计算应给予的补偿。《索赔评价报告》是工程师站在公正的立场上独立编制的。

工程师在拟就《索赔处理决定》时，应该考虑到发出《索赔处理决定》之后可能出现的情况——承包人会有什么意见？如果承包人对《索赔处理决定》有异议，将采取什么对策？因此，工程师在《索赔处理决定》和《索赔评价报告》中可能需要有意保留某些情况，防止一开始就把所有情况告诉承包人而可能带来的被动局面。

通常，工程师的处理决定不是终局性的，对业主和承包人都不具有强制性的约束力。在收到工程师的《索赔处理决定》后，无论业主还是承包人，如果认为该处理决定不公正，都可以在合同规定的时间内提请工程师重新考虑。工程师不得无理拒绝这种要求。一般来说，对工程师的处理决定，业主不满意的情况很少，而承包人不满意的情况较多。承包人如果持有异议，他应该提供进一步的证明材料，向工程师进一步表明为什么其决定是不合理的。有时甚至需要重新提交索赔申请报告，对原报告做一些修正，补充或做一些让步。如果工程师仍然坚持原来的决定，或承包人对工程师的新决定仍不满，则可以按合同中的仲裁条款提交仲裁机构仲裁。

（六）业主审查索赔处理

当工程师确定的索赔额超过其权限范围时，必须报请业主批准。

业主首先根据事件发生的原因、责任范围、合同条款审核承包商的索赔申请和工程师的处理报告，再依据工程建设的目的、投资控制、竣工投产日期要求以及针对承包人在施工中的缺陷或违反合同规定等的有关情况，决定是否批准工程师的处理意见，而不能超越合同条款的约定范围。例如，承包人某项索赔理由成立，工程师根据相应条款规定，既同意给予一定的费用补偿，也批准展延相应的工期。但业主权衡了施工的实际情况和外部条件的要求后，可能不同意延展工期，而宁可给承包人增加费用补偿额，要求他采取赶工措施，按期或提前完工。这样的决定只有业主才有权作出。索赔报告经业主批准后，工程师即可签发有关证书。

（七）承包人是否接受最终索赔处理

承包人接受最终的索赔处理决定，索赔事件的处理即告结束。如果承包人不同意，就会导致合同争议。通过协商双方达到互谅互让的解决方案，是处理争议的最理想方式。如达不成谅解，承包人有权提交仲裁解决。

项目七　建设工程施工索赔

任务四　施工索赔的策略与技巧

一、施工索赔程序

《建设工程施工合同（示范文本）》（GF—2013—0201）对施工索赔程序作了详细的介绍。

（一）承包人的索赔

承包人的索赔程序如图7-1所示，通常可分为以下几个步骤。

1. 承包人提出索赔要求

（1）发出索赔意向通知。承包人应在知道或应当知道索赔事件发生后28天内，向监理人递交索赔意向通知书，并说明发生索赔事件的事由；承包人未在前述28天内发出索赔意向通知书的，丧失要求追加付款和（或）延长工期的权利。

（2）递交索赔报告。

①承包人应在发出索赔意向通知书后28天内，向监理人正式递交索赔报告；索赔报告应详细说明索赔理由以及要求追加的付款金额和（或）延长的工期，并附必要的记录和证明材料。

②索赔事件具有持续影响的，承包人应按合理时间间隔继续递交延续索赔通知，说明持续影响的实际情况和记录，列出累计的追加付款金额和（或）工期延长天数。

③在索赔事件影响结束后28天内，承包人应向监理人递交最终索赔报告，说明最终要求索赔的追加付款金额和（或）延长的工期，并附必要的记录和证明材料。

2. 对承包人索赔的处理

（1）监理人应在收到索赔报告后14天内完成审查并报送发包人。监理人对索赔报告存在异议的，有权要求承包人提交全部原始记录副本。

（2）发包人应在监理人收到索赔报告或有关索赔的进一步证明材料后的28天内，由监理人向承包人发出经发包人签认的索赔处理结果。发包人逾期答复的，则视为认可承包人的索赔要求。

（3）承包人接受索赔处理结果的，索赔款项在当期进度款中进行支付；承包人不接受索赔处理结果的，按照《示范文本》[争议解决]约定处理。

3. 提出索赔的期限

（1）承包人按《示范文本》[竣工结算审核]约定接收竣工付款证书后，应被视为已无权再提出在工程接收证书颁发前所发生的任何索赔。

（2）承包人按《示范文本》[最终结清]提交的最终结清申请单中，只限于提出工程接收证书颁发后发生的索赔。提出索赔的期限自接受最终结清证书时终止。

（二）发包人的索赔

发包人索赔程序如下：

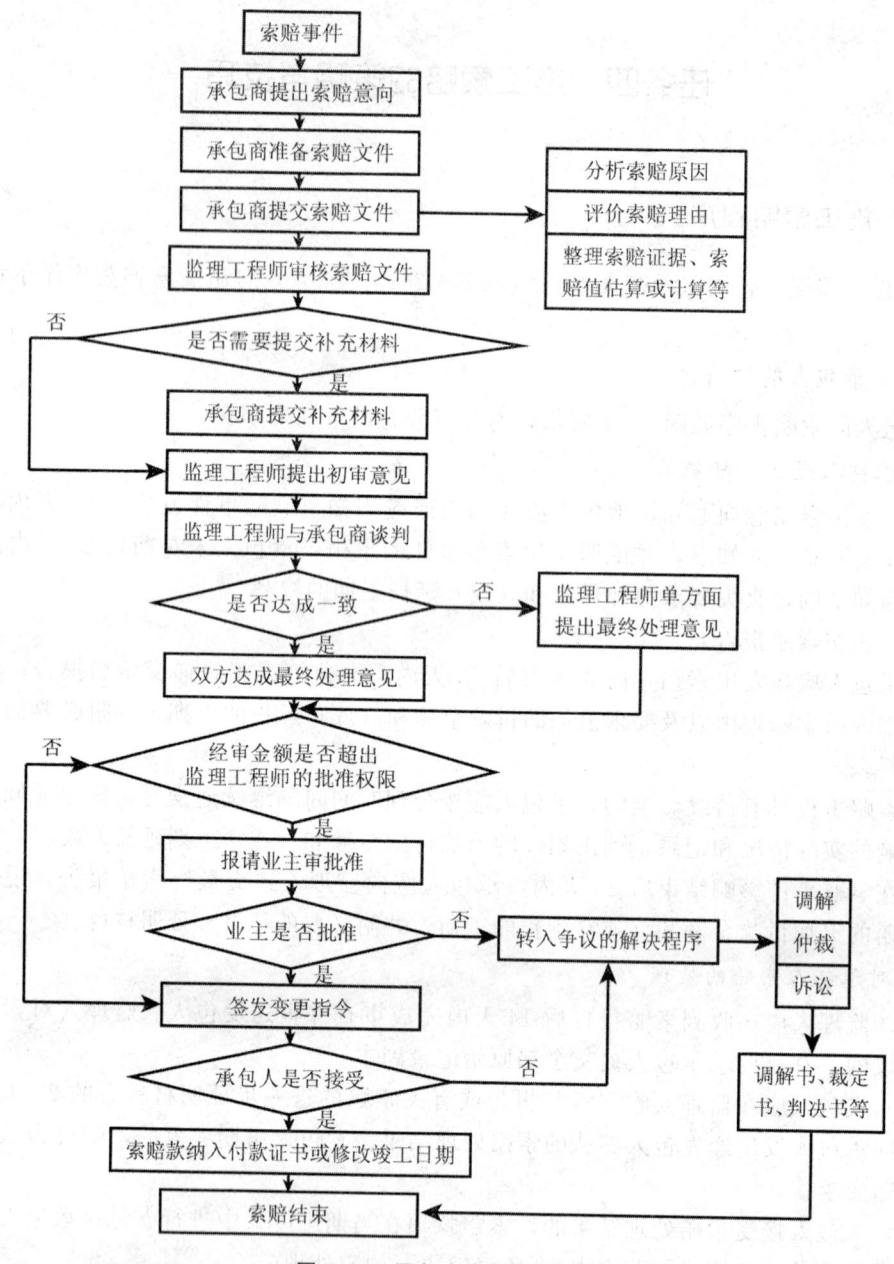

图 7-1 承包人索赔工作程序

1. 发包人提出索赔

根据合同约定,发包人认为有权得到赔付金额和(或)延长缺陷责任期的,监理人应向承包人发出通知并附有详细的证明。

发包人应在知道或应当知道索赔事件发生后 28 天内通过监理人向承包人提出索赔意向通知书,发包人未在前述 28 天内发出索赔意向通知书的,丧失要求赔付金额和(或)延长缺陷责任期的权利。发包人应在发出索赔意向通知书后 28 天内,通过监理人向承包人正式递交索赔报告。

2. 对发包人索赔的处理

对发包人索赔的处理如下:

(1) 承包人收到发包人提交的索赔报告后,应及时审查索赔报告的内容、查验发包人证明材料。

(2) 承包人应在收到索赔报告或有关索赔的进一步证明材料后 28 天内,将索赔处理结果答复发包人。如果承包人未在上述期限内作出答复的,则视为对发包人索赔要求的认可。

(3) 承包人接受索赔处理结果的,发包人可从应支付给承包人的合同价款中扣除赔付的金额或延长缺陷责任期;发包人不接受索赔处理结果的,按第 20 条 [争议解决] 约定处理。

二、施工索赔策略

索赔的战略和策略研究,针对不同的情况,包含着不同的内容,有不同的侧重点,一般应研究以下几个方面。

(一) 确定索赔目标

承包商的索赔目标是指承包商对索赔的基本要求,可对要达到的目标进行分解,按难易程度排队,并大致分析它们各自实现的可能性,从而确定最低、最高目标。

分析实现目标的风险状况,如能否在索赔有效期内及时提出索赔,能否按期完成合同规定的工程量,按期交付工程,能否保证工程质量等。总之,要注意对索赔风险的防范,否则会影响索赔目标的实现。

(二) 对被索赔方的分析

分析对方的兴趣和利益所在,要让索赔在友好和谐的气氛中进行。处理好单项索赔和一揽子索赔的关系,对于理由充分而重要的单项索赔应力争尽早解决,对于发包人坚持后拖解决的索赔,要按发包人意见认真积累有关资料,为一揽子解决准备充分的材料。要根据对方的利益所在,对双方感兴趣的地方,承包商就在不过多损害自己利益的情况下作适当让步,打破问题的僵局、在责任分析和法律分析方面要适当,在对方愿意接受索赔的情况下,就不要得理不让人,否则反而达不到索赔目的。

(三) 承包商的经营战略分析

承包商的经营战略直接制约着索赔的策略和计划。在分析发包人情况和工程所在地情况以后,承包商应考虑有无可能与发包人继续进行新的合作,是否在当地继续扩展业务,承包商与发包人之间的关系对在当地开展业务有何影响等。这些问题决定承包商的整个索赔要求和解决的方法。

(四) 对外关系分析

利用同监理工程师、设计单位、发包人的上级主管部门对发包人施加影响,往往比同发包人直接谈判更有效。承包商要同这些单位搞好关系,取得他们的同情和支持,并与发包人沟通。这就要求承包商对这些单位的关键人物进行分析,同他们搞好关系,利用他们同发包人的微妙关系从中斡旋、调停,能使索赔达到十分理想的效果。

(五) 谈判过程分析

索赔一般都在谈判桌上最终解决,索赔谈判是合同双方面对面的较量,是索赔能否取得成功的关键。一切索赔的计划和策略都要在谈判桌上体现和接受检验,因此,在谈判之前要做好充分准备,对谈判的可能过程要做好分析。

因为索赔谈判是承包商要求业主承认自己的索赔,承包商处于很不利的地位,如果谈判一开始就气氛紧张,情绪对立,有可能导致发包人拒绝谈判,使谈判旷日持久,这是最不利于解决索赔问题的。谈判应从发包人关心的议题入手,从发包人感兴趣的问题开谈,稳扎稳打,并始终注意保持友好和谐的谈判气氛。

三、施工索赔计算

施工索赔计算包括工期索赔的计算和经济索赔的计算。

(一) 工期索赔的计算

1. 工期索赔成立的条件

(1) 发生了非承包商自身原因的索赔事件。

(2) 索赔事件造成了总工期的延误。

2. 工期索赔的计算方法

(1) 网络图分析法。承包商按网络进度计划组织施工的,工期索赔可采用网络图分析法进行计算,计算方法如下:

①由于非承包商自身的原因的事件造成关键线路上的工序暂停施工:

$$工期索赔天数 = 关键线路上的工序暂停施工的日历天数$$

②由于非承包商自身的原因的事件造成非关键线路上的工序暂停施工,存在两种情况,第一种情况是,延误超过时限而成为关键线路,工期索赔如下:

$$工期索赔天数 = 工序暂停施工的日历天数 - 该工序的总时差天数$$

第二种情况是,如果延误后仍为非关键线路,则不存在工期索赔。

(2) 比例计算法。这种方法比较简单,但只是一种粗略的估算,在不能采用其他计算方法时使用。具体的计算方法有两种,按引起误期的事件选用。

①已知部分工程的拖延时间。

$$工期索赔值 = \frac{受干扰部分工程的合同价}{原整个工程合同总价} \times 该部分工程受干扰工期拖延时间$$

②已知额外增加工程量的价格

$$工期索赔值 = \frac{额外增加工程量的价格}{原合同总价} \times 原合同总工期$$

(二) 经济索赔的计算

1. 总费用法

总费用法又称总成本法,采用这种方法计算索赔值方法简单,但有严格的适用条件。

(1) 索赔值计算公式。
$$索赔额=该项工程实际开支的总费用-投标报价时的成本费用$$
(2) 适用条件。
①已开支的实际总费用经审核认为是合理的。
②承包商的原始报价是比较合理的。
③费用的增加是由于业主的原因造成的,其中没有承包商管理不善的责任。
④由于现场记录不足等原因,难以采用更精确的计算方法。

2. 修正总费用法

修正总费用法与总费用法的原理相同,只是把计算的范围缩小,使索赔值的计算更容易、更准确。修正总费用法计算索赔值的方法如下:
$$费用索赔额=索赔事件相关单项工程的实际总费用-该单项工程的投标报价$$

3. 分项法

分项法是指首先应确定每次索赔可以索赔的费用项目,然后按下列方法计算每个项目的索赔值,各项目的索赔值之和即本次索赔的补偿总额。其内容如下:

(1) 人工费索赔。人工费索赔包括额外增加工人和加班的索赔、人员闲置费用索赔、工资上涨索赔和劳动生产率降低导致的人工费索赔等,根据实际情况择项计算。
①额外增加工人和加班。
$$索赔额=增加的工时(日)\times 人工单价$$
②人员闲置费用索赔。
$$索赔额=闲置工时(日)\times 人工单价 \times 0.75(折算系数)$$
③工资上涨索赔。由于工程变更,延期期间工资水平上调而进行的索赔。
$$工资上涨索赔额=\sum 相关工种计划工时 \times 相关工种工资上调幅度$$
④劳动生产率降低导致的人工费索赔,一般可用如下方法计算。
A. 实际成本和预算成本比较法。
$$索赔额=实际人工成本-合同中的预算人工成本$$
适用条件:
a. 有正确合理的估价体系和详细的施工记录。
b. 预算成本和实际成本计算合理。
c. 由于业主的原因增加了成本。
B. 正常施工期与受影响施工期比较法。
$$劳动生产率降低值=正常施工期劳动生产率-受影响施工期劳动生产率$$
$$劳动生产率降低值索赔值=计划工日数 \times \frac{劳动生产率降低值}{预期劳动生产率} \times 工日人工平均工资$$

(2) 材料费索赔。材料费的额外支出或损失包括消耗量增加和单位成本增加两个方面。
①材料消耗量增加的索赔。
追加额外工作、变更工程性质、改变施工方法等,都将导致材料用量增加,其索赔值的计算公式如下:

$$索赔额 = \sum 新增的工程量 \times 某种材料的预算消耗定额 \times 该种材料单价$$

②材料单位成本增加的索赔。

由于业主原因的延期期间材料价格上涨（包括买价、手续费、运输费、保管费等），以及可调价格合同规定的调价因素发生时或需变更材料品种、规格、型号等，都将导致材料单位成本增加。索赔值计算公式如下：

$$索赔额 = 材料用量 \times (实际材料单位成本 - 投标材料单位成本)$$

（3）施工机械费索赔。施工机械费索赔的费用项目有增加机械台班使用数量索赔、机械闲置索赔、台班费上涨索赔和工作效率降低的索赔等。索赔时根据额外支出或额外损失的实际情况择项按下列方法计算索赔值：

①增加机械台班使用数量的索赔。

$$索赔额 = \sum 增加的某种机械台班的数量 \times 该机械的台班费$$

②机械闲置。

$$索赔额 = \sum 某种机械闲置台班数 \times 该种机械行业标准台班费 \times 折减系数$$

$$或索赔额 = \sum 某种机械闲置台班数 \times 该种机械定额标准台班费$$

③台班费上涨索赔。由于非承包商原因的工期顺延期间，如果遇上机械台班费上涨或采用可调价格合同时，承包商可以提出台班费上涨索赔。计算公式如下：

$$索赔额 = \sum 相关机械计划台班数 \times 相关机械台班费上调幅度$$

④机械效率降低的索赔，其索赔值计算有两种。

A. 实际成本和预算成本比较法。

$$索赔额 = 实际机械成本 - 合同中的预算机械成本$$

适用条件：

a. 有正确合理的估价体系和详细的施工记录。

b. 预算成本和实际成本计算合理。

c. 由于业主的原因增加了成本。

B. 正常施工期与受影响施工期比较法。

$$机械效率降低值 = 正常施工期机械效率 - 受影响施工期机械效率$$

$$机械效率降低索赔值 = 计划台班 \times 台班单价 \times \frac{机械效率降低值}{预期机械效率}$$

（4）现场管理费索赔。这里的现场管理费是指施工项目成本中除人工费、材料费和施工机械使用费外的各费用项目之和，包括项目经理部额外支出或额外损失的现场经费和其他直接费。计算公式为：

$$现场管理费索赔额 = 直接成本费用索赔额 \times 现场管理费率$$

式中：

$$直接成本费用索赔额 = 人工费索赔额 + 材料费索赔额 + 机械费索赔额$$

当事人双方通过协商选用下列方法之一确定现场管理费率。

①合同百分比法。按签订合同时约定的现场管理费率计算。

②行业平均水平法。执行公认的行业标准费率，如T工程造价管理部门制定颁发的取

费标准。

③原始估价法。按投标报价时确定的费率计算。

④历史数据法。采用历史上类似工程的费率。

(5) 企业管理费索赔。企业管理费索赔包括企业管理费、财务费用和其他费用的索赔，也可将利润损失计算在内。索赔值的计算方法主要有企业管理费率计算法和国际上通用的埃尺利公式计算法两种。

①企业管理费率计算法。

$$企业管理费索赔额 = 施工项目成本费用索赔额 \times 企业管理费率$$

式中，企业管理费率可采用确定现场管理费率的四种方法之一确定。

②延期索赔的埃尺利公式计算法。

$$延期合同应分摊的管理费(A) = \frac{被延期合同原价}{同期公司所有合同价之和} \times 同期公司计划企业管理费$$

$$单位时间(周或日)应分摊的管理费(B) = \frac{A}{计划和同期(周或日)}$$

$$企业管理费索赔额(C) = B \times 延期时间(周或日)$$

说明：由于延期，使承包商的合同直接成本和合同总值减少而损失的管理费应予补偿。

③工作范围变更索赔的埃尺利公式计算法。

$$索赔合同应分摊的管理费(A1) = \frac{被索赔合同计划直接费}{同期所有合同实际直接费} \times 同期公司计划企业管理费$$

$$每次直接费用应分摊的管理费(B1) = \frac{A1}{被索赔合同原计划直接费}$$

$$工作变更企业管理费索赔额(C1) = B1 \times 工作范围变更索赔的直接费$$

应用埃尺利公式的条件：承包商应证明由于索赔事件的出现，确实引起管理费增加，或在工程停工期间，确实无其他工程可干。对于停工期间短或是索赔额中已包含了管理费的索赔，埃尺利公式不适用。

(6) 融资成本索赔。融资成本是指为取得和使用资金所需付出的代价，又称资金成本，其中最主要的是需要支付的资金的利息。

$$融资成本索赔额 = (施工项目成本索赔额 + 总部管理费索赔额) \times 利率$$

式中的利率可参照金融机构的利率标准或预期平均投资收益率（机会利润率）确定。

四、施工索赔技巧

索赔的技巧是为索赔的战略和策略目标服务的，因此，在确定了索赔的战略和策略目标之后，索赔技巧就显得格外重要，它是索赔策略的具体体现。索赔技巧应因人、因客观环境条件而异，现提出以下各项供参考。

(一) 要及时发现索赔机会

一个有经验的承包商，在投标报价时就应考虑到将来可能要发生索赔的问题，要仔细研究招标文件中的合同条款和规范，仔细查勘施工现场，探索可能索赔的机会，在报价时要考虑索赔的需要。在进行单价分析时，应列入生产效率，把工程成本与投入资源的效率结合起来。这样，在施工过程中论证索赔原因时，可引用效率降低来论证索赔的根据。

在索赔谈判中，如果没有效率降低的资料，则很难说服监理工程师和发包人，索赔无取胜可能。反而可能被认为：生产效率的降低是承包商施工组织不好，没达到投标时的效率，应采取措施提高效率，赶上工期。

要论证效率降低，承包商应做好施工记录，记录好每天使用的设备工时、材料和人工数量，完成的工程量及施工中遇到的问题。

（二）商签好合同协议

在商签合同过程中，承包商应对明显把重大风险转嫁给承包商的合同条件提出修改的要求，对其达成修改的协议应以"谈判纪要"的形式写出，作为该合同文件的有效组成部分。

（三）对口头变更指令要得到确认

工程师常常乐于用口头指令工程变更，如果承包商不对工程师的口头指令予以书面确认，就进行变更工程的施工，此后，有的工程师矢口否认，拒绝承包商的索赔要求，使承包商有苦难言。

（四）及时发出"索赔通知书"

一般合同都规定，索赔事件发生后的一定时间内，承包商必须送出"索赔通知书"，过期无效。

（五）索赔事件论证要充足

承包合同通常规定，承包商在发出"索赔通知书"后，每隔一定时间，应报送一次证据资料，在索赔事件结束后的28日内报送总结性的索赔计算及索赔论证，提交索赔报告。索赔报告一定要令人信服，经得起推敲。

（六）索赔计价方法和款额要适当

索赔计算时采用"附加成本法"容易被对方接受。因为这种方法只计算索赔事件引起的计划外的附加开支，计价项目具体，使经济索赔能较快得到解决。另外索赔计价不能过高，要价过高容易引起对方反感，使索赔报告束之高阁，长期得不到解决。另外还有可能让发包人准备周密的反索赔计价，以高额的反索赔对付高额的索赔，使索赔工作更加复杂化。

（七）力争单项索赔，避免一揽子索赔

单项索赔事件简单，容易解决，而且能及时得到支付。一揽子索赔，问题复杂，金额大，不易解决，往往到工程结束后还得不到付款。

（八）坚持采用"清理账目法"

承包商往往只注意接受发包人按月结算索赔款，而忽略了索赔款的不足部分，没有以文字的形式保留自己今后应获得不足部分款额的权利，等于同意并承认了发包人对该索赔的付款，以后再无权追索。

因为在索赔支付过程中，承包商和工程师对确定新单价和工程量方面经常存在不同意

见。按合同规定,工程师有决定单价的权力,如果承包商认为工程师的决定不尽合理,而坚持自己的要求时,可同意接受工程师决定的"临时单价",或按"临时价格"付款,先拿到一部分索赔款,对其余不足部分,则书面通知工程师和发包人,作为索赔款的余额,保留自己的索赔权利,否则,将失去将来要求付款的权利。

(九) 力争友好解决,防止对立情绪

索赔争端是难免的,如果遇到争端不能理智地协商讨论问题,使一些本来可以解决的问题悬而未决。承包商尤其要头脑冷静,防止对立情绪,力争友好解决索赔争端。

(十) 注意同工程师搞好关系

工程师是处理解决索赔问题的公正的第三方,注意同工程师搞好关系,争取工程师的公正裁决,竭力避免仲裁或诉讼。

练习题

一、单选题

1. 施工索赔,可以按索赔发生的原因进行分类,以下不是按所依据的原因分类的是（　　）。
   A. 工程延误索赔　　　　　　　B. 工程加速索赔
   C. 工程范围变更索赔　　　　　D. 一揽子索赔
2. 下列说法不正确的是（　　）。
   A. 发包人不能按时提交图纸或各种批准文件等情况,承包人可以向发包人提出工程延误索赔
   B. 如果变更工程不在合同范围内,承包人可以拒绝执行,或者经双方同意签订补充协议
   C. 现场的施工条件与合同确定的情况大不相同,承包人应立即通知发包人或工程师进行检查确认
   D. 任何情况下,承包人都可以提出工程延期
3. 关于工程施工索赔,承包人在知道索赔事件发生后（　　）日内,向监理人递交索赔意向通知书,并说明发生索赔事件的事由。
   A. 7　　　　　B. 14　　　　　C. 21　　　　　D. 28
4. 承包人应在发出索赔意向通知书后（　　）天内,向监理人正式递交索赔报告。
   A. 7　　　　　B. 14　　　　　C. 21　　　　　D. 28
5. 监理人应在收到索赔报告后（　　）天内完成审查并报送发包人。
   A. 7　　　　　B. 14　　　　　C. 21　　　　　D. 28
6. 可以索赔的费用不包括（　　）。
   A. 人工费　　　B. 材料费　　　D. 机械费　　　D. 税金

二、多选题

1. 施工索赔按目的分类，有（   ）。
   A. 工期索赔　　　　B. 单项索赔　　　C. 一揽子索赔　　　D. 合同内索赔
   E. 费用索赔

2. 施工索赔按合同依据分类，有（   ）。
   A. 承包人向发包人索赔　　　　　　B. 发包人向承包人索赔
   C. 合同内索赔　　　　　　　　　　D. 合同外索赔
   E. 道义索赔

3. 下列（   ）事件承包人不可以向发包人提出索赔。
   A. 施工中遇到地下文物被迫停工
   B. 施工机械大修，误工 5 天
   C. 发包人要求提前竣工，导致工程成本增加
   D. 设计图纸错误造成返工
   E. 施工方案调整造成工期延误

4. 关于建设工程索赔的说法，正确的是（   ）。
   A. 承包人可以向发包人索赔，发包人不可以向承包人索赔
   B. 索赔是双向的，承包人可以向发包人索赔，发包人也可以向承包人索赔
   C. 索赔意向通知书发出后 14 天内，承包人应向工程师正式提交索赔通知书
   D. 索赔事件具有连续影响的，承包人应按合同时间间隔继续递交延续索赔通知
   E. 工程师的索赔处理决定超过权限时应报发包人批准

三、思考题

1. 施工索赔的概念？
2. 发生索赔的原因？
3. 按施工索赔发生的原因来分可把施工索赔分为哪些类型？
4. 施工索赔文件的组成？
5. 如何更好地收集施工索赔处理过程中所需的证据？
6. 简述施工索赔的策略？
7. 简述施工索赔的技巧？

典型案例分析

【案例分析1】

【背景】 2012年，××市机场是经批准建设的国家重点工程，工程总投资12亿元人民币，建设工期为36个月。建设内容包括航站楼、栈桥、跑道、照明、电子信息、供油工程等，其中航站楼建筑面积为64 000平方米，其建筑安装工程合同估算额为31 000万元；飞行区指标4C，其中飞行区跑道、滑行道地基处理工程即"地基强夯工程"，合同估算价为9 800万元，机场场道工程合同估算额为4 200万元人民币；机场空管工程合同估算额为2 800万元人民币。

项目审批核准单位对该机场建设中航站楼、跑道和机场空管等工程及设备安装工程，核准的招标方式为公开招标；建设单位组织完成了工程现场地质勘察报告，其深度满足工程设计及施工需要，但航站楼部分内容需要进行施工深化设计。此外，项目建设期间预计物价会有较大幅度波动，须选择适当的合同形式降低风险。现对以上三个项目施工及设备采购进行招标。

【问题】

(1) 建筑业企业资质共分几大序列？各有多少个类别？为什么施工承包人必须取得相应施工资质才能承揽相符业务？

(2) 航站楼电梯为8部：人字梯为6部，合同估算额为480万元人民币；货梯为2部，合同估算额为80万元人民币，是否均可以直接签订采购合同，为什么？

(3) 建设单位与B基础公司有很好的合作，且B基础公司在地基处理方面实力很强、声誉良好。建设单位能否直接将地基强夯工程发包给B基础公司？

【参考答案】

(1) 建筑业企业资质分三种，分别是施工总承包、专业承包和劳务分包3个序列。其中，施工总承包资质分为12类；专业承包资质分为60类；劳务分包分为13类。

《建筑法》第26条规定，承包建筑工程的单位应当持有依法取得的资质证书，并在其资质等级许可的业务范围内承揽工程。该条同时规定，禁止建筑施工企业超越本企业资质等级许可的业务范围，或者以任何形式用其他建筑施工企业的名义承揽工程。该法律规定表明，工程施工承包人必须取得相应资质才能承揽相应业务，否则属于违法承揽工程。

(2) 按照《工程建设项目招标范围和规模标准规定》的要求，项目的勘察、设计、施工、监理以及与工程建设有关的重要设备、材料等的采购，达到下列标准之一的，必须进行招标。

①施工单项合同估算价在200万元人民币以上的。

②重要设备、材料等货物的采购，单项合同估算价在100万元人民币以上的。

③勘察、设计、监理等服务的采购,单项合同估算价在50万元人民币以上的。

④单项合同估算价低于第①、②、③项规定的标准,但项目总投资额在3 000万元人民币以上的。

故此,6部人字梯合同估算额480万人民币符合第②条规定,2部货梯合同估算额虽为80万元,但项目总投资12亿元,符合第④条,所以不可以直接签订采购合同,而需要国内公开招标。

(3) 建设单位不能直接将本项目地基强夯工程发包给B基础公司。因为从项目类别上,该工程属于依法必须招标的项目,其中地基强夯工程单项合同估算价为9 800万元,按照《工程建设项目招标范围和规模标准规定》中的要求,施工单项合同估算价在200万元人民币以上的必须进行招标,故通过招标确定地基强夯工程承包人。

【案例分析2】

【背景】某工程招标代理业务中标金额为6 000万元。

【问题】计算招标代理服务收费额。

【参考答案】

$100 \times 1.0\% = 1$(万元)

$(500-100) \times 0.7\% = 2.8$(万元)

$(1\,000-500) \times 0.55\% = 2.75$(万元)

$(5\,000-1\,000) \times 0.35\% = 14$(万元)

$(6\,000-5\,000) \times 02\% = 2$(万元)

合计收费$=1+2.8+2.75+14+2=22.55$(万元)

【案例分析3】

【背景】公司总部办公大楼工程招标。

2015年10月16日,甲公司在某商报上登出招标公告,宣布自己受集团公司委托,拟修建一栋甲公司总部办公大楼。10月30日,甲公司在公开媒体上发布该工程的招标公告。11月4日,乙建筑公司提交资格预审文件。11月18日,乙建筑公司收到该工程的招标文件。11月24日,乙建筑公司提交工程投标文件。此后,该招标活动的评标委员会对参加竞标的建筑企业进行公开、公平、公正的评标后,确定乙建筑公司为中标人。12月10日,双方签订《建设工程施工合同》及《补充协议》,确定由乙建筑公司承建甲公司的总部大楼工程,资金来源为自筹,工期为310天,12月25日开工。12月13日,该工程的监理单位向乙建筑公司发函,称工期尤为紧张,开工日期提前到12月22日,要求乙建筑公司做好施工准备,并准备好相关资料。12月9日,乙建筑公司项目部及相关人员进场做施工准备,初步定于12月22日开工。为了使项目能顺利地进行,乙建筑公司与相关材料供应商签订了供应合同等。

数月之后,即2017年3月22日,甲公司致函乙建筑公司,以招标程序不合法为由要求终止合同。乙建筑公司两次致函甲公司,明确表示自己投标程序合法,合同合法有效,应由甲公司赔偿损失后退场。

乙建筑公司称，5月22日，甲公司未取得乙建筑公司的同意，砸开工地大门，将乙建筑公司已入场的设备用吊车吊走。乙建筑公司立即向所在地派出所报案，并向市中级人民法院提起诉讼，要求判令甲公司向乙建筑公司赔偿临时设施费、人工费、预期利润及其他损失共计335万元。

7月11日，市中级人民法院开庭，公开审理了此案。甲公司做了如下答辩：由于本案所涉工程招标程序不合法，相关审批手续未办理，故合同无效；乙建筑公司明知招标程序不符合规定，应承担相应过失责任；开工日期应以正式开工日期为准，且合同上没有法定代表人签字，乙建筑公司未按约定在接到中标通知书后交付保证金、出具保函，且损失证据不充分。

甲公司认为，终止合同是因为合同无效，合同无效是因为招标程序不合法。因此，甲集团总部大楼工程招标程序合法与否，成为双方纠纷的焦点。

【问题】简述甲公司总部办公大楼工程的招投标程序。该招投标程序是否完整？若不完整，缺少哪些步骤。

【参考答案】本案招标投标程序符合招投标法的规定，进行了招标公告、资格预审、投标、评标、开标等程序，唯一缺少的就是甲公司在办理招标时应报有关部门备案（登记）。但根据《招标投标法》第十二条规定："依法必进行招标的项目招标人自行办理招标事宜的，应当向有关行政监督部门备案。"因此《招标投标法》对此仅规定了"应报备案"，并未规定合同在报备案后才生效。根据最高人民法院关于适用《中华人民共和国合同法》若干问题的解释（一）第九条规定："法律、行政法规规定合同应当办理登记手续，但未规定办理登记后生效的，当事人未办理登记手续不影响合同的效力。"故招投标程序中未报相关行政管理部门备案并不影响合同关系的建立和生效。所以，本案中，除甲公司自己未将招标事宜报政府备案外，其余程序均符合招投标法规定，不报备案不影响合同关系的建立。因此，本案双方所签合同是合法、有效的。据此，本案中甲公司为违法解约，应承担违约责任。

【案例分析 4】

【背景】某高层商用办公楼土建工程的投标报价。

某投标人参与某高层商用办公楼土建工程的投标。该土建工程可分为桩基围护工程、主体结构工程和装饰工程3个分部工程。为了既不影响中标，又能在中标后取得较好的收益，该投标人决定采用不平衡报价法对原估价做适当调整，具体数字见下表1。

表1 投标人报价调整对照表

	桩基围护工程	主体结构工程	装饰工程	总价
调整前（投标估价）	2 960	13 200	14 400	30 560
调整后（正式报价）	3 200	14 400	12 960	30 560

现假设桩基围护工程、主体结构工程、装饰工程的工期分别为4个月、12个月、8个

月。贷款月利率为1%，并假设各分部工程每月完成的工作量相同且能按月度及时收到工程款（不考虑工程款结算所需要的时间）。表2列出了计算所用的现值系数值。

表2 现值系数表

n	4	8	12	16
$(P/A, 1\%, n)$	3.9020	7.6517	11.2551	14.7179
$(P/F, 1\%, n)$	0.9610	0.9235	0.8874	0.8528

【问题】上述报价方案的调整是否合理？

【参考答案】
该投标人的不平衡报价是将属于前期工程的桩基围护工程和主体结构工程的报价调高，而将属于后期工程的装饰工程的报价调低，这样可以在施工的早期阶段收到较多的工程款，从而提高投标单位所得工程款的现值。

不平衡报价前投标估价的现值为

$$= A_1(P/A, 1\%, 4) + A_2(P/A, 1\%, 12)(P/F, 1\%, 8) + A_3(P/A, 1\%, 8)(P/F, 1\%, 8)$$

$$= \frac{2960}{4} \times 3.9020 + \frac{13200}{12} \times 11.2551 \times 0.9610 + \frac{14400}{8} \times 7.6517 \times 0.8528$$

$$= 26530.91（万元）$$

不平衡报价后正式报价的现值为

$$= A_1'(P/A, 1\%, 4) + A_2'(P/A, 1\%, 12)(P/F, 1\%, 8) + A_3'(P/A, 1\%, 8)(P/F, 1\%, 8)$$

$$= \frac{32000}{4} \times 3.9020 + \frac{14400}{12} \times 11.2551 \times 0.9610 + \frac{12960}{8} \times 7.6517 \times 0.8528$$

$$= 26672.08（万元）$$

则采用不平衡报价法后，该投标人的工程款现值增加额为

$$26672.08 - 26530.91 = 141.17（万元）$$

而且该项目采用不平衡报价法的3个分部工程报价的调整幅度均在±10%以内，属于合理范围，应该不会影响中标。

所以该投标人对报价方案的调整是合理的。

【案例分析5】

【背景】某工程施工项目采用资格预审方式招标，并采用经评审的最低投标价法进行评标。现有3个投标人进行投标，且3个投标人均通过了初步评审，评标委员会对经算术修正后的投标报价进行详细评审。

招标文件规定工期为30个月，工期每提前1个月给招标人带来的预期效益为50万元，招标人提供临时用地500亩，临时用地每亩用地费为6000元，评标价的折算考虑以下两个因素：①投标人所报的租用临时用地的数量；②提前竣工的效益。

投标人A：算术修正后的投标报价为6000万元，提出需要临时用地400亩，承诺的工期为28个月。

投标人B：算术修正后的投标报价为5 500万元，提出需要临时用地500亩，承诺的工期为29个月。

投标人C：算术修正后的投标报价为5 000万元，提出需要临时用地550亩，承诺的工期为30个月。

【问题】哪个投标人的投标价最低。

【参考答案】

临时用地因素的调整：

投标人A：(400－500)×6 000＝600 000元

投标人B：(500－500)×60 000＝0元

投标人C：(550－500)×6 000＝300 000元

提前竣工因素的调整：

投标人A：(28－30)×500 000＝－1 000 000元

投标人B：(29－30)×500 000＝－500 000元

投标人C：(30－3)×50 000＝0元

投标价格比较表见表3。

表3 投标价格比较表　　　　　　　　　　　　　　单位：元

项目	投标人A	投标人B	投标人C
算术修正后的投标报价	60 000 000	55 000 000	50 000 000
临时用地因素导致投标报价的调整	－600 00	0	300 000
提前竣工因素导致投标报价的调整	－1 000 000	－500 000	0
评标价	58 400 000	54 500 000	50 300 000
排序	3	2	1

投标人C的报价为经评审的最低投标价，评标委员会推荐其为第一中标候选人。

【案例分析6】

【背景】建设工程施工合同案例

A建设单位与B建筑公司签订一施工合同，修建某住宅工程。工程完工后，经验收质量合格。工程使用3年后，发现楼房屋顶漏水，建设单位要求建筑公司自责无偿修理，并赔偿损失，建筑公司则以施工合同中并未规定质量保证期限，且工程已经验收合格为由，拒绝无偿修理要求。建设单位起诉至法院。法院判决施工合同有效，认为合同中虽然并没有约定工程质量保证期限，但依据《建设工程质量管理办法》的规定，屋面防水工程保修期限为5年，因此，工程使用3年出现的质量问题，应由施工单位承担无偿修理并赔偿损失的责任。

【问题】B建筑公司是否应对屋顶漏水承担相应的责任？

【参考答案】本案争议的施工合同虽欠缺质量保证期条款，但并不影响双方当事人对施工合同主要义务的履行，故该合同有效。由于合同中没有质量保证期的约定，故应当依照法律、法规的规定或者其他规章确定工程质量保证期。法院依照《建设工程质量管理办法》的有关规定对欠缺条款进行补充，无疑是正确的。依据该办法规定，出现的质量问题属保修期内，故认定建筑公司应承担无偿修理和赔偿损失责任。

【案例分析 7】

【背景】某建筑工程总承包合同案例

某建设单位因建办公楼与 A 总承包公司签订了建筑工程总承包合同。其后经建设单位同意，A 总承包公司分别与 B 建筑设计院和 C 建筑工程公司签订了建设工程勘察设计合同和建筑安装工程合同，建筑工程勘察设计合同约定由 B 建筑设计院对建设单位的办公楼工程提供勘察、设计服务，做出工程设计书及相应施工图纸和资料。建筑安装工程合同约定由 C 建筑工程公司根据 B 建筑设计院提供的设计图纸进行施工，依据国家有关验收规定及设计图纸，在工程竣工时，进行质量验收。合同签订后，B 建筑设计院按时做出设计书并将相关图纸资料交付 C 建筑工程公司，C 建筑公司依据设计图纸进行施工。工程竣工后，建设单位会同有关部门对工程进行验收，发现工程存在严重的质量问题，是由于设计不符合规范所致。原来 B 建筑设计院未对现场进行仔细勘察，而是根据经验进行设计，导致设计不合理，给建设单位带来了重大损失。由于设计人拒绝承担责任，A 总承包公司又以自己不是设计人为由推卸责任，建设单位遂以 B 建筑设计院为被告向法院起诉。法院受理后，追加 A 总承包公司为共同被告，让其与 B 建筑设计院一起对工程建设质量问题承担连带责任。

【问题】谁应对此事件承担相应的责任？

【参考答案】本案中，建设单位是发包人，A 公司是总承包人，B 建筑设计院和 C 建筑工程公司是分包人，对工程质量问题，A 公司作为总承包人应承担责任，而 B 建筑设计院和 C 建筑工程公司也应该依法分别向发包人承担责任、总承包人以不是自己勘察设计和建筑安装为理由，企图不对发包人承担责任，以及分包人以与发包人没有合同关系为由不向发包人承担责任是没有法律依据的。所以 A 公司和 B 建筑设计院应当共同承担连带责任。

【案例分析 8】

【背景】某监理单位承担了一工业项目的施工监理工作。经过招标，建设单位选择了甲、乙施工单位分别承担 A、B 标段工程的施工，并按照《建设工程施工合同（示范文本）》分别和甲、乙施工单位签订了施工合同。建设单位与乙施工单位在合同中约定，B 标段所需的部分设备由建设单位负责采购。乙施工单位按照正常的程序将 B 标段的安装工程分包给丙施工单位。在施工过程中，发生了如下事件：

事件 1：建设单位在采购 B 标段的锅炉设备时，设备生产厂商提出由自己的施工队伍进行安装更能保证质量，建设单位便与设备生产厂商签订了供货和安装合同并通知了监理单位和乙施工单位。

事件 2：总监理工程师根据现场反馈信息及质量记录分析，对 A 标段某部位隐蔽工程的质量有怀疑，随即指令甲施工单位暂停施工，并要求剥离检验。甲施工单位称：该部位隐蔽工程已经专业监理工程师验收，若剥离检验，监理单位需赔偿由此造成的损失并相应延长工期。

事件3：专业监理工程师对B标段进场的配电设备进行检验时，发现由建设单位采购的某设备不合格，建设单位对该设备进行了置换，从而导致丙施工单位停工。因此，丙施工单位致函监理单位，要求补偿其被迫停工所遭受的损失并延长工期。

【问题】

1. 在事件1中，若乙施工单位同意由该设备生产厂商的施工队伍安装该设备，监理单位应该如何处理？

2. 在事件1中，建设单位将设备交由厂商安装的做法是否正确？为什么？

3. 在事件2中，总监理工程师的做法是否正确？为什么？试分析剥离检验的可能结果及总监理工程师相应的处理方法。

4. 在事件3中，丙施工单位的索赔要求是否应该向监理单位提出，为什么？对该索赔事件应如何处理。

【参考答案】

1. 监理单位应该对厂商的资质进行审查。若符合要求，可以由该厂安装。如乙单位接受该厂作为其分包单位，监理单位应协助建设单位变更与设备厂的合同，如乙单位接受厂商直接从建设单位承包，监理单位应该协助建设单位变更与乙单位的合同；如不符合要求，监理单位应该拒绝由该厂商施工。

2. 不正确，因为违反了合同约定。

3. 总监理工程师的做法是正确的。无论工程师是否参加了验收，当工程师对某部分的工程质量有怀疑，均可要求承包人对已经隐蔽的工程进行重新检验。

重新检验质量合格，发包人承担由此发生的全部追加合同价款，赔偿施工单位的损失，并相应顺延工期；检验不合格，施工单位承担发生的全部费用，工期不予顺延。

4. （1）不应该，因为建设单位和丙施工单位没有合同关系。

（2）处理：

①丙向乙提出索赔，乙向监理单位提出索赔意向书。

②监理单位收集与索赔有关的资料。

③监理单位受理乙单位提交的索赔意向书。

④总监工程师对索赔申请进行审查，初步确定费用额度和延期时间，与乙施工单位和建设单位协商。

⑤总监理工程师对索赔费用和工程延期作出决定。

【案例分析9】

【背景】某建设工程施工合同，合同总价6 000万元，合同工期6个月，合同签订日期为1月初，从当年2月份开始施工。

1. 合同规定

（1）预付款按合同价20%支付，支付预付款及进度款达到合同价40%时，开始抵扣预付工程款，在下月起各月平均扣回。

（2）保修金按5%扣留，从第一月开始按各月结算工程款的10%扣留，扣完为止。

（3）工程提前1天，奖励1万元，推迟1天罚2万元。

（4）合同规定，当物价比签订合同上涨≥5%时，依当月应结价款的实际上涨幅度按如下公式调整：

$$P = P_0 \times (0.15A/A_0 + 0.60B/B_0 + 0.25)$$

其中0.15为人工费在合同总价中的比例，0.60为材料费在合同总价中的比例。单项上涨小于5%者不予调整，其他情况均不予调整。

2. 工程如期开工后，施工过程中：

（1）4月份赶上雨期施工，由于采取防雨措施，造成施工单位费用增加2万元，中途机械发生故障检修，延误工期1天，费用损失1万元。

（2）5月份由于公网连续停电2天，造成停工，使施工单位损失3万元。

（3）6月份由于业主设计变更，造成施工单位返工费损失5万元，并损失工期2天，且又停工待图15天，窝工损失6万元。

（4）为赶工期，施工单位采取赶工措施，增加赶工措施费5万元，使工程不仅未拖延，反而比合同工期提前10天完成。

（5）假定以上损失工期均在关键路线上，索赔费用可在当月付款中结清。

3. 该工程实际完成产值见表4（各索赔费用不包括在内）。各月实际造价指数见表5。

表4　实际完成产值表　　　　　　　　　　　　　　　　　单位：万元

月份	2	3	4	5	6	7
实际产值	1 000	1 200	1 200	1 200	800	600

表5　各月造价指数

月份	1	2	3	4	5	6	7
人工	110	110	110	115	115	120	110
材料	130	135	135	135	140	130	130

【问题】

1. 施工单位可索赔工期多少？费用多少？
2. 每月实际应结算工程款为多少？
3. 该工程预付款为多少？起扣点为多少？保修金数额为多少？

【参考答案】

1. （1）工期索赔计算：

①机械故障检修1天，属承包商原因，工期不予补偿。

②公网停电2天，属业主的风险责任，应予补偿。

③设计变更导致的返工时间2天和停工待图15天，均属于业主的责任，应予补偿。

④承包商机械检修2天，属承包商原因，不予补偿。

故承包商可索赔工期：2天+2天+15天=19天。
(2) 费用索赔计算：
①防雨损失费2万元，属于合同中约定的应由承包商承担的风险，不予补偿。
②公网停电损失3万元，属合同约定的应由业主承担的风险，应予补偿。
③设计变更导致的返工损失5万元，停工待图损失6万元，属于业主的责任，应予补偿。
④承包商自身的机械修理费1万元，属于承包商原因，不予补偿。
⑤承包商赶工期导致的赶工措施费5万元，属于承包商原因，不予补偿。
故可索赔费用为3万元+5万元+6万元=14万元。

2. 每月实际付款：
2月份：实际完成1 000万元
应支付1 000万元×0.9=900万元
累计1 200万元+900万元=2 100万元
3月份：实际完成1 200万元
应支付1 200万元×0.9=1 080万元
累计2 100万元+1 080万元=3 180万元
4月份：实际完成1 200万元
应支付1 200万元-300万元-(300万元-1 000万元×0.1-1 200万元×0.1)=820万元
5月份：实际完成1 200万元

材料上涨 $\frac{140-130}{130}\times100\%=9.09\%>5\%$，应调整价款

调整后价款为：1 200万元 $\times\left(0.15+0.6\times\frac{140}{130}+0.25\right)=1\,200$ 万元×1.046=1 255万元

实付：1 255万元-300万元+3万=948万元
6月份：实际完成800万元

人工上涨：$\frac{120-110}{110}\times100\%=9.09\%>5\%$

调整后价款：800万元 $\times\left(0.15\times\frac{120}{110}+0.6+0.25\right)=810.91$ 万元

实付：81.91万元-300万元-11万元=521.91万元
7月份：实际完成600万元
工期提前奖励：(10+19)×1万元=29万元
实付：600万元-300万元+29万元=329万元

3. 该工程预付款为6 000万元×20%=1 200万元
起扣点为6 000万元×40%=2 400万元
保修金为6 000万元×5%=300万元

附录一　中华人民共和国招标投标法

1999年8月30日第九届全国人民代表大会常务委员会第十一次会议通过。

第一章　总则

第一条　为了规范招标投标活动，保护国家利益、社会公共利益和招标投标活动当事人的合法权益，提高经济效益，保证项目质量，制定本法。

第二条　在中华人民共和国境内进行招标投标活动，适用本法。

第三条　在中华人民共和国境内进行下列工程建设项目包括项目的勘察、设计、施工、监理以及与工程建设有关的重要设备、材料等的采购，必须进行招标：

（一）大型基础设施、公用事业等关系社会公共利益、公众安全的项目；

（二）全部或者部分使用国有资金投资或者国家融资的项目；

（三）使用国际组织或者外国政府贷款、援助资金的项目。

前款所列项目的具体范围和规模标准，由国务院发展计划部门会同国务院有关部门制订，报国务院批准。

法律或者国务院对必须进行招标的其他项目的范围有规定的，依照其规定。

第四条　任何单位和个人不得将依法必须进行招标的项目化整为零或者以其他任何方式规避招标。

第五条　招标投标活动应当遵循公开、公平、公正和诚实信用的原则。

第六条　依法必须进行招标的项目，其招标投标活动不受地区或者部门的限制。任何单位和个人不得违法限制或者排斥本地区、本系统以外的法人或者其他组织参加投标，不得以任何方式非法干涉招标投标活动。

第七条　招标投标活动及其当事人应当接受依法实施的监督。

有关行政监督部门依法对招标投标活动实施监督，依法查处招标投标活动中的违法行为。

对招标投标活动的行政监督及有关部门的具体职权划分，由国务院规定。

第二章　招标

第八条　招标人是依照本法规定提出招标项目、进行招标的法人或者其他组织。

第九条　招标项目按照国家有关规定需要履行项目审批手续的，应当先履行审批手续，取得批准。

招标人应当有进行招标项目的相应资金或者资金来源已经落实，并应当在招标文件中如实载明。

附录一 中华人民共和国招标投标法

第十条 招标分为公开招标和邀请招标。

公开招标，是指招标人以招标公告的方式邀请不特定的法人或者其他组织投标。

邀请招标，是指招标人以投标邀请书的方式邀请特定的法人或者其他组织投标。

第十一条 国务院发展计划部门确定的国家重点项目和省、自治区、直辖市人民政府确定的地方重点项目不适宜公开招标的，经国务院发展计划部门或者省、自治区、直辖市人民政府批准，可以进行邀请招标。

第十二条 招标人有权自行选择招标代理机构，委托其办理招标事宜。任何单位和个人不得以任何方式为招标人指定招标代理机构。

招标人具有编制招标文件和组织评标能力的，可以自行办理招标事宜。任何单位和个人不得强制其委托招标代理机构办理招标事宜。

依法必须进行招标的项目，招标人自行办理招标事宜的，应当向有关行政监督部门备案。

第十三条 招标代理机构是依法设立、从事招标代理业务并提供相关服务的社会中介组织。

招标代理机构应当具备下列条件：

（一）有从事招标代理业务的营业场所和相应资金；

（二）有能够编制招标文件和组织评标的相应专业力量；

（三）有符合本法第三十七条第三款规定条件、可以作为评标委员会成员人选的技术、经济等方面的专家库。

第十四条 从事工程建设项目招标代理业务的招标代理机构，其资格由国务院或者省、自治区、直辖市人民政府的建设行政主管部门认定。具体办法由国务院建设行政主管部门会同国务院有关部门制定。从事其他招标代理业务的招标代理机构，其资格认定的主管部门由国务院规定。

招标代理机构与行政机关和其他国家机关不得存在隶属关系或者其他利益关系。

第十五条 招标代理机构应当在招标人委托的范围内办理招标事宜，并遵守本法关于招标人的规定。

第十六条 招标人采用公开招标方式的，应当发布招标公告。依法必须进行招标的项目的招标公告，应当通过国家指定的报刊、信息网络或者其他媒介发布。

招标公告应当载明招标人的名称和地址、招标项目的性质、数量、实施地点和时间以及获取招标文件的办法等事项。

第十七条 招标人采用邀请招标方式的，应当向三个以上具备承担招标项目的能力、资信良好的特定的法人或者其他组织发出投标邀请书。

投标邀请书应当载明本法第十六条第二款规定的事项。

第十八条 招标人可以根据招标项目本身的要求，在招标公告或者投标邀请书中，要求潜在投标人提供有关资质证明文件和业绩情况，并对潜在投标人进行资格审查；国家对投标人的资格条件有规定的，依照其规定。

招标人不得以不合理的条件限制或者排斥潜在投标人，不得对潜在投标人实行歧视待遇。

第十九条　招标人应当根据招标项目的特点和需要编制招标文件。招标文件应当包括招标项目的技术要求、对投标人资格审查的标准、投标报价要求和评标标准等所有实质性要求和条件以及拟签订合同的主要条款。

国家对招标项目的技术、标准有规定的，招标人应当按照其规定在招标文件中提出相应要求。

招标项目需要划分标段、确定工期的，招标人应当合理划分标段、确定工期，并在招标文件中载明。

第二十条　招标文件不得要求或者标明特定的生产供应者以及含有倾向或者排斥潜在投标人的其他内容。

第二十一条　招标人根据招标项目的具体情况，可以组织潜在投标人踏勘项目现场。

第二十二条　招标人不得向他人透露已获取招标文件的潜在投标人的名称、数量以及可能影响公平竞争的有关招标投标的其他情况。

招标人设有标底的，标底必须保密。

第二十三条　招标人对已发出的招标文件进行必要的澄清或者修改的，应当在招标文件要求提交投标文件截止时间至少十五日前，以书面形式通知所有招标文件收受人。该澄清或者修改的内容为招标文件的组成部分。

第二十四条　招标人应当确定投标人编制投标文件所需要的合理时间；但是，依法必须进行招标的项目，自招标文件开始发出之日起至投标人提交投标文件截止之日止，最短不得少于二十日。

第三章　投标

第二十五条　投标人是响应招标、参加投标竞争的法人或者其他组织。

依法招标的科研项目允许个人参加投标的，投标的个人适用本法有关投标人的规定。

第二十六条　投标人应当具备承担招标项目的能力；国家有关规定对投标人资格条件或者招标文件对投标人资格条件有规定的，投标人应当具备规定的资格条件。

第二十七条　投标人应当按照招标文件的要求编制投标文件。投标文件应当对招标文件提出的实质性要求和条件作出响应。

招标项目属于建设施工的，投标文件的内容应当包括拟派出的项目负责人与主要技术人员的简历、业绩和拟用于完成招标项目的机械设备等。

第二十八条　投标人应当在招标文件要求提交投标文件的截止时间前，将投标文件送达投标地点。招标人收到投标文件后，应当签收保存，不得开启。投标人少于三个的，招标人应当依照本法重新招标。

在招标文件要求提交投标文件的截止时间后送达的投标文件，招标人应当拒收。

第二十九条　投标人在招标文件要求提交投标文件的截止时间前，可以补充、修改或者撤回已提交的投标文件，并书面通知招标人。补充、修改的内容为投标文件的组成部分。

第三十条　投标人根据招标文件载明的项目实际情况，拟在中标后将中标项目的部分非主体、非关键性工作进行分包的，应当在投标文件中载明。

附录一 中华人民共和国招标投标法

第三十一条 两个以上法人或者其他组织可以组成一个联合体，以一个投标人的身份共同投标。

联合体各方均应当具备承担招标项目的相应能力；国家有关规定或者招标文件对投标人资格条件有规定的，联合体各方均应当具备规定的相应资格条件。由同一专业的单位组成的联合体，按照资质等级较低的单位确定资质等级。

联合体各方应当签订共同投标协议，明确约定各方拟承担的工作和责任，并将共同投标协议连同投标文件一并提交招标人。联合体中标的，联合体各方应当共同与招标人签订合同，就中标项目向招标人承担连带责任。

招标人不得强制投标人组成联合体共同投标，不得限制投标人之间的竞争。

第三十二条 投标人不得相互串通投标报价，不得排挤其他投标人的公平竞争，损害招标人或者其他投标人的合法权益。

投标人不得与招标人串通投标，损害国家利益、社会公共利益或者他人的合法权益。

禁止投标人以向招标人或者评标委员会成员行贿的手段谋取中标。

第三十三条 投标人不得以低于成本的报价竞标，也不得以他人名义投标或者以其他方式弄虚作假，骗取中标。

第四章 开标、评标和中标

第三十四条 开标应当在招标文件确定的提交投标文件截止时间的同一时间公开进行；开标地点应当为招标文件中预先确定的地点。

第三十五条 开标由招标人主持，邀请所有投标人参加。

第三十六条 开标时，由投标人或者其推选的代表检查投标文件的密封情况，也可以由招标人委托的公证机构检查并公证；经确认无误后，由工作人员当众拆封，宣读投标人名称、投标价格和投标文件的其他主要内容。

招标人在招标文件要求提交投标文件的截止时间前收到的所有投标文件，开标时都应当当众予以拆封、宣读。

开标过程应当记录，并存档备查。

第三十七条 评标由招标人依法组建的评标委员会负责。

依法必须进行招标的项目，其评标委员会由招标人的代表和有关技术、经济等方面的专家组成，成员人数为五人以上单数，其中技术、经济等方面的专家不得少于成员总数的三分之二。

前款专家应当从事相关领域工作满八年并具有高级职称或者具有同等专业水平，由招标人从国务院有关部门或者省、自治区、直辖市人民政府有关部门提供的专家名册或者招标代理机构的专家库内的相关专业的专家名单中确定；一般招标项目可以采取随机抽取方式，特殊招标项目可以由招标人直接确定。

与投标人有利害关系的人不得进入相关项目的评标委员会；已经进入的应当更换。

评标委员会成员的名单在中标结果确定前应当保密。

第三十八条 招标人应当采取必要的措施，保证评标在严格保密的情况下进行。

任何单位和个人不得非法干预、影响评标的过程和结果。

第三十九条　评标委员会可以要求投标人对投标文件中含义不明确的内容作必要的澄清或者说明，但是澄清或者说明不得超出投标文件的范围或者改变投标文件的实质性内容。

第四十条　评标委员会应当按照招标文件确定的评标标准和方法，对投标文件进行评审和比较；设有标底的，应当参考标底。评标委员会完成评标后，应当向招标人提出书面评标报告，并推荐合格的中标候选人。

招标人根据评标委员会提出的书面评标报告和推荐的中标候选人确定中标人。招标人也可以授权评标委员会直接确定中标人。

国务院对特定招标项目的评标有特别规定的，从其规定。

第四十一条　中标人的投标应当符合下列条件之一：

（一）能够最大限度地满足招标文件中规定的各项综合评价标准；

（二）能够满足招标文件的实质性要求，并且经评审的投标价格最低；但是投标价格低于成本的除外。

第四十二条　评标委员会经评审，认为所有投标都不符合招标文件要求的，可以否决所有投标。

依法必须进行招标的项目的所有投标被否决的，招标人应当依照本法重新招标。

第四十三条　在确定中标人前，招标人不得与投标人就投标价格、投标方案等实质性内容进行谈判。

第四十四条　评标委员会成员应当客观、公正地履行职务，遵守职业道德，对所提出的评审意见承担个人责任。

评标委员会成员不得私下接触投标人，不得收受投标人的财物或者其他好处。

评标委员会成员和参与评标的有关工作人员不得透露对投标文件的评审和比较、中标候选人的推荐情况以及与评标有关的其他情况。

第四十五条　中标人确定后，招标人应当向中标人发出中标通知书，并同时将中标结果通知所有未中标的投标人。

中标通知书对招标人和中标人具有法律效力。中标通知书发出后，招标人改变中标结果的，或者中标人放弃中标项目的，应当依法承担法律责任。

第四十六条　招标人和中标人应当自中标通知书发出之日起三十日内，按照招标文件和中标人的投标文件订立书面合同。招标人和中标人不得再行订立背离合同实质性内容的其他协议。

招标文件要求中标人提交履约保证金的，中标人应当提交。

第四十七条　依法必须进行招标的项目，招标人应当自确定中标人之日起十五日内，向有关行政监督部门提交招标投标情况的书面报告。

第四十八条　中标人应当按照合同约定履行义务，完成中标项目。中标人不得向他人转让中标项目，也不得将中标项目肢解后分别向他人转让。

中标人按照合同约定或者经招标人同意，可以将中标项目的部分非主体、非关键性工作分包给他人完成。接受分包的人应当具备相应的资格条件，并不得再次分包。

中标人应当就分包项目向招标人负责，接受分包的人就分包项目承担连带责任。

第五章 法律责任

第四十九条 违反本法规定，必须进行招标的项目而不招标的，将必须进行招标的项目化整为零或者以其他任何方式规避招标的，责令限期改正，可以处项目合同金额千分之五以上千分之十以下的罚款；对全部或者部分使用国有资金的项目，可以暂停项目执行或者暂停资金拨付；对单位直接负责的主管人员和其他直接责任人员依法给予处分。

第五十条 招标代理机构违反本法规定，泄露应当保密的与招标投标活动有关的情况和资料的，或者与招标人、投标人串通损害国家利益、社会公共利益或者他人合法权益的，处五万元以上二十五万元以下的罚款，对单位直接负责的主管人员和其他直接责任人员处单位罚款数额百分之五以上百分之十以下的罚款；有违法所得的，并处没收违法所得；情节严重的，暂停直至取消招标代理资格；构成犯罪的，依法追究刑事责任。给他人造成损失的，依法承担赔偿责任。

前款所列行为影响中标结果的，中标无效。

第五十一条 招标人以不合理的条件限制或者排斥潜在投标人的，对潜在投标人实行歧视待遇的，强制要求投标人组成联合体共同投标的，或者限制投标人之间竞争的，责令改正，可以处一万元以上五万元以下的罚款。

第五十二条 依法必须进行招标的项目的招标人向他人透露已获取招标文件的潜在投标人的名称、数量或者可能影响公平竞争的有关招标投标的其他情况的，或者泄露标底的，给予警告，可以并处一万元以上十万元以下的罚款；对单位直接负责的主管人员和其他直接责任人员依法给予处分；构成犯罪的，依法追究刑事责任。

前款所列行为影响中标结果的，中标无效。

第五十三条 投标人相互串通投标或者与招标人串通投标的，投标人以向招标人或者评标委员会成员行贿的手段谋取中标的，中标无效，处中标项目金额千分之五以上千分之十以下的罚款，对单位直接负责的主管人员和其他直接责任人员处单位罚款数额百分之五以上百分之十以下的罚款；有违法所得的，并处没收违法所得；情节严重的，取消其一年至二年内参加依法必须进行招标的项目的投标资格并予以公告，直至由工商行政管理机关吊销营业执照；构成犯罪的，依法追究刑事责任。给他人造成损失的，依法承担赔偿责任。

第五十四条 投标人以他人名义投标或者以其他方式弄虚作假，骗取中标的，中标无效，给招标人造成损失的，依法承担赔偿责任；构成犯罪的，依法追究刑事责任。

依法必须进行招标的项目的投标人有前款所列行为尚未构成犯罪的，处中标项目金额千分之五以上千分之十以下的罚款，对单位直接负责的主管人员和其他直接责任人员处单位罚款数额百分之五以上百分之十以下的罚款；有违法所得的，并处没收违法所得；情节严重的，取消其一年至三年内参加依法必须进行招标的项目的投标资格并予以公告，直至由工商行政管理机关吊销营业执照。

第五十五条 依法必须进行招标的项目，招标人违反本法规定，与投标人就投标价格、投标方案等实质性内容进行谈判的，给予警告，对单位直接负责的主管人员和其他直接责任人员依法给予处分。

前款所列行为影响中标结果的，中标无效。

第五十六条　评标委员会成员收受投标人的财物或者其他好处的，评标委员会成员或者参加评标的有关工作人员向他人透露对投标文件的评审和比较、中标候选人的推荐以及与评标有关的其他情况的，给予警告，没收收受的财物，可以并处三千元以上五万元以下的罚款，对有所列违法行为的评标委员会成员取消担任评标委员会成员的资格，不得再参加任何依法必须进行招标的项目的评标；构成犯罪的，依法追究刑事责任。

第五十七条　招标人在评标委员会依法推荐的中标候选人以外确定中标人的，依法必须进行招标的项目在所有投标被评标委员会否决后自行确定中标人的，中标无效。

责令改正，可以处中标项目金额千分之五以上千分之十以下的罚款；对单位直接负责的主管人员和其他直接责任人员依法给予处分。

第五十八条　中标人将中标项目转让给他人的，将中标项目肢解后分别转让给他人的，违反本法规定将中标项目的部分主体、关键性工作分包给他人的，或者分包人再次分包的，转让、分包无效，处转让、分包项目金额千分之五以上千分之十以下的罚款；有违法所得的，并处没收违法所得；可以责令停业整顿；情节严重的，由工商行政管理机关吊销营业执照。

第五十九条　招标人与中标人不按照招标文件和中标人的投标文件订立合同的，或者招标人、中标人订立背离合同实质性内容的协议的，责令改正；可以处中标项目金额千分之五以上千分之十以下的罚款。

第六十条　中标人不履行与招标人订立的合同的，履约保证金不予退还，给招标人造成的损失超过履约保证金数额的，还应当对超过部分予以赔偿；没有提交履约保证金的，应当对招标人的损失承担赔偿责任。

中标人不按照与招标人订立的合同履行义务，情节严重的，取消其二年至五年内参加依法必须进行招标的项目的投标资格并予以公告，直至由工商行政管理机关吊销营业执照。

因不可抗力不能履行合同的，不适用前两款规定。

第六十一条　本章规定的行政处罚，由国务院规定的有关行政监督部门决定。本法已对实施行政处罚的机关作出规定的除外。

第六十二条　任何单位违反本法规定，限制或者排斥本地区、本系统以外的法人或者其他组织参加投标的，为招标人指定招标代理机构的，强制招标人委托招标代理机构办理招标事宜的，或者以其他方式干涉招标投标活动的，责令改正；对单位直接负责的主管人员和其他直接责任人员依法给予警告、记过、记大过的处分，情节较重的，依法给予降级、撤职、开除的处分。

个人利用职权进行前款违法行为的，依照前款规定追究责任。

第六十三条　对招标投标活动依法负有行政监督职责的国家机关工作人员徇私舞弊、滥用职权或者玩忽职守，构成犯罪的，依法追究刑事责任；不构成犯罪的，依法给予行政处分。

第六十四条　依法必须进行招标的项目违反本法规定，中标无效的，应当依照本法规定的中标条件从其余投标人中重新确定中标人或者依照本法重新进行招标。

第六章 附则

第六十五条 投标人和其他利害关系人认为招标投标活动不符合本法有关规定的,有权向招标人提出异议或者依法向有关行政监督部门投诉。

第六十六条 涉及国家安全、国家秘密、抢险救灾或者属于利用扶贫资金实行以工代赈、需要使用农民工等特殊情况,不适宜进行招标的项目,按照国家有关规定可以不进行招标。

第六十七条 使用国际组织或者外国政府贷款、援助资金的项目进行招标,贷款方、资金提供方对招标投标的具体条件和程序有不同规定的,可以适用其规定,但违背中华人民共和国的社会公共利益的除外。

第六十八条 本法自 2000 年 1 月 1 日起施行。

附录二　中华人民共和国招标投标法实施条例

《中华人民共和国招标投标法实施条例》已经2011年11月30日国务院第183次常务会议通过，现予公布，自2012年2月1日起施行。

第一章　总则

第一条　为了规范招标投标活动，根据《中华人民共和国招标投标法》（以下简称招标投标法），制定本条例。

第二条　招标投标法第三条所称工程建设项目，是指工程以及与工程建设有关的货物、服务。

前款所称工程，是指建设工程，包括建筑物和构筑物的新建、改建、扩建及其相关的装修、拆除、修缮等；所称与工程建设有关的货物，是指构成工程不可分割的组成部分，且为实现工程基本功能所必需的设备、材料等；所称与工程建设有关的服务，是指为完成工程所需的勘察、设计、监理等服务。

第三条　依法必须进行招标的工程建设项目的具体范围和规模标准，由国务院发展改革部门会同国务院有关部门制订，报国务院批准后公布施行。

第四条　国务院发展改革部门指导和协调全国招标投标工作，对国家重大建设项目的工程招标投标活动实施监督检查。国务院工业和信息化、住房城乡建设、交通运输、铁道、水利、商务等部门，按照规定的职责分工对有关招标投标活动实施监督。

县级以上地方人民政府发展改革部门指导和协调本行政区域的招标投标工作。县级以上地方人民政府有关部门按照规定的职责分工，对招标投标活动实施监督，依法查处招标投标活动中的违法行为。县级以上地方人民政府对其所属部门有关招标投标活动的监督职责分工另有规定的，从其规定。

财政部门依法对实行招标投标的政府采购工程建设项目的预算执行情况和政府采购政策执行情况实施监督。

监察机关依法对与招标投标活动有关的监察对象实施监察。

第五条　设区的市级以上地方人民政府可以根据实际需要，建立统一规范的招标投标交易场所，为招标投标活动提供服务。招标投标交易场所不得与行政监督部门存在隶属关系，不得以营利为目的。

国家鼓励利用信息网络进行电子招标投标。

第六条　禁止国家工作人员以任何方式非法干涉招标投标活动。

第二章 招标

第七条 按照国家有关规定需要履行项目审批、核准手续的依法必须进行招标的项目，其招标范围、招标方式、招标组织形式应当报项目审批、核准部门审批、核准。项目审批、核准部门应当及时将审批、核准确定的招标范围、招标方式、招标组织形式通报有关行政监督部门。

第八条 国有资金占控股或者主导地位的依法必须进行招标的项目，应当公开招标；但有下列情形之一的，可以邀请招标：

（一）技术复杂、有特殊要求或者受自然环境限制，只有少量潜在投标人可供选择；

（二）采用公开招标方式的费用占项目合同金额的比例过大。

有前款第二项所列情形，属于本条例第七条规定的项目，由项目审批、核准部门在审批、核准项目时作出认定；其他项目由招标人申请有关行政监督部门作出认定。

第九条 除招标投标法第六十六条规定的可以不进行招标的特殊情况外，有下列情形之一的，可以不进行招标：

（一）需要采用不可替代的专利或者专有技术；

（二）采购人依法能够自行建设、生产或者提供；

（三）已通过招标方式选定的特许经营项目投资人依法能够自行建设、生产或者提供；

（四）需要向原中标人采购工程、货物或者服务，否则将影响施工或者功能配套要求；

（五）国家规定的其他特殊情形。

招标人为适用前款规定弄虚作假的，属于招标投标法第四条规定的规避招标。

第十条 招标投标法第十二条第二款规定的招标人具有编制招标文件和组织评标能力，是指招标人具有与招标项目规模和复杂程度相适应的技术、经济等方面的专业人员。

第十一条 招标代理机构的资格依照法律和国务院的规定由有关部门认定。

国务院住房城乡建设、商务、发展改革、工业和信息化等部门，按照规定的职责分工对招标代理机构依法实施监督管理。

第十二条 招标代理机构应当拥有一定数量的取得招标职业资格的专业人员。取得招标职业资格的具体办法由国务院人力资源社会保障部门会同国务院发展改革部门制定。

第十三条 招标代理机构在其资格许可和招标人委托的范围内开展招标代理业务，任何单位和个人不得非法干涉。

招标代理机构代理招标业务，应当遵守招标投标法和本条例关于招标人的规定。招标代理机构不得在所代理的招标项目中投标或者代理投标，也不得为所代理的招标项目的投标人提供咨询。

招标代理机构不得涂改、出租、出借、转让资格证书。

第十四条 招标人应当与被委托的招标代理机构签订书面委托合同，合同约定的收费标准应当符合国家有关规定。

第十五条 公开招标的项目，应当依照招标投标法和本条例的规定发布招标公告、编制招标文件。

招标人采用资格预审办法对潜在投标人进行资格审查的，应当发布资格预审公告、编制资格预审文件。

依法必须进行招标的项目的资格预审公告和招标公告，应当在国务院发展改革部门依法指定的媒介发布。在不同媒介发布的同一招标项目的资格预审公告或者招标公告的内容应当一致。指定媒介发布依法必须进行招标的项目的境内资格预审公告、招标公告，不得收取费用。

编制依法必须进行招标的项目的资格预审文件和招标文件，应当使用国务院发展改革部门会同有关行政监督部门制定的标准文本。

第十六条　招标人应当按照资格预审公告、招标公告或者投标邀请书规定的时间、地点发售资格预审文件或者招标文件。资格预审文件或者招标文件的发售期不得少于 5 日。

招标人发售资格预审文件、招标文件收取的费用应当限于补偿印刷、邮寄的成本支出，不得以营利为目的。

第十七条　招标人应当合理确定提交资格预审申请文件的时间。依法必须进行招标的项目提交资格预审申请文件的时间，自资格预审文件停止发售之日起不得少于 5 日。

第十八条　资格预审应当按照资格预审文件载明的标准和方法进行。

国有资金占控股或者主导地位的依法必须进行招标的项目，招标人应当组建资格审查委员会审查资格预审申请文件。资格审查委员会及其成员应当遵守招标投标法和本条例有关评标委员会及其成员的规定。

第十九条　资格预审结束后，招标人应当及时向资格预审申请人发出资格预审结果通知书。未通过资格预审的申请人不具有投标资格。

通过资格预审的申请人少于 3 个的，应当重新招标。

第二十条　招标人采用资格后审办法对投标人进行资格审查的，应当在开标后由评标委员会按照招标文件规定的标准和方法对投标人的资格进行审查。

第二十一条　招标人可以对已发出的资格预审文件或者招标文件进行必要的澄清或者修改。澄清或者修改的内容可能影响资格预审申请文件或者投标文件编制的，招标人应当在提交资格预审申请文件截止时间至少 3 日前，或者投标截止时间至少 15 日前，以书面形式通知所有获取资格预审文件或者招标文件的潜在投标人；不足 3 日或者 15 日的，招标人应当顺延提交资格预审申请文件或者投标文件的截止时间。

第二十二条　潜在投标人或者其他利害关系人对资格预审文件有异议的，应当在提交资格预审申请文件截止时间 2 日前提出；对招标文件有异议的，应当在投标截止时间 10 日前提出。招标人应当自收到异议之日起 3 日内作出答复；作出答复前，应当暂停招标投标活动。

第二十三条　招标人编制的资格预审文件、招标文件的内容违反法律、行政法规的强制性规定，违反公开、公平、公正和诚实信用原则，影响资格预审结果或者潜在投标人投标的，依法必须进行招标的项目的招标人应当在修改资格预审文件或者招标文件后重新招标。

第二十四条　招标人对招标项目划分标段的，应当遵守招标投标法的有关规定，不得利用划分标段限制或者排斥潜在投标人。依法必须进行招标的项目的招标人不得利用划分标段规避招标。

附录二　中华人民共和国招标投标法实施条例

第二十五条　招标人应当在招标文件中载明投标有效期。投标有效期从提交投标文件的截止之日起算。

第二十六条　招标人在招标文件中要求投标人提交投标保证金的，投标保证金不得超过招标项目估算价的2％。投标保证金有效期应当与投标有效期一致。

依法必须进行招标的项目的境内投标单位，以现金或者支票形式提交的投标保证金应当从其基本账户转出。

招标人不得挪用投标保证金。

第二十七条　招标人可以自行决定是否编制标底。一个招标项目只能有一个标底。标底必须保密。

接受委托编制标底的中介机构不得参加受托编制标底项目的投标，也不得为该项目的投标人编制投标文件或者提供咨询。

招标人设有最高投标限价的，应当在招标文件中明确最高投标限价或者最高投标限价的计算方法。招标人不得规定最低投标限价。

第二十八条　招标人不得组织单个或者部分潜在投标人踏勘项目现场。

第二十九条　招标人可以依法对工程以及与工程建设有关的货物、服务全部或者部分实行总承包招标。以暂估价形式包括在总承包范围内的工程、货物、服务属于依法必须进行招标的项目范围且达到国家规定规模标准的，应当依法进行招标。

前款所称暂估价，是指总承包招标时不能确定价格而由招标人在招标文件中暂时估定的工程、货物、服务的金额。

第三十条　对技术复杂或者无法精确拟定技术规格的项目，招标人可以分两阶段进行招标。

第一阶段，投标人按照招标公告或者投标邀请书的要求提交不带报价的技术建议，招标人根据投标人提交的技术建议确定技术标准和要求，编制招标文件。

第二阶段，招标人向在第一阶段提交技术建议的投标人提供招标文件，投标人按照招标文件的要求提交包括最终技术方案和投标报价的投标文件。

招标人要求投标人提交投标保证金的，应当在第二阶段提出。

第三十一条　招标人终止招标的，应当及时发布公告，或者以书面形式通知被邀请的或者已经获取资格预审文件、招标文件的潜在投标人。已经发售资格预审文件、招标文件或者已经收取投标保证金的，招标人应当及时退还所收取的资格预审文件、招标文件的费用，以及所收取的投标保证金及银行同期存款利息。

第三十二条　招标人不得以不合理的条件限制、排斥潜在投标人或者投标人。

招标人有下列行为之一的，属于以不合理条件限制、排斥潜在投标人或者投标人：

（一）就同一招标项目向潜在投标人或者投标人提供有差别的项目信息；

（二）设定的资格、技术、商务条件与招标项目的具体特点和实际需要不相适应或者与合同履行无关；

（三）依法必须进行招标的项目以特定行政区域或者特定行业的业绩、奖项作为加分条件或者中标条件；

（四）对潜在投标人或者投标人采取不同的资格审查或者评标标准；

（五）限定或者指定特定的专利、商标、品牌、原产地或者供应商；

（六）依法必须进行招标的项目非法限定潜在投标人或者投标人的所有制形式或者组织形式；

（七）以其他不合理条件限制、排斥潜在投标人或者投标人。

第三章　投标

第三十三条　投标人参加依法必须进行招标的项目的投标，不受地区或者部门的限制，任何单位和个人不得非法干涉。

第三十四条　与招标人存在利害关系可能影响招标公正性的法人、其他组织或者个人，不得参加投标。

单位负责人为同一人或者存在控股、管理关系的不同单位，不得参加同一标段投标或者未划分标段的同一招标项目投标。

违反前两款规定的，相关投标均无效。

第三十五条　投标人撤回已提交的投标文件，应当在投标截止时间前书面通知招标人。招标人已收取投标保证金的，应当自收到投标人书面撤回通知之日起 5 日内退还。

投标截止后投标人撤销投标文件的，招标人可以不退还投标保证金。

第三十六条　未通过资格预审的申请人提交的投标文件，以及逾期送达或者不按照招标文件要求密封的投标文件，招标人应当拒收。

招标人应当如实记载投标文件的送达时间和密封情况，并存档备查。

第三十七条　招标人应当在资格预审公告、招标公告或者投标邀请书中载明是否接受联合体投标。

招标人接受联合体投标并进行资格预审的，联合体应当在提交资格预审申请文件前组成。资格预审后联合体增减、更换成员的，其投标无效。

联合体各方在同一招标项目中以自己名义单独投标或者参加其他联合体投标的，相关投标均无效。

第三十八条　投标人发生合并、分立、破产等重大变化的，应当及时书面告知招标人。投标人不再具备资格预审文件、招标文件规定的资格条件或者其投标影响招标公正性的，其投标无效。

第三十九条　禁止投标人相互串通投标。

有下列情形之一的，属于投标人相互串通投标：

（一）投标人之间协商投标报价等投标文件的实质性内容；

（二）投标人之间约定中标人；

（三）投标人之间约定部分投标人放弃投标或者中标；

（四）属于同一集团、协会、商会等组织成员的投标人按照该组织要求协同投标；

（五）投标人之间为谋取中标或者排斥特定投标人而采取的其他联合行动。

第四十条　有下列情形之一的，视为投标人相互串通投标：

（一）不同投标人的投标文件由同一单位或者个人编制；

（二）不同投标人委托同一单位或者个人办理投标事宜；

（三）不同投标人的投标文件载明的项目管理成员为同一人；

（四）不同投标人的投标文件异常一致或者投标报价呈规律性差异；

（五）不同投标人的投标文件相互混装；

（五）不同投标人的投标保证金从同一单位或者个人的账户转出。

第四十一条　禁止招标人与投标人串通投标。

有下列情形之一的，属于招标人与投标人串通投标：

（一）招标人在开标前开启投标文件并将有关信息泄露给其他投标人；

（二）招标人直接或者间接向投标人泄露标底、评标委员会成员等信息；

（三）招标人明示或者暗示投标人压低或者抬高投标报价；

（四）招标人授意投标人撤换、修改投标文件；

（五）招标人明示或者暗示投标人为特定投标人中标提供方便；

（六）招标人与投标人为谋求特定投标人中标而采取的其他串通行为。

第四十二条　使用通过受让或者租借等方式获取的资格、资质证书投标的，属于招标投标法第三十三条规定的以他人名义投标。

投标人有下列情形之一的，属于招标投标法第三十三条规定的以其他方式弄虚作假的行为：

（一）使用伪造、变造的许可证件；

（二）提供虚假的财务状况或者业绩；

（三）提供虚假的项目负责人或者主要技术人员简历、劳动关系证明；

（四）提供虚假的信用状况；

（五）其他弄虚作假的行为。

第四十三条　提交资格预审申请文件的申请人应当遵守招标投标法和本条例有关投标人的规定。

第四章　开标、评标和中标

第四十四条　招标人应当按照招标文件规定的时间、地点开标。

投标人少于3个的，不得开标；招标人应当重新招标。

投标人对开标有异议的，应当在开标现场提出，招标人应当当场作出答复，并制作记录。

第四十五条　国家实行统一的评标专家专业分类标准和管理办法。具体标准和办法由国务院发展改革部门会同国务院有关部门制定。

省级人民政府和国务院有关部门应当组建综合评标专家库。

第四十六条　除招标投标法第三十七条第三款规定的特殊招标项目外，依法必须进行招标的项目，其评标委员会的专家成员应当从评标专家库内相关专业的专家名单中以随机抽取方式确定。任何单位和个人不得以明示、暗示等任何方式指定或者变相指定参加评标委员会的专家成员。

依法必须进行招标的项目的招标人非因招标投标法和本条例规定的事由，不得更换依法确定的评标委员会成员。更换评标委员会的专家成员应当依照前款规定进行。

评标委员会成员与投标人有利害关系的，应当主动回避。

有关行政监督部门应当按照规定的职责分工，对评标委员会成员的确定方式、评标专家的抽取和评标活动进行监督。行政监督部门的工作人员不得担任本部门负责监督项目的评标委员会成员。

第四十七条　招标投标法第三十七条第三款所称特殊招标项目，是指技术复杂、专业性强或者国家有特殊要求，采取随机抽取方式确定的专家难以保证胜任评标工作的项目。

第四十八条　招标人应当向评标委员会提供评标所必需的信息，但不得明示或者暗示其倾向或者排斥特定投标人。

招标人应当根据项目规模和技术复杂程度等因素合理确定评标时间。超过三分之一的评标委员会成员认为评标时间不够的，招标人应当适当延长。

评标过程中，评标委员会成员有回避事由、擅离职守或者因健康等原因不能继续评标的，应当及时更换。被更换的评标委员会成员作出的评审结论无效，由更换后的评标委员会成员重新进行评审。

第四十九条　评标委员会成员应当依照招标投标法和本条例的规定，按照招标文件规定的评标标准和方法，客观、公正地对投标文件提出评审意见。招标文件没有规定的评标标准和方法不得作为评标的依据。

评标委员会成员不得私下接触投标人，不得收受投标人给予的财物或者其他好处，不得向招标人征询确定中标人的意向，不得接受任何单位或者个人明示或者暗示提出的倾向或者排斥特定投标人的要求，不得有其他不客观、不公正履行职务的行为。

第五十条　招标项目设有标底的，招标人应当在开标时公布。标底只能作为评标的参考，不得以投标报价是否接近标底作为中标条件，也不得以投标报价超过标底上下浮动范围作为否决投标的条件。

第五十一条　有下列情形之一的，评标委员会应当否决其投标：

（一）投标文件未经投标单位盖章和单位负责人签字；

（二）投标联合体没有提交共同投标协议；

（三）投标人不符合国家或者招标文件规定的资格条件；

（四）同一投标人提交两个以上不同的投标文件或者投标报价，但招标文件要求提交备选投标的除外；

（五）投标报价低于成本或者高于招标文件设定的最高投标限价；

（六）投标文件没有对招标文件的实质性要求和条件作出响应；

（七）投标人有串通投标、弄虚作假、行贿等违法行为。

第五十二条　投标文件中有含义不明确的内容、明显文字或者计算错误，评标委员会认为需要投标人作出必要澄清、说明的，应当书面通知该投标人。投标人的澄清、说明应当采用书面形式，并不得超出投标文件的范围或者改变投标文件的实质性内容。

评标委员会不得暗示或者诱导投标人作出澄清、说明，不得接受投标人主动提出的澄清、说明。

第五十三条　评标完成后，评标委员会应当向招标人提交书面评标报告和中标候选人名单。中标候选人应当不超过3个，并标明排序。

评标报告应当由评标委员会全体成员签字。对评标结果有不同意见的评标委员会成员应当以书面形式说明其不同意见和理由，评标报告应当注明该不同意见。评标委员会成员拒绝在评标报告上签字又不书面说明其不同意见和理由的，视为同意评标结果。

第五十四条　依法必须进行招标的项目，招标人应当自收到评标报告之日起 3 日内公示中标候选人，公示期不得少于 3 日。

投标人或者其他利害关系人对依法必须进行招标的项目的评标结果有异议的，应当在中标候选人公示期间提出。招标人应当自收到异议之日起 3 日内作出答复；作出答复前，应当暂停招标投标活动。

第五十五条　国有资金占控股或者主导地位的依法必须进行招标的项目，招标人应当确定排名第一的中标候选人为中标人。排名第一的中标候选人放弃中标、因不可抗力不能履行合同、不按照招标文件要求提交履约保证金，或者被查实存在影响中标结果的违法行为等情形，不符合中标条件的，招标人可以按照评标委员会提出的中标候选人名单排序依次确定其他中标候选人为中标人，也可以重新招标。

第五十六条　中标候选人的经营、财务状况发生较大变化或者存在违法行为，招标人认为可能影响其履约能力的，应当在发出中标通知书前由原评标委员会按照招标文件规定的标准和方法审查确认。

第五十七条　招标人和中标人应当依照招标投标法和本条例的规定签订书面合同，合同的标的、价款、质量、履行期限等主要条款应当与招标文件和中标人的投标文件的内容一致。招标人和中标人不得再行订立背离合同实质性内容的其他协议。

招标人最迟应当在书面合同签订后 5 日内向中标人和未中标的投标人退还投标保证金及银行同期存款利息。

第五十八条　招标文件要求中标人提交履约保证金的，中标人应当按照招标文件的要求提交。履约保证金不得超过中标合同金额的 10%。

第五十九条　中标人应当按照合同约定履行义务，完成中标项目。中标人不得向他人转让中标项目，也不得将中标项目肢解后分别向他人转让。

中标人按照合同约定或者经招标人同意，可以将中标项目的部分非主体、非关键性工作分包给他人完成。接受分包的人应当具备相应的资格条件，并不得再次分包。

中标人应当就分包项目向招标人负责，接受分包的人就分包项目承担连带责任。

第五章　投诉与处理

第六十条　投标人或者其他利害关系人认为招标投标活动不符合法律、行政法规规定的，可以自知道或者应当知道之日起 10 日内向有关行政监督部门投诉。投诉应当有明确的请求和必要的证明材料。

就本条例第二十二条、第四十四条、第五十四条规定事项投诉的，应当先向招标人提出异议，异议答复期间不计算在前款规定的期限内。

第六十一条　投诉人就同一事项向两个以上有权受理的行政监督部门投诉的，由最先收到投诉的行政监督部门负责处理。

行政监督部门应当自收到投诉之日起 3 个工作日内决定是否受理投诉，并自受理投诉之日起30个工作日内作出书面处理决定；需要检验、检测、鉴定、专家评审的，所需时间不计算在内。

投诉人捏造事实、伪造材料或者以非法手段取得证明材料进行投诉的，行政监督部门应当予以驳回。

第六十二条　行政监督部门处理投诉，有权查阅、复制有关文件、资料，调查有关情况，相关单位和人员应当予以配合。必要时，行政监督部门可以责令暂停招标投标活动。

行政监督部门的工作人员对监督检查过程中知悉的国家秘密、商业秘密，应当依法予以保密。

第六章　法律责任

第六十三条　招标人有下列限制或者排斥潜在投标人行为之一的，由有关行政监督部门依照招标投标法第五十一条的规定处罚：

（一）依法应当公开招标的项目不按照规定在指定媒介发布资格预审公告或者招标公告；

（二）在不同媒介发布的同一招标项目的资格预审公告或者招标公告的内容不一致，影响潜在投标人申请资格预审或者投标。

依法必须进行招标的项目的招标人不按照规定发布资格预审公告或者招标公告，构成规避招标的，依照招标投标法第四十九条的规定处罚。

第六十四条　招标人有下列情形之一的，由有关行政监督部门责令改正，可以处10万元以下的罚款：

（一）依法应当公开招标而采用邀请招标；

（二）招标文件、资格预审文件的发售、澄清、修改的时限，或者确定的提交资格预审申请文件、投标文件的时限不符合招标投标法和本条例规定；

（三）接受未通过资格预审的单位或者个人参加投标；

（四）接受应当拒收的投标文件。

招标人有前款第一项、第三项、第四项所列行为之一的，对单位直接负责的主管人员和其他直接责任人员依法给予处分。

第六十五条　招标代理机构在所代理的招标项目中投标、代理投标或者向该项目投标人提供咨询的，接受委托编制标底的中介机构参加受托编制标底项目的投标或者为该项目的投标人编制投标文件、提供咨询的，依照招标投标法第五十条的规定追究法律责任。

第六十六条　招标人超过本条例规定的比例收取投标保证金、履约保证金或者不按照规定退还投标保证金及银行同期存款利息的，由有关行政监督部门责令改正，可以处5万元以下的罚款；给他人造成损失的，依法承担赔偿责任。

第六十七条　投标人相互串通投标或者与招标人串通投标的，投标人向招标人或者评标委员会成员行贿谋取中标的，中标无效；构成犯罪的，依法追究刑事责任；尚不构成犯罪的，依照招标投标法第五十三条的规定处罚。投标人未中标的，对单位的罚款金额按照招标项目合同金额依照招标投标法规定的比例计算。

投标人有下列行为之一的，属于招标投标法第五十三条规定的情节严重行为，由有关行政监督部门取消其 1 年至 2 年内参加依法必须进行招标的项目的投标资格：

（一）以行贿谋取中标；

（二）3 年内 2 次以上串通投标；

（三）串通投标行为损害招标人、其他投标人或者国家、集体、公民的合法利益，造成直接经济损失 30 万元以上；

（四）其他串通投标情节严重的行为。

投标人自本条第二款规定的处罚执行期限届满之日起 3 年内又有该款所列违法行为之一的，或者串通投标、以行贿谋取中标情节特别严重的，由工商行政管理机关吊销营业执照。

法律、行政法规对串通投标报价行为的处罚另有规定的，从其规定。

第六十八条 投标人以他人名义投标或者以其他方式弄虚作假骗取中标的，中标无效；构成犯罪的，依法追究刑事责任；尚不构成犯罪的，依照招标投标法第五十四条的规定处罚。依法必须进行招标的项目的投标人未中标的，对单位的罚款金额按照招标项目合同金额依照招标投标法规定的比例计算。

投标人有下列行为之一的，属于招标投标法第五十四条规定的情节严重行为，由有关行政监督部门取消其 1 年至 3 年内参加依法必须进行招标的项目的投标资格：

（一）伪造、变造资格、资质证书或者其他许可证件骗取中标；

（二）3 年内 2 次以上使用他人名义投标；

（三）弄虚作假骗取中标给招标人造成直接经济损失 30 万元以上；

（四）其他弄虚作假骗取中标情节严重的行为。

投标人自本条第二款规定的处罚执行期限届满之日起 3 年内又有该款所列违法行为之一的，或者弄虚作假骗取中标情节特别严重的，由工商行政管理机关吊销营业执照。

第六十九条 出让或者出租资格、资质证书供他人投标的，依照法律、行政法规的规定给予行政处罚；构成犯罪的，依法追究刑事责任。

第七十条 依法必须进行招标的项目的招标人不按照规定组建评标委员会，或者确定、更换评标委员会成员违反招标投标法和本条例规定的，由有关行政监督部门责令改正，可以处 10 万元以下的罚款，对单位直接负责的主管人员和其他直接责任人员依法给予处分；违法确定或者更换的评标委员会成员作出的评审结论无效，依法重新进行评审。

国家工作人员以任何方式非法干涉选取评标委员会成员的，依照本条例第八十一条的规定追究法律责任。

第七十一条 评标委员会成员有下列行为之一的，由有关行政监督部门责令改正；情节严重的，禁止其在一定期限内参加依法必须进行招标的项目的评标；情节特别严重的，取消其担任评标委员会成员的资格：

（一）应当回避而不回避；

（二）擅离职守；

（三）不按照招标文件规定的评标标准和方法评标；

（四）私下接触投标人；

（五）向招标人征询确定中标人的意向或者接受任何单位或者个人明示或者暗示提出

的倾向或者排斥特定投标人的要求；

（六）对依法应当否决的投标不提出否决意见；

（七）暗示或者诱导投标人作出澄清、说明或者接受投标人主动提出的澄清、说明；

（八）其他不客观、不公正履行职务的行为。

第七十二条 评标委员会成员收受投标人的财物或者其他好处的，没收收受的财物，处3000元以上5万元以下的罚款，取消担任评标委员会成员的资格，不得再参加依法必须进行招标的项目的评标；构成犯罪的，依法追究刑事责任。

第七十三条 依法必须进行招标的项目的招标人有下列情形之一的，由有关行政监督部门责令改正，可以处中标项目金额10‰以下的罚款；给他人造成损失的，依法承担赔偿责任；对单位直接负责的主管人员和其他直接责任人员依法给予处分：

（一）无正当理由不发出中标通知书；

（二）不按照规定确定中标人；

（三）中标通知书发出后无正当理由改变中标结果；

（四）无正当理由不与中标人订立合同；

（五）在订立合同时向中标人提出附加条件。

第七十四条 中标人无正当理由不与招标人订立合同，在签订合同时向招标人提出附加条件，或者不按照招标文件要求提交履约保证金的，取消其中标资格，投标保证金不予退还。对依法必须进行招标的项目的中标人，由有关行政监督部门责令改正，可以处中标项目金额10‰以下的罚款。

第七十五条 招标人和中标人不按照招标文件和中标人的投标文件订立合同，合同的主要条款与招标文件、中标人的投标文件的内容不一致，或者招标人、中标人订立背离合同实质性内容的协议的，由有关行政监督部门责令改正，可以处中标项目金额5‰以上10‰以下的罚款。

第七十六条 中标人将中标项目转让给他人的，将中标项目肢解后分别转让给他人的，违反招标投标法和本条例规定将中标项目的部分主体、关键性工作分包给他人的，或者分包人再次分包的，转让、分包无效，处转让、分包项目金额5‰以上10‰以下的罚款；有违法所得的，并处没收违法所得；可以责令停业整顿；情节严重的，由工商行政管理机关吊销营业执照。

第七十七条 投标人或者其他利害关系人捏造事实、伪造材料或者以非法手段取得证明材料进行投诉，给他人造成损失的，依法承担赔偿责任。

招标人不按照规定对异议作出答复，继续进行招标投标活动的，由有关行政监督部门责令改正，拒不改正或者不能改正并影响中标结果的，依照本条例第八十二条的规定处理。

第七十八条 取得招标职业资格的专业人员违反国家有关规定办理招标业务的，责令改正，给予警告；情节严重的，暂停一定期限内从事招标业务；情节特别严重的，取消招标职业资格。

第七十九条 国家建立招标投标信用制度。有关行政监督部门应当依法公告对招标人、招标代理机构、投标人、评标委员会成员等当事人违法行为的行政处理决定。

第八十条　项目审批、核准部门不依法审批、核准项目招标范围、招标方式、招标组织形式的，对单位直接负责的主管人员和其他直接责任人员依法给予处分。

有关行政监督部门不依法履行职责，对违反招标投标法和本条例规定的行为不依法查处，或者不按照规定处理投诉、不依法公告对招标投标当事人违法行为的行政处理决定的，对直接负责的主管人员和其他直接责任人员依法给予处分。

项目审批、核准部门和有关行政监督部门的工作人员徇私舞弊、滥用职权、玩忽职守，构成犯罪的，依法追究刑事责任。

第八十一条　国家工作人员利用职务便利，以直接或者间接、明示或者暗示等任何方式非法干涉招标投标活动，有下列情形之一的，依法给予记过或者记大过处分；情节严重的，依法给予降级或者撤职处分；情节特别严重的，依法给予开除处分；构成犯罪的，依法追究刑事责任：

（一）要求对依法必须进行招标的项目不招标，或者要求对依法应当公开招标的项目不公开招标；

（二）要求评标委员会成员或者招标人以其指定的投标人作为中标候选人或者中标人，或者以其他方式非法干涉评标活动，影响中标结果；

（三）以其他方式非法干涉招标投标活动。

第八十二条　依法必须进行招标的项目的招标投标活动违反招标投标法和本条例的规定，对中标结果造成实质性影响，且不能采取补救措施予以纠正的，招标、投标、中标无效，应当依法重新招标或者评标。

第七章　附则

第八十三条　招标投标协会按照依法制定的章程开展活动，加强行业自律和服务。

第八十四条　政府采购的法律、行政法规对政府采购货物、服务的招标投标另有规定的，从其规定。

第八十五条　本条例自2012年2月1日起施行。

参考文献

[1] 杨锐. 工程招投标与合同管理实务 [M]. 北京：机械工业出版社，2013.

[2] 戴勤友，刘新安，张国富. 招投标与合同管理 [M]. 天津：天津科学技术出版社，2013.

[3] 钱闪光，姚激，杨中. 工程招投标与合同管理 [M]. 北京：北京邮电大学出版社，2014.

[4] 黄昌见. 工程招投标与合同管理 [M]. 北京：冶金工业出版社，2013.

[5] 梁鸿颉. 建筑工程招投标与合同管理 [M]. 青岛：中国海洋大学出版社，2011.

[6] 杨云会，刘亚丽. 建筑工程招投标与合同管理实务 [M]. 北京：北京大学出版社，2011.

[7] 全国招标师职业水平考试辅导教材指导委员会. 招标采购专业实务 [M]. 北京：中国计划出版社，2011.

[8] 《房屋建筑和市政工程标准施工招标文件》编制组. 中华人民共和国房屋建筑和市政工程标准施工招标文件 [M]. 北京：中国建筑工业出版社，2010.